멜섹(MELSEC)을 이용한

PLC <small>(GX-Works2, 특수모듈)</small> 제어

실습 서보·HMI·인버터·
CC-Link·DA/AD 모듈

최영근 · 조성문 · 정용섭 공저

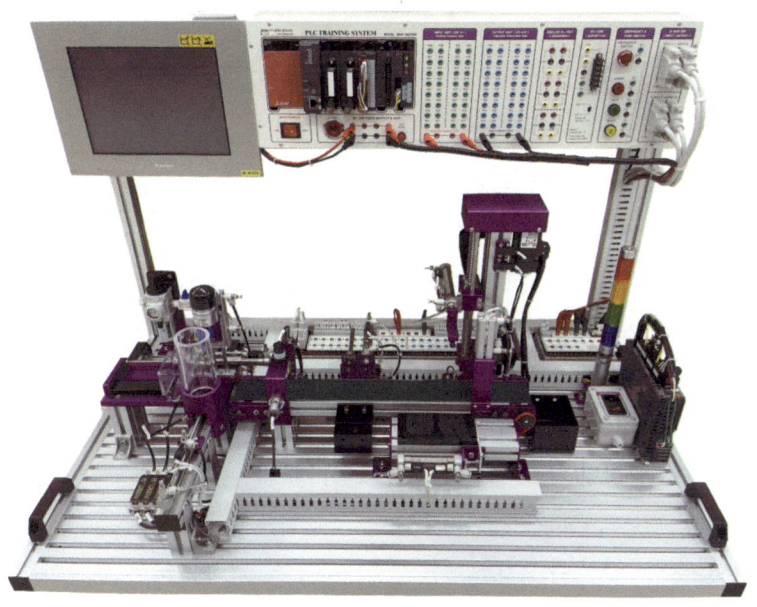

光文閣
www.kwangmoonkag.co.kr

오늘날 생산 현장은 단순한 대량 생산을 넘어, 설계, 개발, 제조, 유통 등 생산의 전 과정에 정보통신 기술(ICT)을 결합한 '스마트 팩토리'의 시대로 빠르게 변모하고 있다. 정보통신기술과 함께 스마트 팩토리의 근간이 되는 메인 코어 기술이 바로 PLC(Programmable Logic Controller), 서보 제어(Servo Control), 인버터(Inverter) 등을 활용한 자동화 제어 기술이다.

현장의 기술자들은 종종 이런 질문에 직면한다.
"어떤 상황에서 인버터를 쓰고, 어떤 상황에서 서보를 써야 하는가?"
"이 수많은 장치를 어떻게 하나의 유기체처럼 PLC로 통합 제어할 수 있는가?"
집필진은 이러한 실무적인 고민에서 교재 집필을 시작했다. 그래서 단순히 이론적인 지식을 전달하는 데 그치지 않고, 현장에서 가장 많이 사용되는 기술적 표준을 바탕으로 세 장치의 정의부터 상호 운용 방법까지 체계적으로 다루고자 노력했다. 다시 말해 서보 모터를 직접 구동해 보고, 인버터를 설정하며, 센서와 액추에이터가 연동되는 자동화 공정을 구현해 보는 과정에서 비로소 자동화 시스템의 전체 흐름을 이해할 수 있도록 했다. 이 책은 이러한 실습 중심의 자동화 제어 학습을 돕기 위해 집필하였다.

본 교재는 자동화 설비에서 널리 사용되는 제어 기술을 Mitsubishi MELSEC PLC를 기반으로 한 실제 실습 과제 중심으로 구성하였다. 먼저 자동화 실습 장치의 구성과 하드웨어를 이해하고, 간단한 자동화 공정을 통해 순차 제어의 기본을 익히도록 한다. 이어 서보 모터 제어의 개념과 설정 방법을 배우고, 다양한 실습 과제를 통해 위치 결정 제어를 단계적으로 구현해 볼 수 있도록 하였다. 또한, 인버터를 이용한 AC 모터 제어 실습과 함께 CC-Link 통신, DA/AD 모듈, 스텝 모터 제어 등 자동화 설비에서 활용되는 주요 기술도 함께 다루었다.

본 교재의 특징은 다음과 같다.
첫째, 이론보다는 실제 자동화 설비를 기반으로 한 실습 중심 구성으로 직접 구현하는 경험에 초점을 두었다.

둘째, 단계별 실습 예제를 통해 PLC, 서보, 인버터 제어의 흐름을 자연스럽게 이해할 수 있도록 구성하였다.

셋째, 자동화 설비 현장에서 사용되는 주요 제어 기술을 실무에 가깝게 경험할 수 있도록 실습 과제를 구성하였다.

현장의 기술자로서 필요한 모든 내용을 한 권에 완벽하게 담을 수는 없지만, 자동화 제어를 처음 배우는 학습자부터 현장 실습을 준비하는 분들까지 기본기를 다지는 데 필요한 핵심 내용을 중심으로 정리하였다. 보다 자세한 기술 자료는 아래 Mitsubishi Electric 공식 고객지원 웹사이트를 참고하기 바란다.

https://kr.mitsubishielectric.com/fa/ko/index.do (구글에서 "한국미쓰비시" 검색 후
[고객 지원 - Download])

앞으로도 자동화 설비 교육과 현장 실무에 도움이 될 수 있도록 다양한 응용 예제와 자료를 지속적으로 보완해 나갈 예정이다.

이 책이 여러분에게 실습을 통해 자동화 제어 기술을 이해하는 데 든든한 길잡이가 되기를 바란다.

2026년 3월
저자 일동

Contents

Contents

자동화 설비 실습 장치

1. 전체 시스템

본 교재에서 설명하는 자동화 설비 실습 장치는 PC, PLC, 터치 패널이 이더넷 허브에 의해 서로 연결되어 있으며, PLC의 입력 모듈, 출력 모듈, 심플 모션 모듈(또는 위치 결정 모듈)이 센서, 솔레노이드, DC 모터, 서보 앰프 등 자동화 설비 하드웨어와 연결되어 있다.

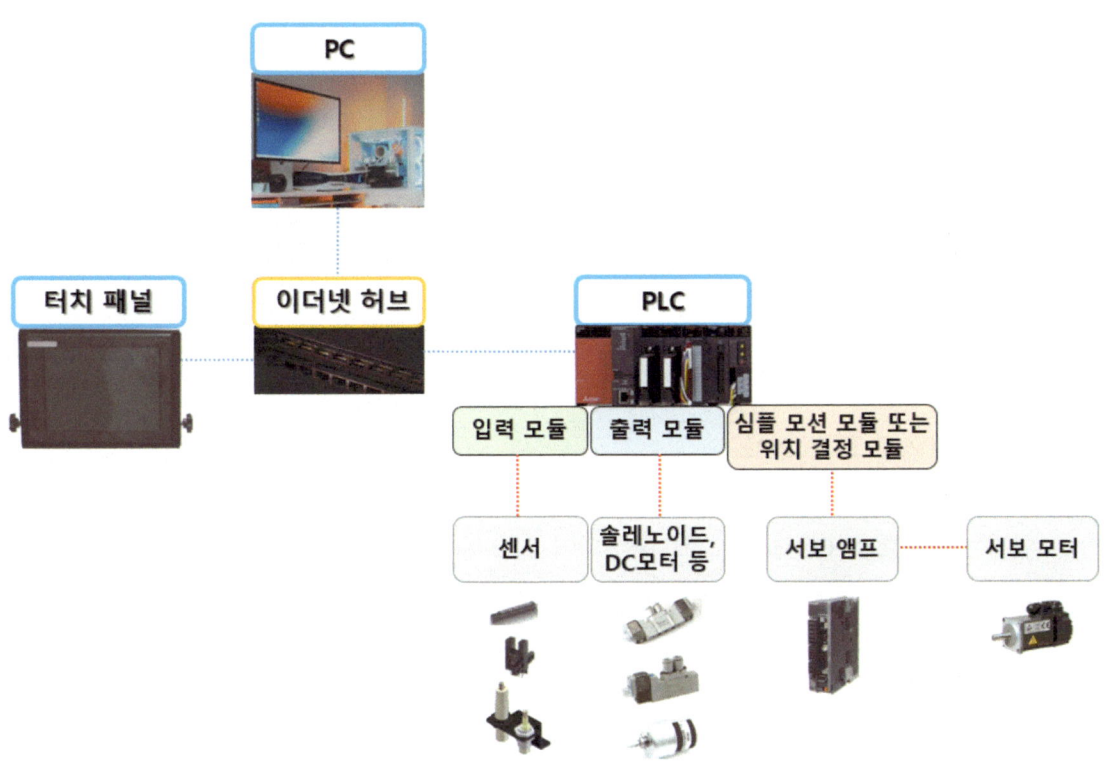

1) PLC 유닛 패널

본 교재에서 설명하는 자동화 설비 실습 장치에서 PLC CPU 모듈이 실장되어 있는 PLC 유닛 패널의 구성은 다음과 같다.

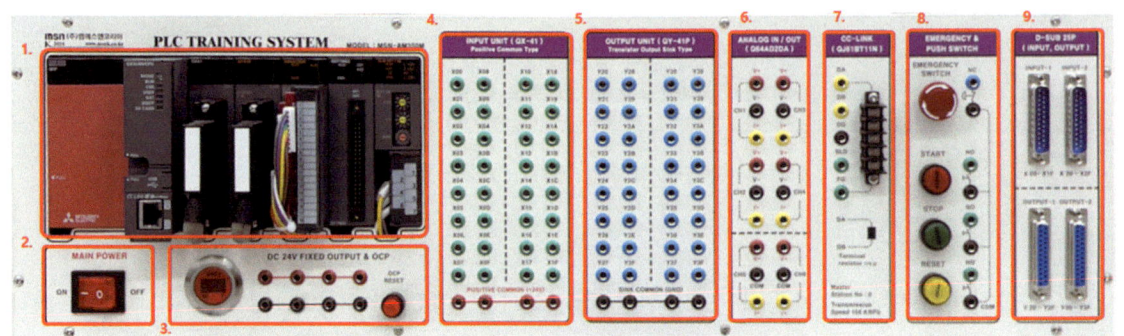

① PLC UNIT
PLC의 전원 모듈, 입력 모듈, 출력 모듈, AD/DA 모듈, 심플 모션 모듈 또는 위치 결정 모듈, CC Link 네트워크 모듈.

② 주 전원 스위치
장비의 입력 전원(AC220V)을 ON/OFF 하는 스위치

③ 고정 DC 전원 출력부
DC 24V 및 출력 단자(+/- 4조), 과부하 표시등 및 리셋 스위치

④ PLC INPUT TERMINAL
PLC 입력 단자로서 PLC 입력 모듈의 X00~X0F, X10~X1F에 각각 연결. 입력 32점, COM 4점으로 구성되어 있으며, "+" COM을 연결하여 실습할 수 있도록 구성

⑤ PLC OUTPUT TERMINAL
PLC 출력 단자로서 PLC 출력 모듈의 Y20~Y2F, Y30~Y3F에 TR 타입의 출력 모듈이 각각 연결. 출력 32점, COM 4점으로 구성되어 있으며, "-" COM을 연결하여 실습할 수 있도록 구성

⑥ AD / DA TERMINAL
PLC 아날로그 입력 및 출력 혼합 모듈의 접점이 각각 연결. 아날로그 입력 4조, 아날로그 출력 2조로 구성

⑦ CC-LINK TERMINAL
QJ61BT11N에 대한 통신 단자대를 4mm 플러그 및 Y 터미널 단자대로 구성

⑧ 스위치 모듈

　비상 정지 스위치 1개 및 푸시버튼 스위치 3개로 구성

⑨ PLC 외부 입력 커넥터

　본 커넥터와 패널의 PLC 입력 단자와 연결되어 있으며, 외부 기기와 연결하여 제어할 때 사용

2) I/O Map

앞으로 나오게 될 래더 다이어그램에서는 자동화 설비 실습 장치의 PLC 입출력 디바이스에 연결된 실제 하드웨어가 아래 I/O Map과 같다고 가정하고 디바이스 주소를 지정하도록 하겠다. 자신이 사용하는 시스템의 입출력 할당이 이와 다르다면 디바이스 주소를 시스템에 맞게 수정해서 실습을 진행해 가도록 한다. 입력 하드웨어 중 종류를 따로 기입하지 않은 것은 실린더의 전/후진 완료를 검출하는 리드 스위치이며, 출력 하드웨어 중 종류를 따로 기입하지 않은 것은 양솔(Double Solenoid)이다.

PLC I/O MAP			
입력 디바이스	입력 하드웨어	출력 디바이스	출력 하드웨어
X00	공급 후진 센서	Y20	드릴가공 모터 (DC모터)
X01	공급 전진 센서	Y21	컨베이어 모터 (DC모터)
X02	분배 후진 센서	Y22	공급 후진솔
X03	분배 전진 센서	Y23	공급 전진솔
X04	가공 상승 센서	Y24	분배 후진솔
X05	가공 하강 센서	Y25	분배 전진솔
X06	취출 후진 센서	Y26	가공 하강솔 (편솔)
X07	취출 전진 센서	Y27	취출 전진솔 (편솔)
X08	스토퍼 상승 센서	Y28	스토퍼 상승솔
X09	스토퍼 하강 센서	Y29	스토퍼 하강솔
X0A	흡착 후진 센서	Y2A	흡착 후진솔
X0B	흡착 전진 센서	Y2B	흡착 전진솔
X0C	저장 후진 센서	Y2C	저장 후진솔
X0D	저장 전진 센서	Y2D	저장 전진솔
X0E	흡착 센서 (압력 센서)	Y2E	흡착컵 동작솔 (편솔)
X0F	공급 검출 센서 (광화이버 센서)		
X10	분배 검출 센서 (광화이버 센서)		
X11	스토퍼 센서 (광화이버 센서)		
X12	용량형 센서		
X13	유도형 센서		

2. 하드웨어

1) 자동화 설비 하드웨어

본 교재에서 사용되는 자동화 설비 하드웨어의 외형은 다음 그림과 같다.

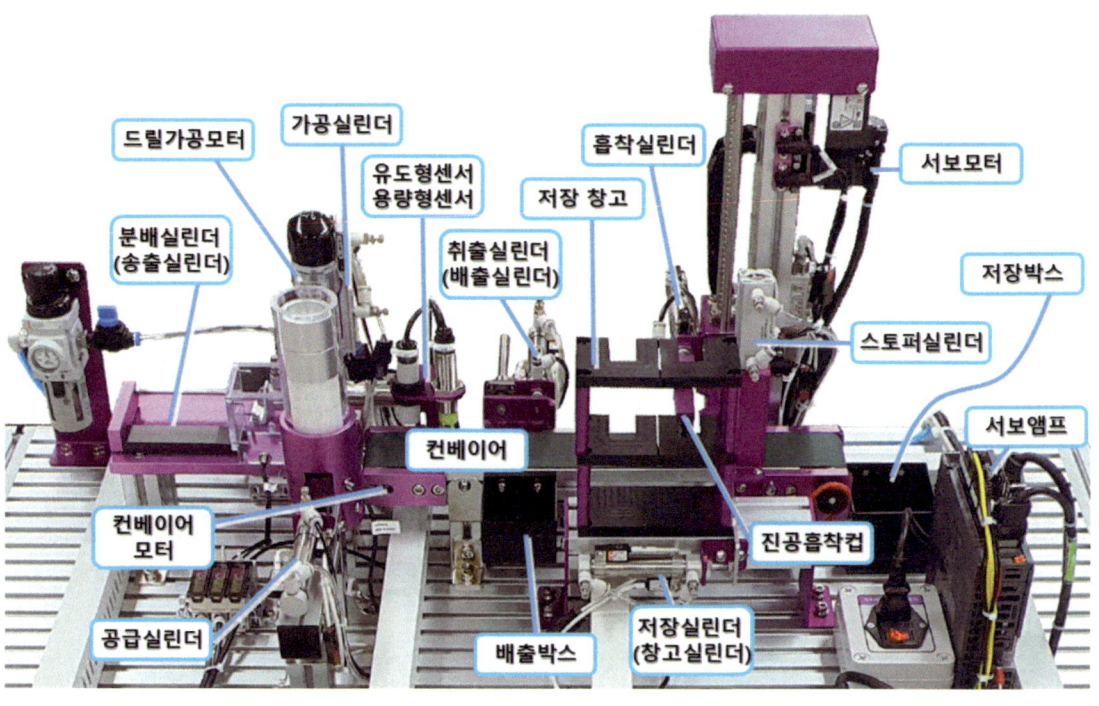

PLC에 쓰기 된 래더 다이어그램과 이 하드웨어에 의해 공급 매거진 내의 공작물(Work)을 ① **공급 실린더**에 의해 공급 ② 공작물을 향해 **가공 실린더**가 하강하고 **드릴 가공 모터**에 의해 가공 ③ **분배(송출) 실린더**에 의해 공작물을 **컨베이어** 위로 보냄 ④ **컨베이어 모터**(DC모터)가 ON 되어 공작물을 이송 ⑤ **유도형 센서**와 **용량형 센서**에 의해 금속/비금속 판별 ⑥ 판별 결과에 따라 **취출(배출) 실린더**에 의해 **배출 박스**에 저장하거나 계속 이송 ⑦ 판별 결과에 따라 **스토퍼 실린더**가 하강해서 이송을 막거나 계속 이송해서 **저장 박스**에 저장 ⑧ 스토퍼 실린더에 의해 이송이 막힌 공작물을 **서보 모터, 진공 흡착 컵, 흡착 실린더, 저장(창고) 실린더**에 의해 저장 창고에 저장하는 과정을 거쳐 필요한 동작 조건을 만족하는 공정을 제어할 수 있다.

2) 모듈별 구성

ⓐ 공급 모듈

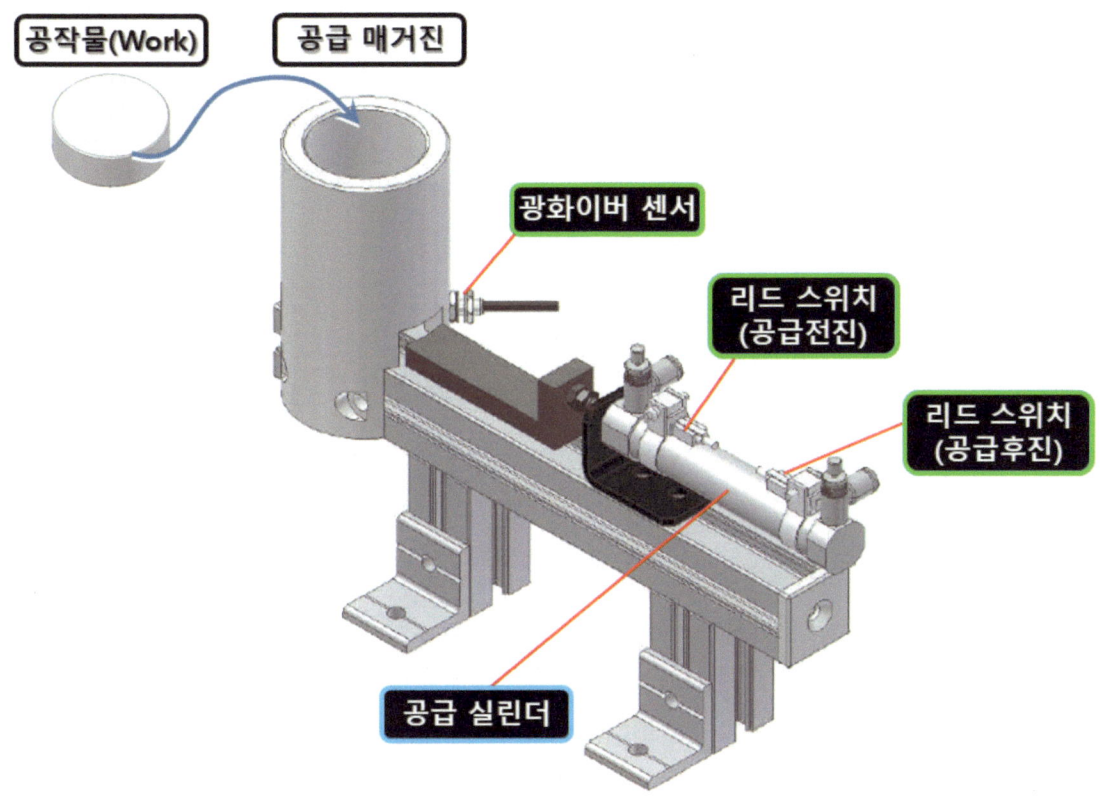

공작물(Work)을 공급 매거진에 투입한 다음 공급 실린더를 전진해서 공작물을 작업대 위로 보내 주는 역할을 한다.

공급 매거진의 하단부에는 광화이버 센서가 장착되어 있어서 현재 공급 매거진에 공작물이 투입되어 있는지 여부를 판별할 수 있도록 되어 있다. 그러므로 가령 공급 매거진에 공작물이 있을 때(광화이버 센서가 ON 되어 있을 때)만 공급 실린더의 전진이 가능하도록 하는 등의 동작 조건을 제어할 수 있다.

공급 실린더가 전진 완료되어 있을 때는 리드 스위치(공급 전진)가 ON 되고 후진 완료되어 있을 때는 리드 스위치(공급 후진)가 ON 된다. 각 리드 스위치는 ON 되면 적색 LED가 ON 되니 직접 LED의 ON/OFF 상태를 확인해 보기 바란다. 전진 또는 후진 동작이 완료되어 있을 때만 해당 리드 스위치가 ON 되고 실린더가 동작 중일 때는 2개의 리드 스위치가 모두 OFF 되어 있으며, 동력원이 공압이기 때문에 공급 실린더뿐만 아니라 이후에 나올 모든 실린더는 동작 도중에 멈추지 않는다는 점을 숙지해 두자.

ⓑ 가공 모듈

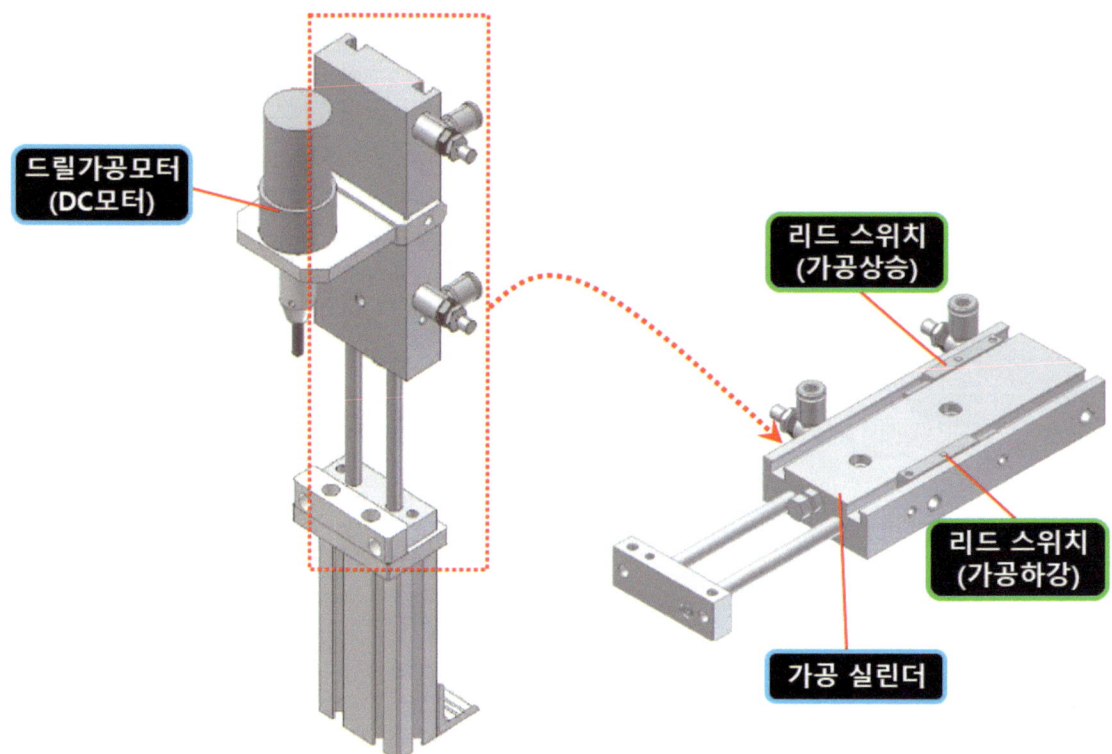

드릴가공모터
(DC모터)

리드 스위치
(가공상승)

리드 스위치
(가공하강)

가공 실린더

크게 가공 실린더와 드릴 가공 모터라는 2개의 파트로 구성되어 있으며, 가공 실린더를 하강시킨 다음 드릴 가공 모터를 회전시키거나 반대로 드릴 가공 모터를 먼저 회전시킨 다음 가공실린더를 하강하는 등의 동작을 제어하는 데 사용된다. 그 외에도 가공 실린더를 2회 하강→상승시킨 다음 드릴 가공 모터를 회전시키거나 드릴 가공 모터의 회전 시간을 터치 패널로 입력받아 회전시키는 등의 동작 조건을 생각해 볼 수 있다.

ⓒ 분배 모듈

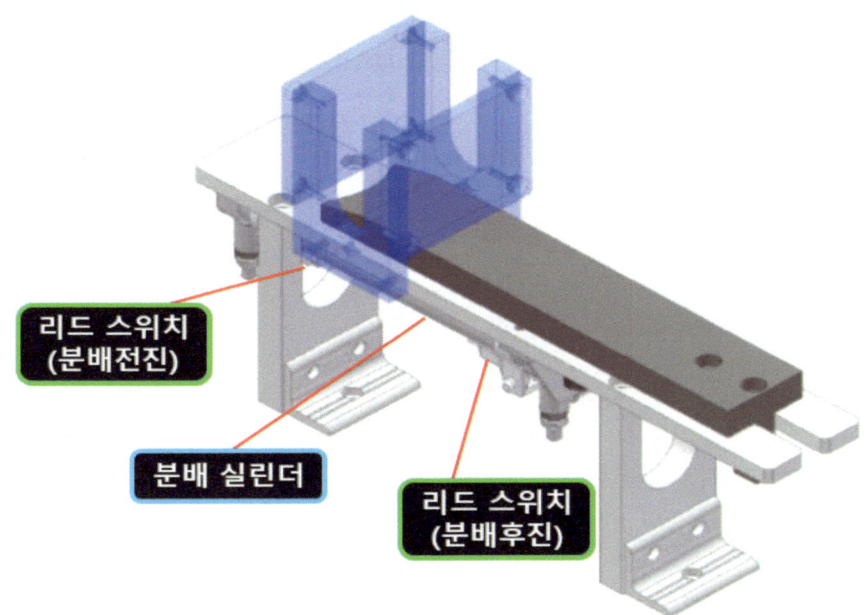

공급 모듈과 마찬가지로 분배 매거진, 광화이버 센서가 장착되어 있지만 본 교재에서는 사용하지 않도록 한다. 즉 공급 실린더에 의해 작업대 위로 올려진 공작물(Work)을 가공 모듈에 의해 가공 작업을 마쳤으면 컨베이어 위로 보내 주는 역할만 하도록 하겠다.

ⓓ 이송 모듈

DC 모터, 타이밍 벨트, 풀리, 컨베이어 벨트로 구성되어 있으며, DC 모터의 회전 운동에 의해 컨베이어 벨트를 작동시켜 공작물을 이송하는 역할을 한다.

ⓔ 검사 모듈

정전용량형
센서

유도형 센서

2가지 센서를 이용해서 공작물의 유무와 금속/비금속을 판별하는 모듈이다.

  - 정전 용량형 센서: 금속, 비금속 중 어느 것이 검출되더라도 ON

  - 유도형 센서: 금속이 검출될 때만 ON

ⓕ 퇴출(배출) 모듈

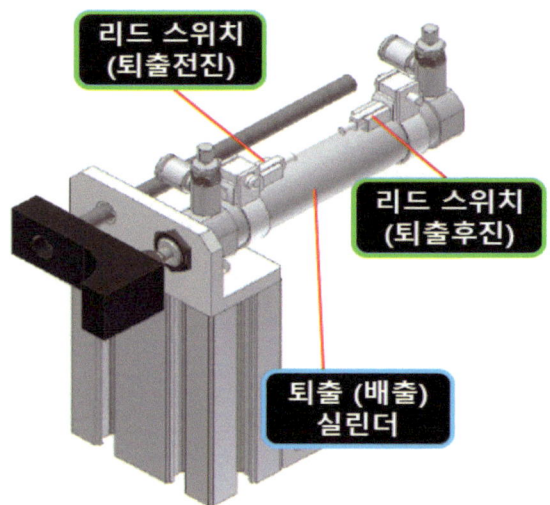

리드 스위치
(퇴출전진)

리드 스위치
(퇴출후진)

퇴출 (배출)
실린더

  검사 모듈을 거쳐 금속/비금속 판별이 된 이후 금속 또는 비금속 공작물을 배출 박스로 배출하기 위한 모듈이다.

ⓖ 스토퍼 모듈

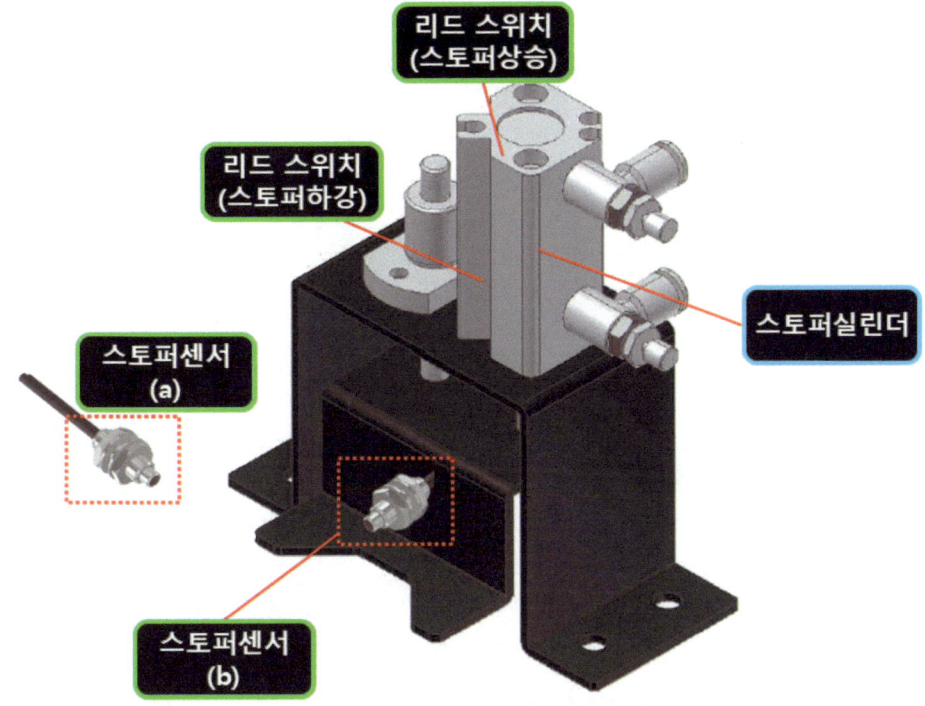

리드 스위치
(스토퍼상승)

리드 스위치
(스토퍼하강)

스토퍼실린더

스토퍼센서
(a)

스토퍼센서
(b)

　스토퍼 실린더, 스토퍼 센서(광화이버 센서)로 구성되어 있으며, 컨베이어로 이송되는 공작물이 스토퍼 모듈 위치에 도달하면 스토퍼 센서가 ON 된다. 스토퍼 센서는 시스템에 따라 그림과 같이 (a) 위치에 단독으로 배치되어 있을 수도, (b) 위치(스토퍼)에 부착되어 있을 수도 있는데 위치가 다르더라도 사용 방법이 크게 달라지지는 않는다.

　스토퍼 실린더가 하강되어 있으면 공작물이 더 이상 이송되지 않도록 하고, 상승되면 컨베이어에 의해 계속 이송되어 저장 박스에 공작물을 저장하도록 하는 역할을 한다. 스토퍼 모듈에 의해 이송되지 않게 된 공작물은 리프트가 하강된 다음 흡착되어 저장(창고) 모듈에 저장된다.

ⓗ 저장(창고) 모듈

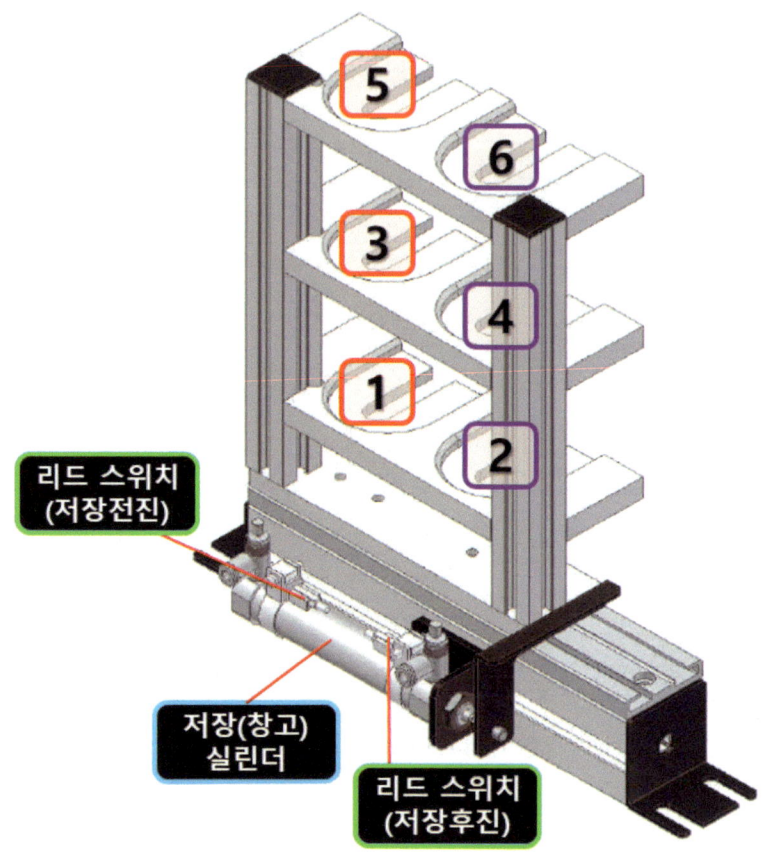

저장(창고) 실린더로 구성되어 있으며, 3행 2열로 구성되어 있는 창고의 좌측에 공작물을 적재할지, 우측에 공작물을 적재할지 선택하는 용도로 사용된다. 이 그림은 창고 실린더가 전진하면 창고가 좌측으로 이동해서 창고의 우측(2, 4, 6번 위치)에, 창고 실린더가 후진하면 창고가 우측으로 이동해서 창고의 좌측(1, 3, 5번 위치)에 공작물이 적재될 수 있도록 하는 저장(창고) 모듈의 예시이다. 시스템에 따라 방향이 반대일 수도 있으니 저장 전진솔과 저장 후진솔을 각각 ON 하면서 확인해 보기 바란다.

ⓘ 리프트 모듈

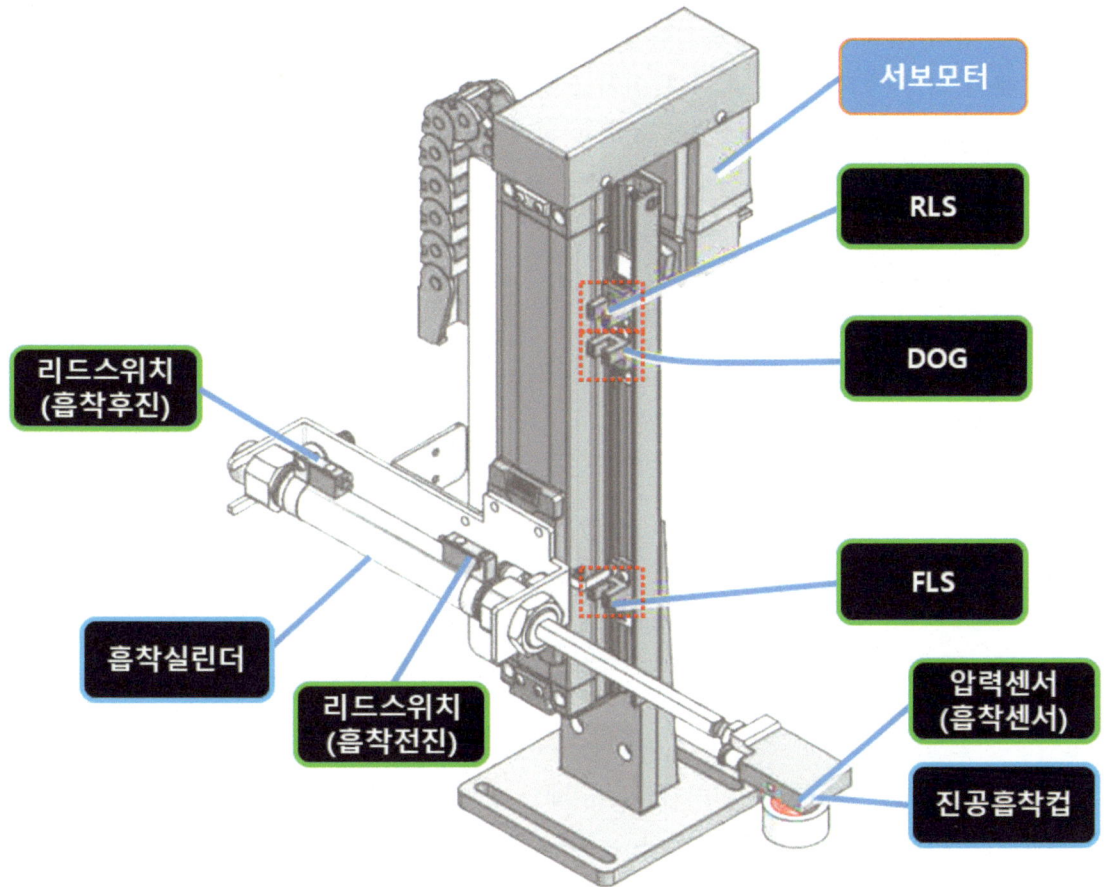

리프트 모듈은 **서보 모터, 진공 흡착컵, 흡착 실린더, 포토 인터럽터(FLS, RLS, DOG)**로 구성되어 공작물을 원하는 위치에 원하는 속도로 창고에 적재하는 위치 결정 제어 시스템이다.

서보 모터가 정회전[Forward, 시계 방향 회전, CW(ClockWise)] 하면 리프트는 FLS 방향으로 이동, 즉 하강하며, 역회전[Reverse, 반시계 방향 회전, CCW(Counter-ClockWise)] 하면 리프트는 RLS 방향으로 이동, 즉 상승하도록 구성된 시스템이 일반적인 실습용 트레이너의 구성이다. 서보 모터의 사양, 사용 방법 등 자세한 사항은 **Section 2**에서 학습하도록 한다. 진공 흡착 컵은 컨베이어 위의 공작물을 흡착하고, 흡착을 해제해서 창고에 저장하는 용도로 사용되며 흡착 실린더는 창고를 향해 전진하고, 이후 복귀를 위해 후진하는 동작을 수행한다. 진공 흡착 컵에는 압력 센서가 부착되어 있어서 공작물이 흡착되어 있는지 여부를 검출할 수 있다.

리프트 모듈이 동작되는 예시를 들면 다음과 같다.

① 서보 모터가 정회전해서 지정된 위치로 하강
② 진공 흡착 컵을 ON 해서 공작물을 흡착
③ 서보 모터가 역회전해서 지정된 위치로 상승
④ 흡착 실린더가 전진해서 창고로 진입
⑤ 서보 모터가 정회전해서 살짝 하강
⑥ 진공 흡착컵을 OFF 해서 공작물을 저장
⑦ 서보 모터가 역회전해서 살짝 상승
⑧ 흡착 실린더가 후진해서 복귀
⑨ 서보 모터가 초기 위치로 복귀 (원점 복귀)

FLS, DOG, RLS는 모두 포토 인터럽터로서 해당 위치에 리프트가 도달했는지 검출하는 용도로 사용된다. FLS(Forward Limit Switch)는 이름에서 알 수 있듯이 정회전의 한계 위치(하한)에 부착되어 있으며, 검출이 되면 더 이상 하강하지 못하도록 에러를 발생시킨다. RLS(Reverse Limit Switch)는 역회전의 한계 위치(상한)에 부착되어 있으며, 검출이 되면 더 이상 상승하지 못하도록 에러를 발생시킨다. 이 두 센서는 의도하지 않게 전원이 꺼지거나 단선이 발생하더라도 리프트의 동작을 안전하게 정지시키기 위해 b 접점으로 구성되어 있다.

DOG(근접 도그 센서)는 위치 결정을 위한 초기 위치인 원점(Origin)을 결정(원점 복귀)하기 위해 사용되며, 원점 복귀를 위해 리프트가 비교적 빠른 속도로 이동하다가 DOG에 검출되면 지정된 속도로 감속함으로써 언제나 동일한 위치를 원점으로 결정하기 위해 사용된다. DOG는 a 접점으로 구성되어 있다.

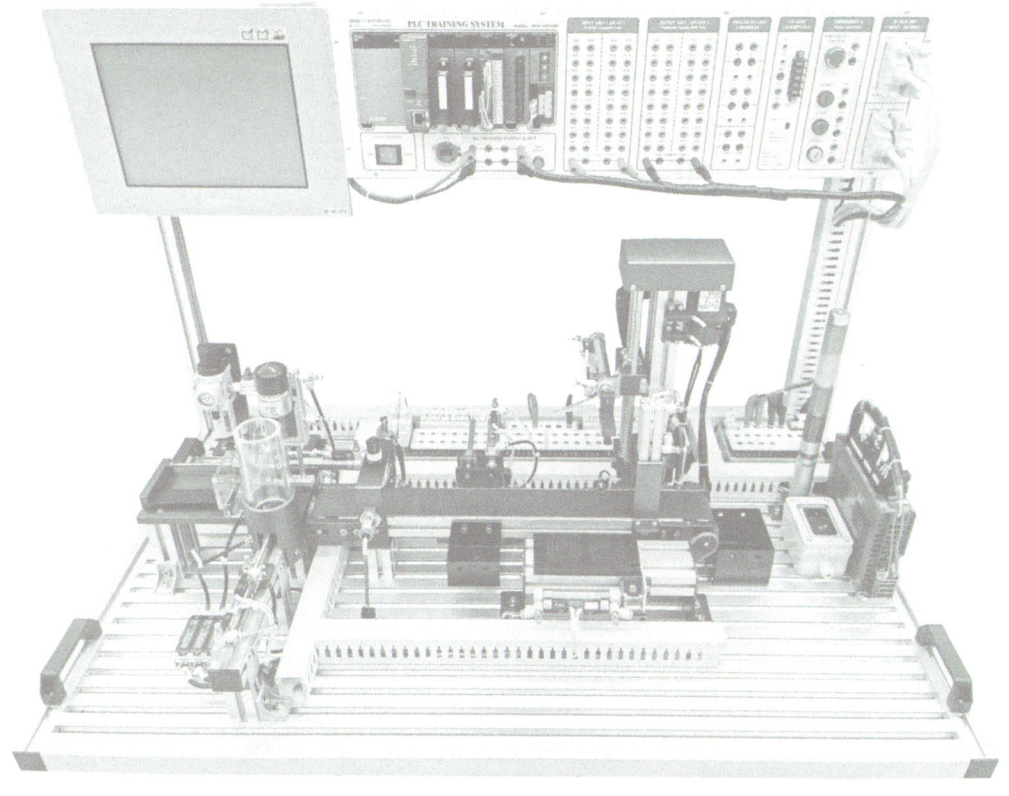

자동화 공정 실습

순차 동작 – 분배 실린더 전진/후진

1. 동작 조건

▶ [시작] 스위치를 터치하면 분배 실린더가 전진하고, 전진이 완료되면 후진한다. 후진이
완료된 다음 다시 [시작] 스위치를 터치하면 분배 실린더의 전진/후진이 다시 실행된다.
2, 3, 4의 래더 다이어그램 모두 이 동작 조건을 수행한다.

2. 래더 다이어그램 1

다음과 같이 래더 다이어그램을 작성한 후 PLC 쓰기 한다. 그다음 F3(모니터 모드)나
SHIFT+F3(모니터 쓰기 모드)로 진입해서 SHIFT+ENTER 키로 시작 스위치 M500을 ON 한다.

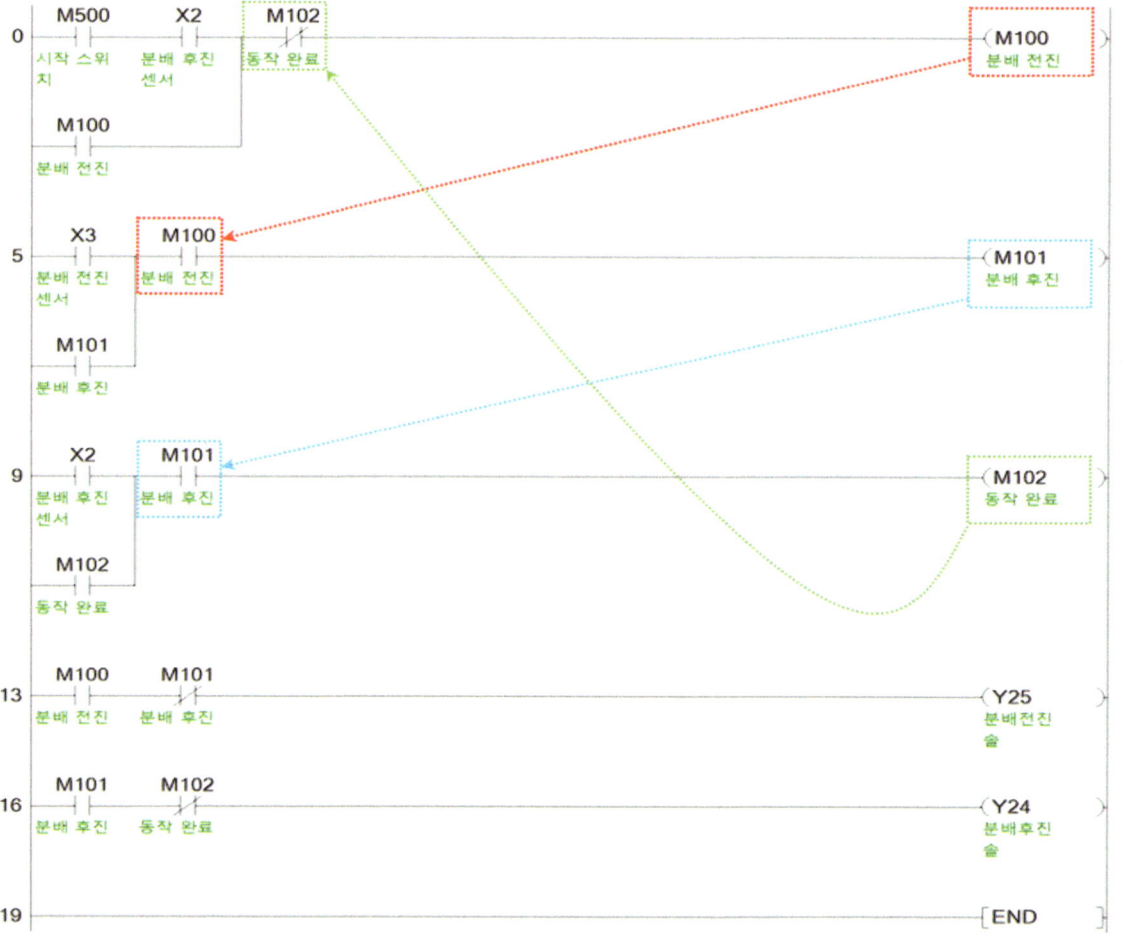

0번 스텝 : 분배 실린더가 후진 완료되어 있을 때 시작 스위치 M500을 ON 하면 M100이 자기유지

13번 스텝 : M100이 ON 되었으므로 Y25가 ON 되어 분배 실린더 전진

5번 스텝 : M100이 자기 유지되어 분배 실린더가 전진하다가 전진 완료(X3이 ON)되면 M101
이 자기 유지

13번 스텝 : M100이 ON, M101이 ON 되었으므로 Y25가 OFF

16번 스텝 : M101이 ON 되었으므로 Y24이 ON 되어 분배 실린더 후진

9번 스텝 : M101이 자기 유지되어 분배 실린더가 후진하다가 후진 완료(X2가 ON)되면 M102
이 자기 유지

16번 스텝 : M102이 ON 되었으므로 Y24이 OFF

1번 스텝 : M102이 ON 되었으므로 M100이 OFF → 5번 스텝에서 M101이 OFF → 9번 스텝
에서 M102가 OFF 됨으로써 모든 릴레이가 초기화

3. 래더 다이어그램 2

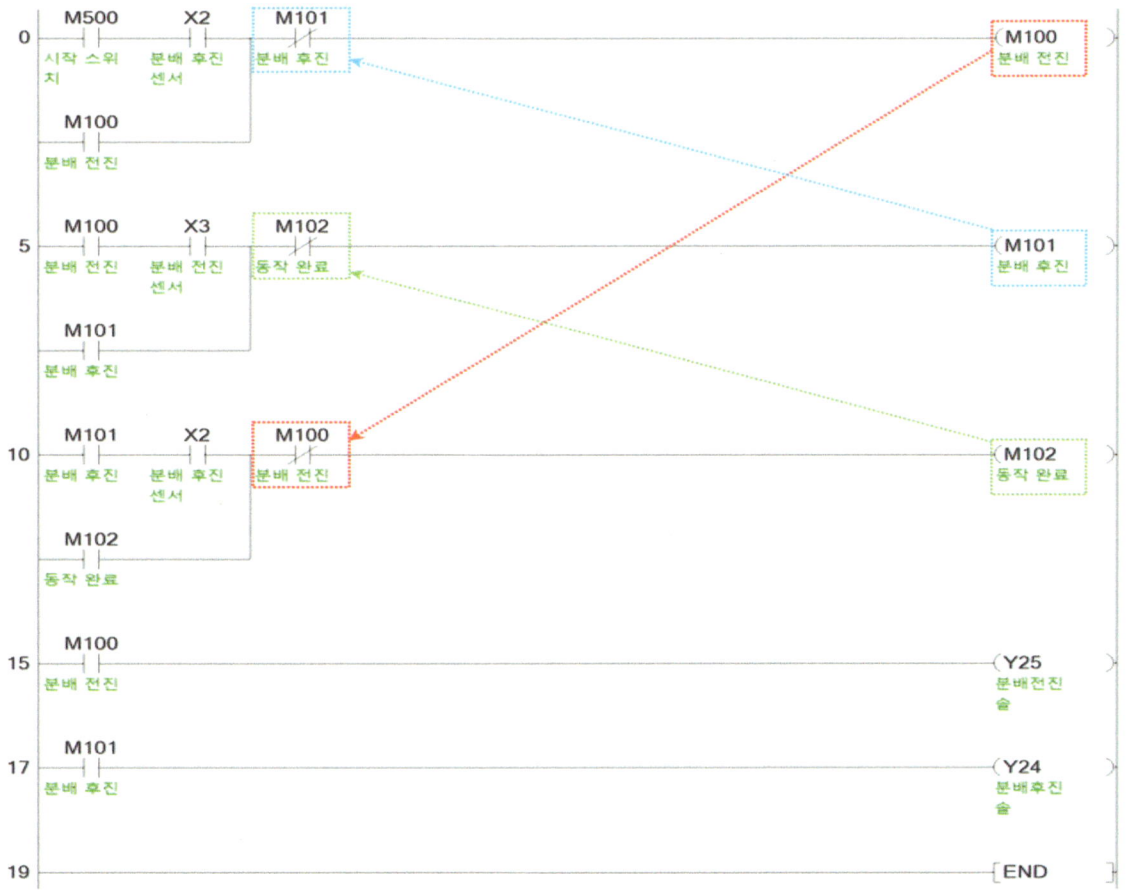

0번 스텝 : 분배 실린더가 후진 완료되어 있을 때 시작 스위치 M500을 ON 하면 M100이 자기
　　　　 유지

13번 스텝 : M100이 ON 되었으므로 Y25가 ON 되어 분배 실린더 전진

5번 스텝 : M100이 자기 유지되어 분배 실린더가 전진하다가 전진 완료(X3이 ON)되면 M101
　　　　 이 자기 유지

0번 스텝 : M101이 ON 되었으므로 M100이 OFF

15번 스텝 : M100이 OFF 되었으므로 Y25가 OFF

17번 스텝 : M101이 ON 되었으므로 Y24가 ON 되어 분배 실린더 후진

10번 스텝 : M101이 자기 유지되어 분배 실린더가 후진하다가 후진 완료(X2가 ON)되면 M102
　　　　 이 자기 유지

5번 스텝 : M102이 ON 되었으므로 M101이 OFF

17번 스텝 : M101이 OFF 되었으므로 Y24가 OFF

한 사이클을 마쳤을 때 M102이 ON 되어 있지만, 다시 M500을 ON 해서 M100이 자기 유지되
면 M102가 OFF 되므로 문제 없음.

4. 래더 다이어그램 3

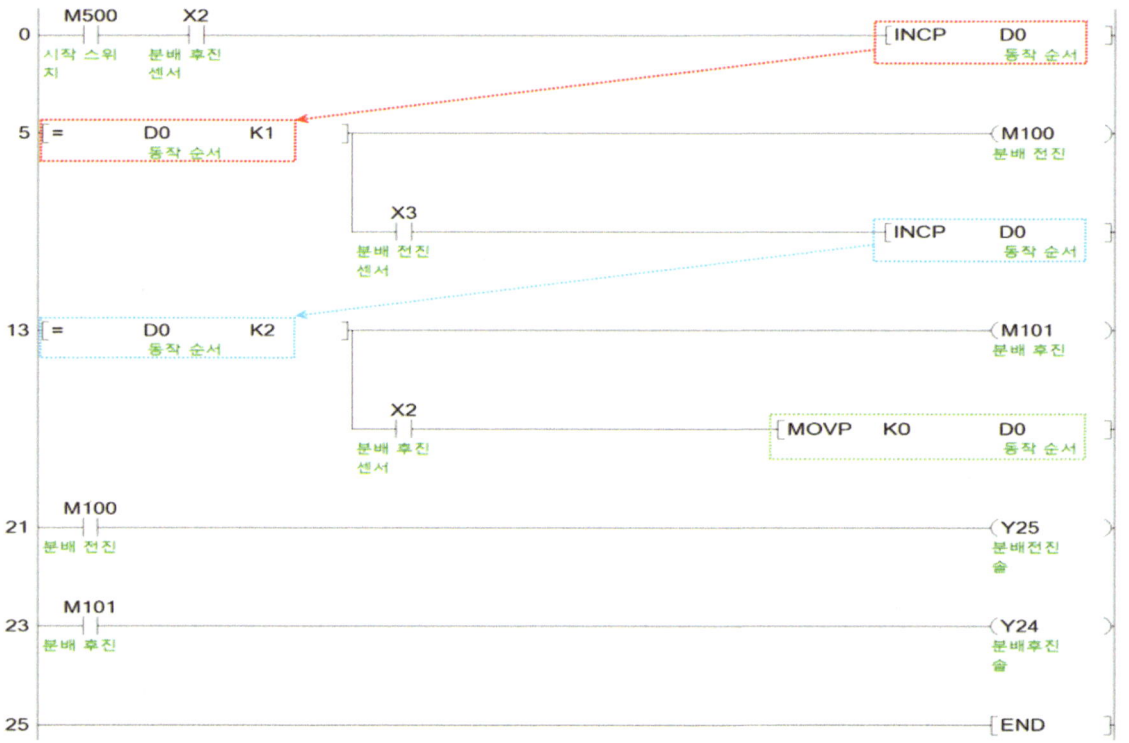

0번 스텝 : 분배 실린더가 후진 완료되어 있을 때 시작 스위치 M500을 ON 하면 초깃값 0이었
던 D0의 값이 1로 변경

5번 스텝 : [= D0 K1]이 참이 되므로 M100이 ON

21번 스텝 : M100이 On 되었으므로 Y25가 ON 되어 분배 실린더가 전진

5번 스텝 : 분배 실린더가 전진 완료(X3이 ON)되면 직전까지 1이었던 D0의 값이 2로 변경

13번 스텝 : [= D0 K2]이 참이 되므로 M101이 ON

23번 스텝 : M101이 ON 되었으므로 Y24가 ON 되어 분배 실린더가 후진

13번 스텝 : 분배 실린더가 후진 완료(X2가 ON)되면 직전까지 2였던 D0의 값이 0으로 초기화

금속/비금속 검출 공정 실습

1. 터치 패널 작화

① GT-Designer3 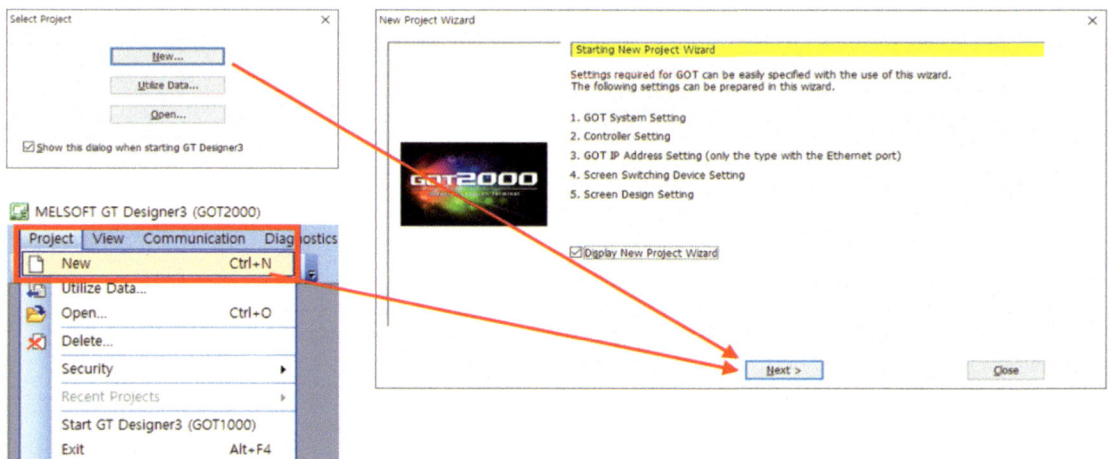 를 실행한 다음 Select Project에서 "New"를 클릭하거나 풀다운메뉴
"Project" → "New"로 생성된 New Project Wizard 창에서 "Next"를 클릭한다.

② "Confirmation" 화면에서 GOT Type 및 Color Setting 내용을 확인하고 "Next"를 클릭한다.

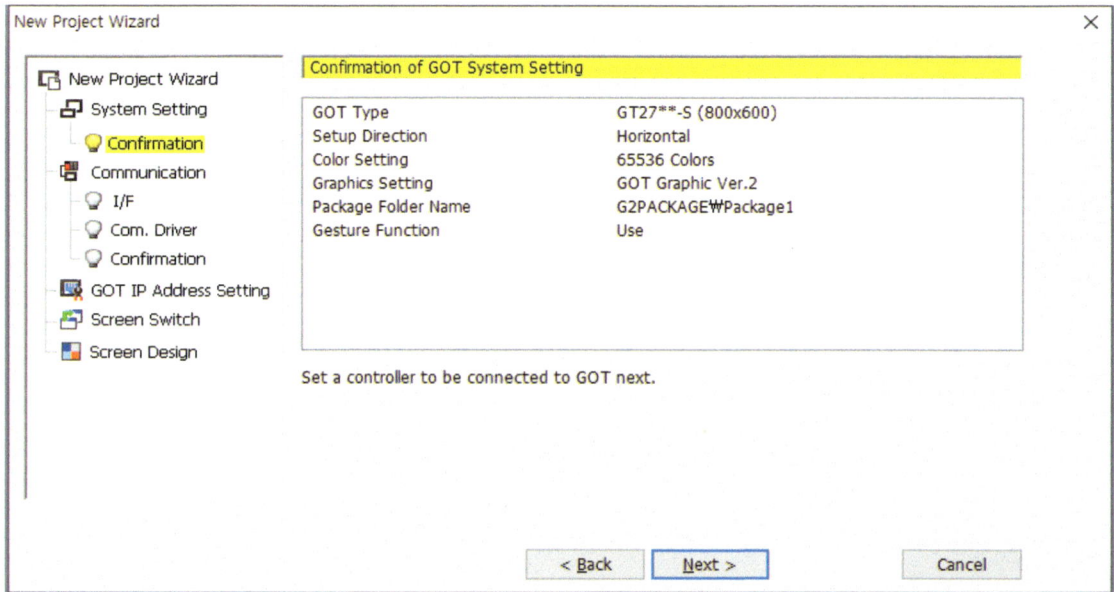

③ "Communication" 화면에서 "Manufacturer"(제조사)와 "Controller Type"(PLC CPU 형명)을 지정하고 "Next"를 클릭한다. Q03UDV의 경우 MELSEC-Q/QS, Q17nD/M/NC/DR, CRnD-700으로 선택한다.

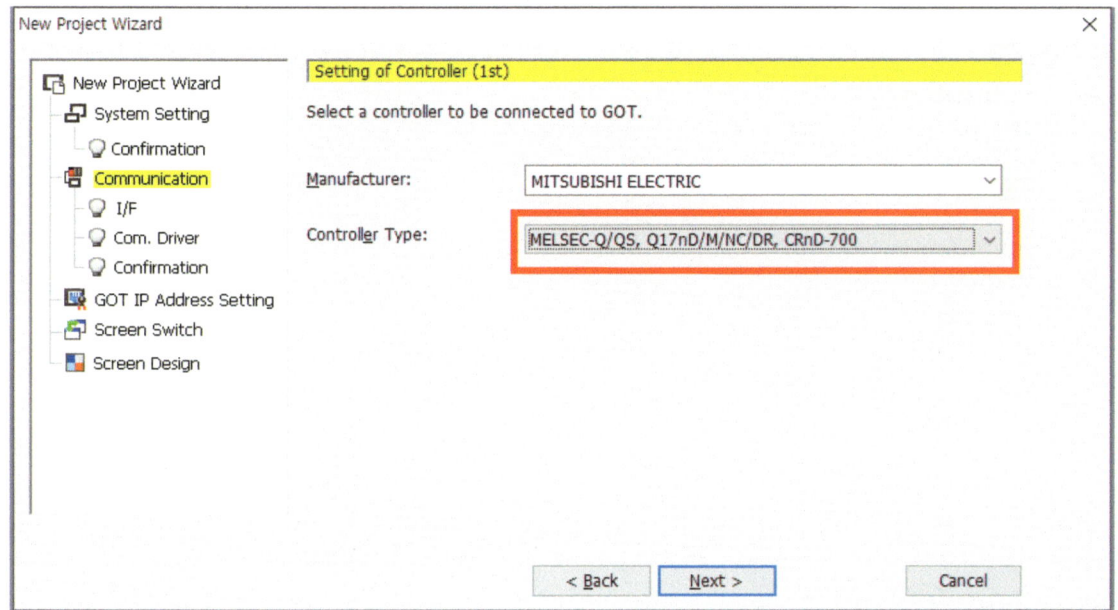

④ "I/F"(Interface) 화면에서 PLC와 터치 패널의 통신 방식을 지정한다. 본 교재에서는 PLC와 터치 패널이 LAN 포트, 공유기와 Hub를 통해 연결된 시스템을 기준으로 설명한다. 해당 항목은 "Ethernet:Multi"로 설정한다.

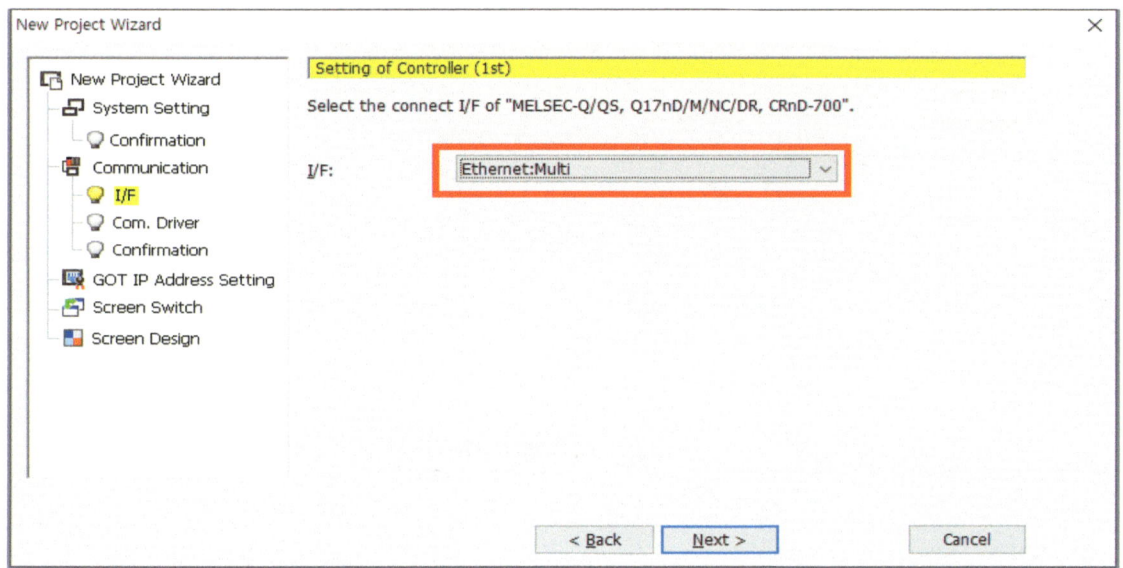

⑤ "Com. Driver" 화면에서 통신 드라이버를 지정하고 "Next"를 클릭한다. Ethernet의 경우
변경할 필요는 없다.

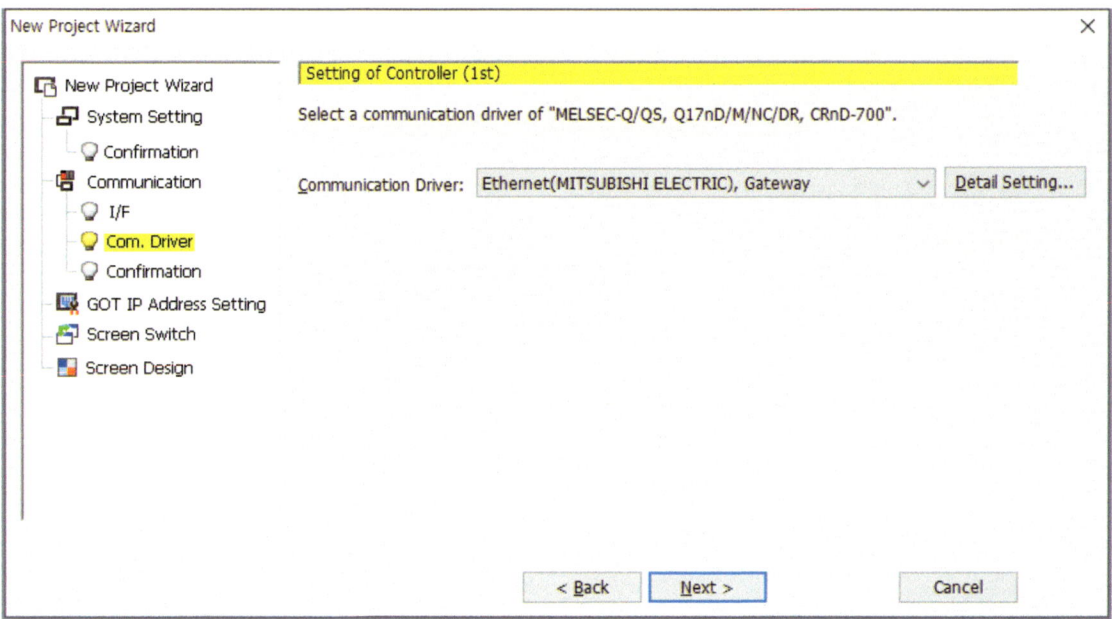

⑥ "Confirmation" 화면에서 통신 관련 설정 내용을 확인하고 "Next"를 클릭한다.

⑦ 설정할 GOT IP 주소를 직접 입력하고 "Next"를 클릭한다.

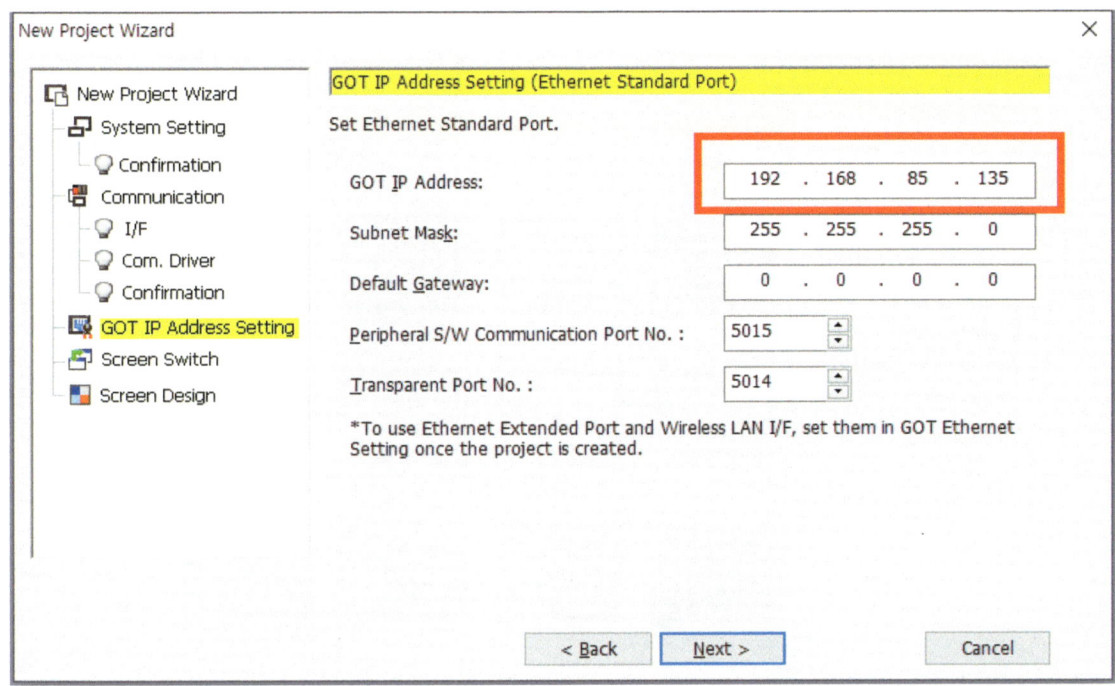

⑧ "Screen Switch"에서는 Base 스크린과 각종 Window들의 디바이스를 설정할 수 있는데, 변경할 필요는 없으므로 "Next"를 클릭한다.

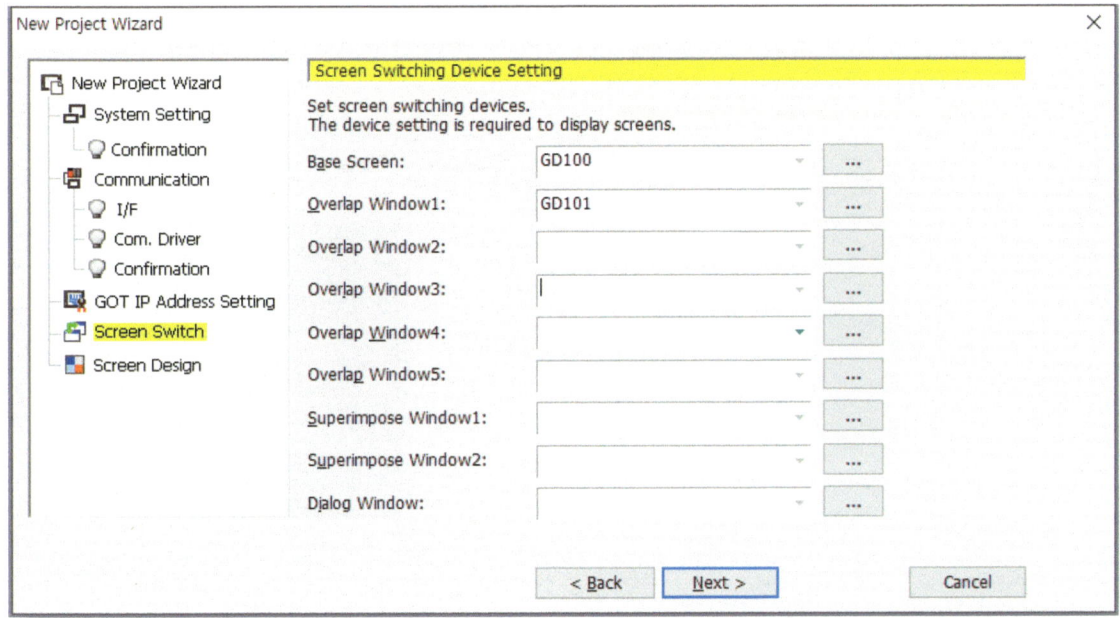

⑨ "Screen Design"에서는 스크린과 텍스트의 색상 등 테마를 설정할 수 있다. "Next"를 클릭한다.

⑩ 아래 창에서 지금까지 설정한 내용들을 확인한 후 "Finish"를 클릭하면 베이스 화면이 표시된다. 터치 패널과 접속하기 위해서는 아직 한 단계의 과정이 더 필요하다.

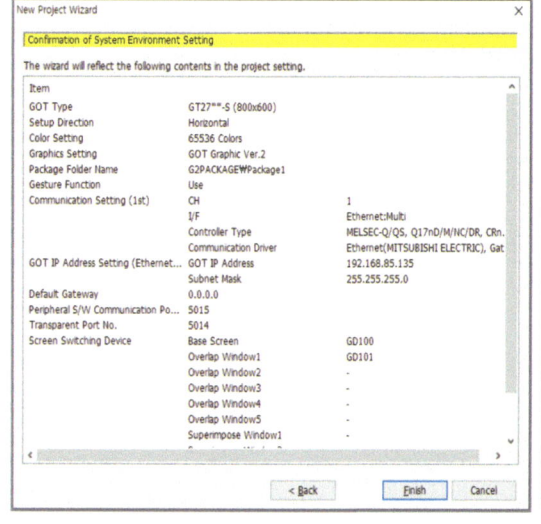
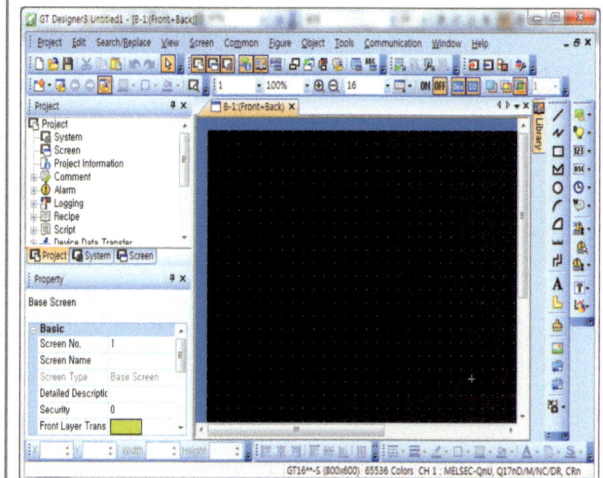

⑪ GT-Designer3 창 왼쪽에 위치한 내비게이션 바의 "System" 트리 - "Controller Setting" → "CH1 : ~"를 더블클릭한 다음 "Ethernet Controller Setting"-"IP Address"에 PLC의 IP 주소를 입력한 다음 "OK" 버튼을 클릭해서 Controller Setting 탭을 닫는다.

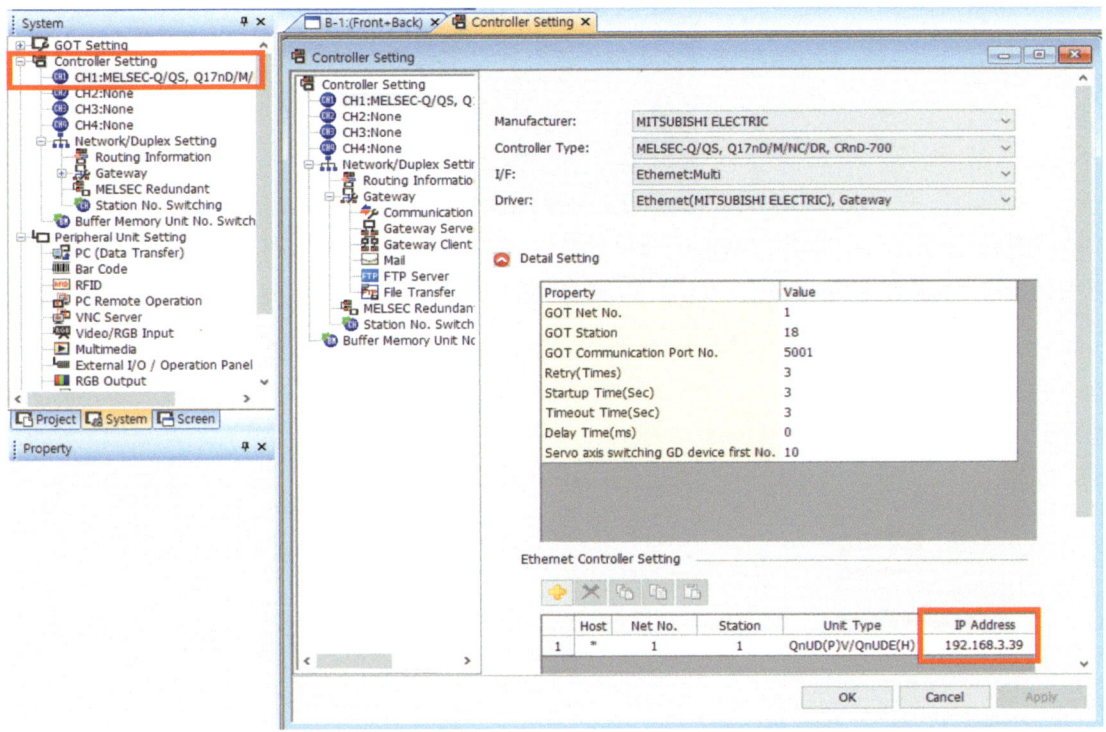

⑫ 녹색으로 표시된 스위치 우측의 ▼ 버튼을 클릭하면 왼쪽에 서브 메뉴가 나타나는데 [Bit Switch]를 클릭하면 아래와 같이 아이콘 모양이 비트 스위치로 변경된다.

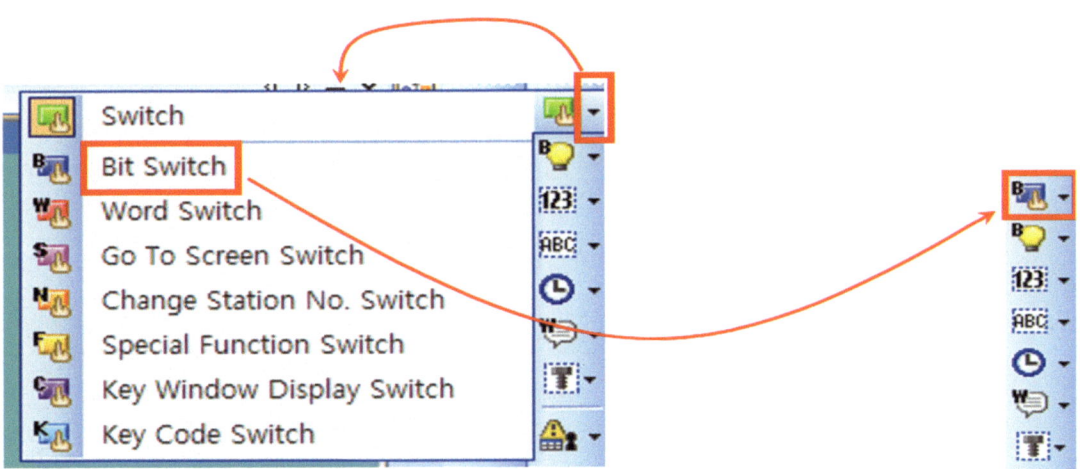

다음과 같이 드래그 & 드롭해서 적당한 크기의 버튼을 만든다. 드래그할 때 키보드의 SHIFT 키를 누른 채로 하면 원래의 가로-세로 비를 유지한 채로 크기를 조절할 수 있다.

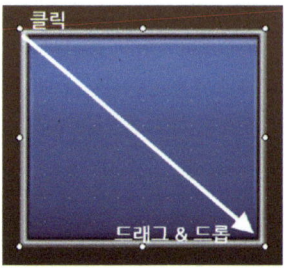

스위치를 더블클릭하여 Bit Switch 대화상자를 연다. [Device] 탭에서 [Device]를 "M0"으로 입력한다. 소문자로 입력해도 자동으로 대문자로 변환되므로 굳이 대문자로 입력할 필요는 없다. Action은 기본 설정인 Momentary로 둔다. 그다음 [Text] 탭을 클릭한다.

Bit Switch   ✕

Basic Settings   **Advanced Settings**
Device* Style Text*   Extended Trigger

Switch Action

Device: [M0]   ▼   [...]

  Action
    ● Momentary   ○ Alternate
    ○ Set   ○ Reset   [Add]

Lamp (Timing to change shape/text)
    ● Key Touch State   *Select "Bit-ON/OFF" or "Word Range" when using Key Touch State in
                         combination with a device.
    ○ Bit-ON/OFF
    ○ Word Range

Name: _____   [Convert to Lamp...]   [OK]   [Cancel]

[Text] 탭에서 "Text Size"를 적당한 크기로 입력하고 스위치에 출력될 값을 아래와 같이 "시작"으로 입력한 다음 "OK" 버튼을 클릭한다.

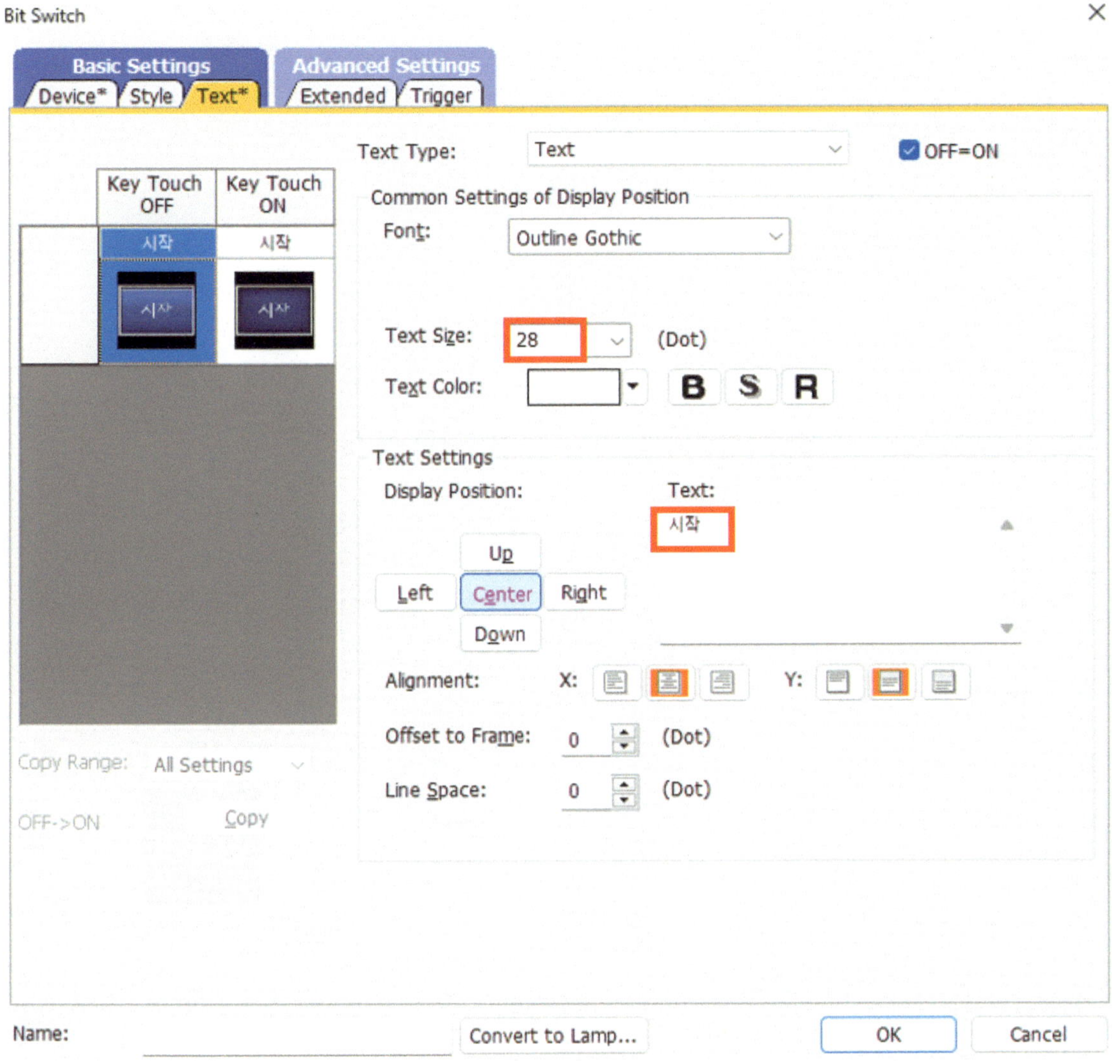

⑬ Text Display/Input를 삽입한다. 그 다음 더블클릭해서 속성 창으로 들어간다.

[Device]를 D1000, [Character Code]를 KS로 설정한 다음 [OK] 버튼을 클릭한다. Chracter Code는 초기 설정상 System Language Link로 설정되어 있는데, 이대로 놔두면 한글이 깨져서 출력되므로 KS로 변경한다.

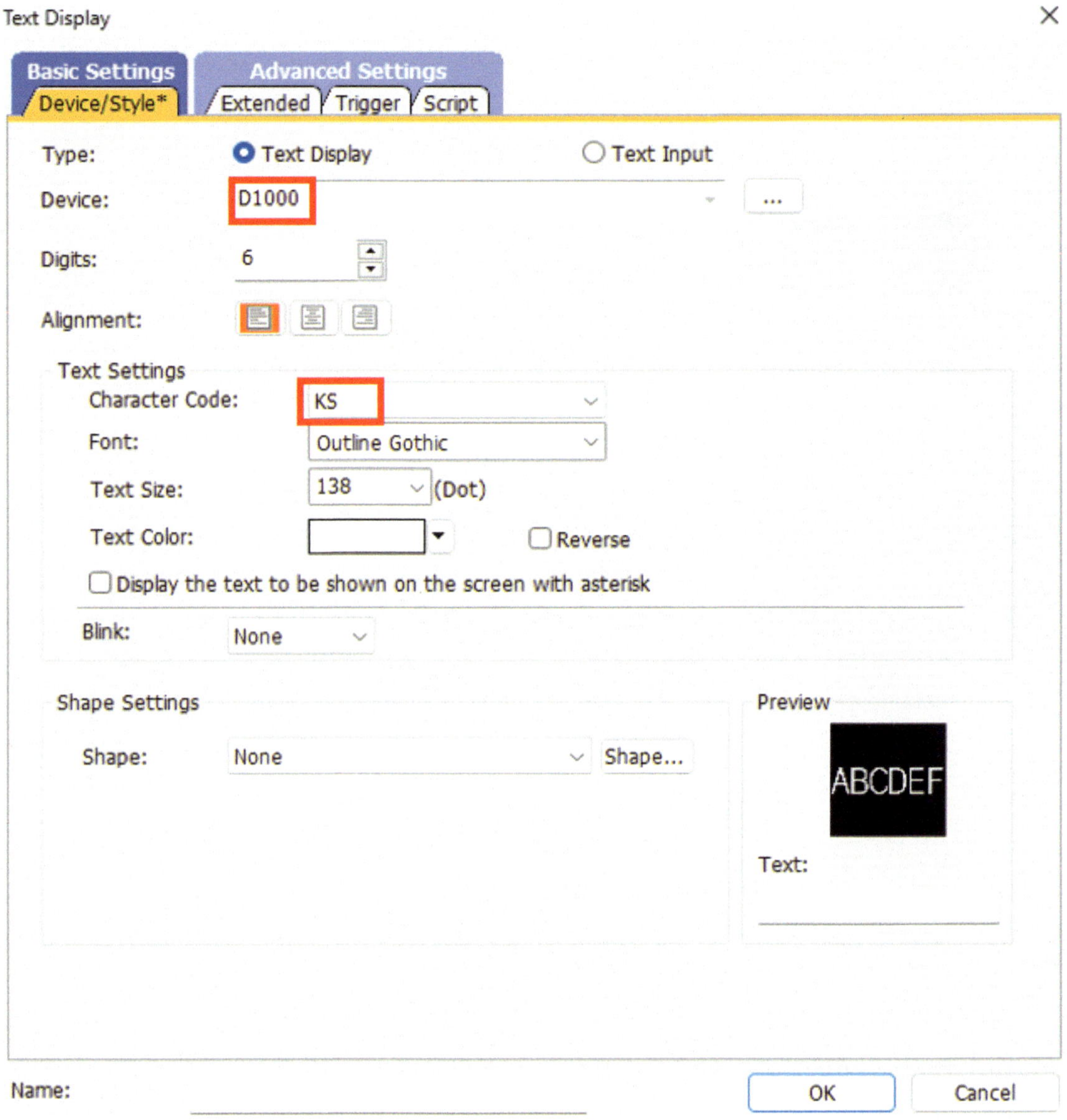

Text Display ✕

Basic Settings | **Advanced Settings**
Device/Style* | Extended / Trigger / Script

Type: ◉ Text Display ◯ Text Input

Device: D1000 ▾ ...

Digits: 6 ⬍

Alignment: ▤ ▤ ▤

Text Settings
Character Code: KS ▾
Font: Outline Gothic ▾
Text Size: 138 ▾ (Dot)
Text Color: [ ] ▾ ☐ Reverse
☐ Display the text to be shown on the screen with asterisk

Blink: None ▾

Shape Settings
Shape: None ▾ Shape...

Preview

ABCDEF

Text:
_____

Name: _____ OK Cancel

⑭ 스위치와 Text Display 아래쪽에 텍스트를 삽입한다. Text 아이콘을 클릭한 후 원하는 위치에 클릭하면 Text 설정 창이 나타나는데 아래와 같이 Text 내용, [Size] 설정을 한 다음 [OK] 버튼을 클릭한다. 텍스트 크기(Size)는 이 설정 창 대신에 텍스트의 모서리를 클릭해서 드래그해도 변경된다.

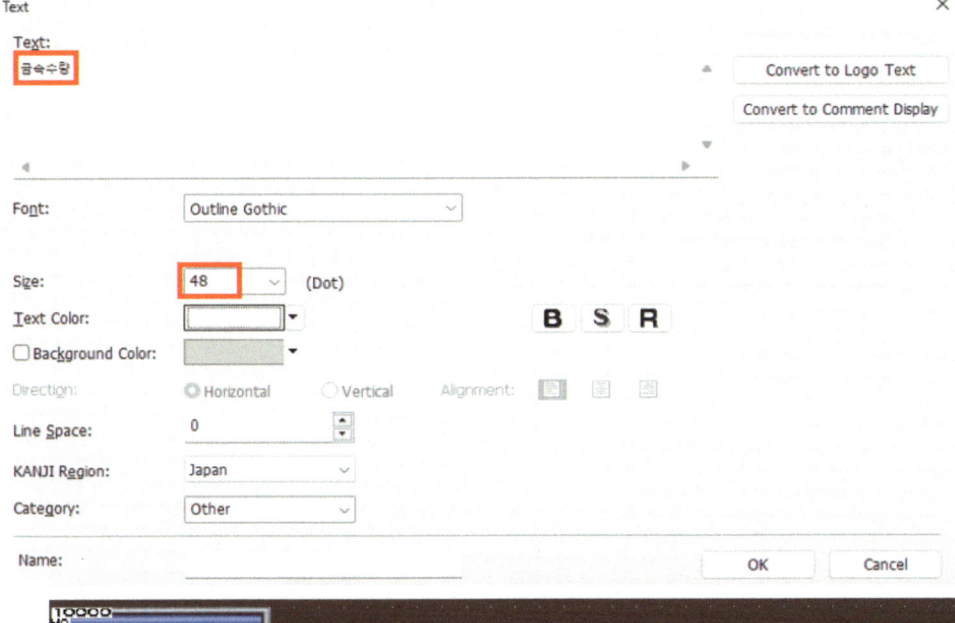

⑮ Numerical Display/Input를 삽입한다. Numerical Display/Input 아이콘을 클릭한 후 원하는 위치에 드래그 & 드롭한 다음 더블클릭해서 속성 창으로 들어간다.

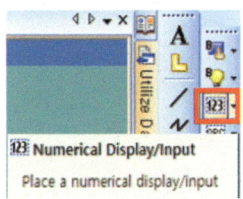

[Device]에는 D1200을 입력, Font를 TrueType Numerical 7seg로 변경해서 표시되는 형태를 변경한다. [Number Size]는 터치 패널 화면에 표시되는 크기로서 수치의 모서리를 드래그해도 조절된다. [Digits(Integral)]은 3으로 변경하고, [Alignment](정렬)을 우측 정렬로 선택한 다음 [OK] 버튼을 클릭한다.

⑯ ⑭ ~ ⑮를 참고해서 아래와 같이 비금속 수량 Numerical Display(Device: D1100)를 추가한다.

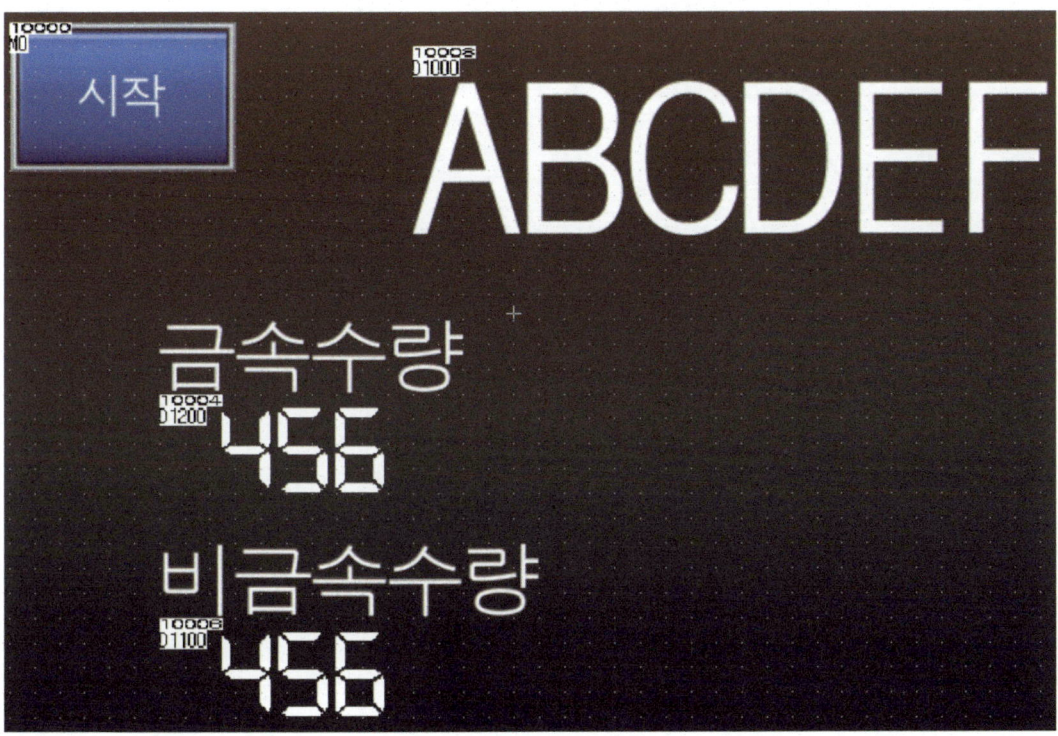

⑰ 아래와 같이 Bit Switch 2개(비상 정지 스위치, 비상 정지 해제 스위치)를 추가한다.

(a) 시작 스위치 M0을 복사(Ctrl + C) → 붙여넣기(Ctrl + V)해서 붙여 넣을 위치를 클릭하거나

(b) 시작 스위치 M0을 클릭한 다음, Ctrl 키를 누른 채로 드래그 & 드롭한 후 붙여 넣은 스위치를 더블클릭해서 Device와 Text를 수정하면 간편하게 추가할 수 있다. 색상은 Style 탭의 [Shape Color]에서 수정할 수 있다.

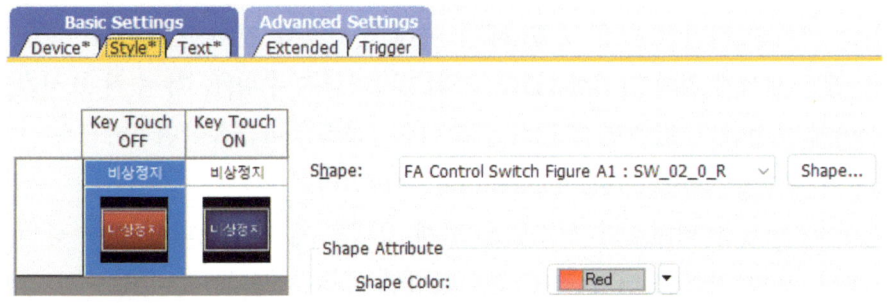

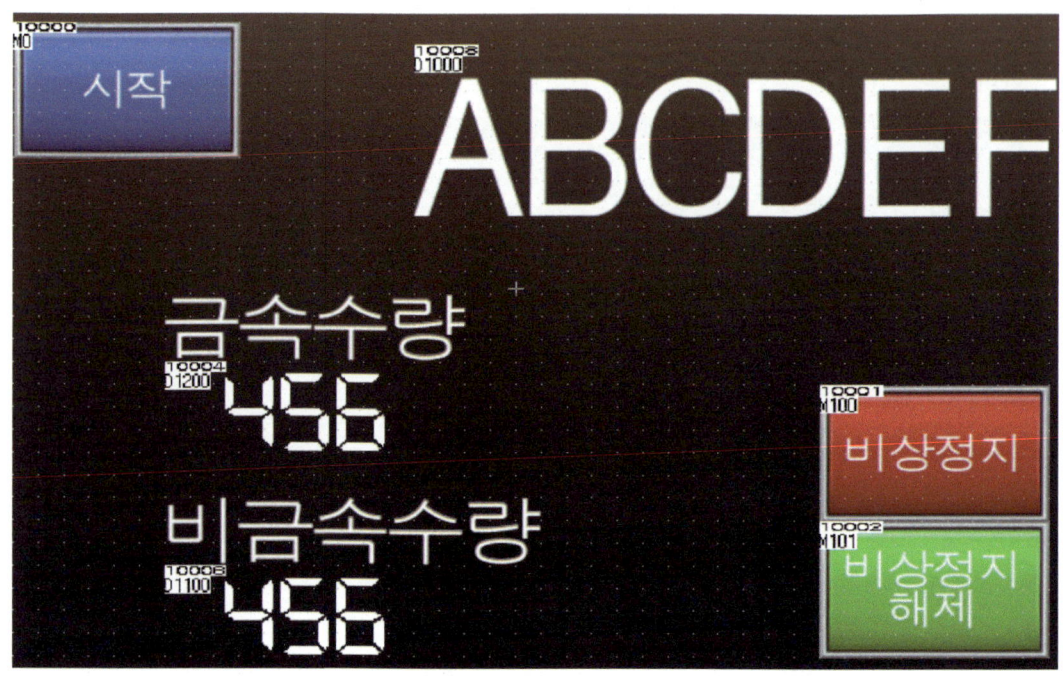

Device	Text	Object	Action
M0	시작	Bit Switch	Momentary
M100	비상 정지	Bit Switch	Momentary
M101	비상 정지 해제	Bit Switch	Momentary
D1000		Text Display	
D1200	금속 수량	Numerical Display	
D1100	비금속 수량	Numerical Display	

2. 동작 조건

▶ [시작] 스위치를 터치한 다음 손을 떼면 아래 순서도와 같이 동작한다.

▶ 공작물 판별 센서에 의해 감지한 [금속 수량] 및 [비금속 수량]을 각 수치 표시기(Numerical Display)에 표시한다. 감지한 물품이 금속이면 "금속", 비금속이면 "비금속" 메시지를 터치 패널의 문자열 표시기(Text Display)에 나타낸다.

▶ [비상 정지] 버튼을 터치하면 시스템은 현재 상태로 정지(실린더는 진행 중인 행정을 마치고 정지, 드릴 가공 모터가 작동 중이었다면 계속 작동, 컨베이어는 정지)한다.

▶ [비상 정지 해제] 버튼을 터치하면 비상 정지 상태의 동작부터 이어서 순서대로 진행된다.

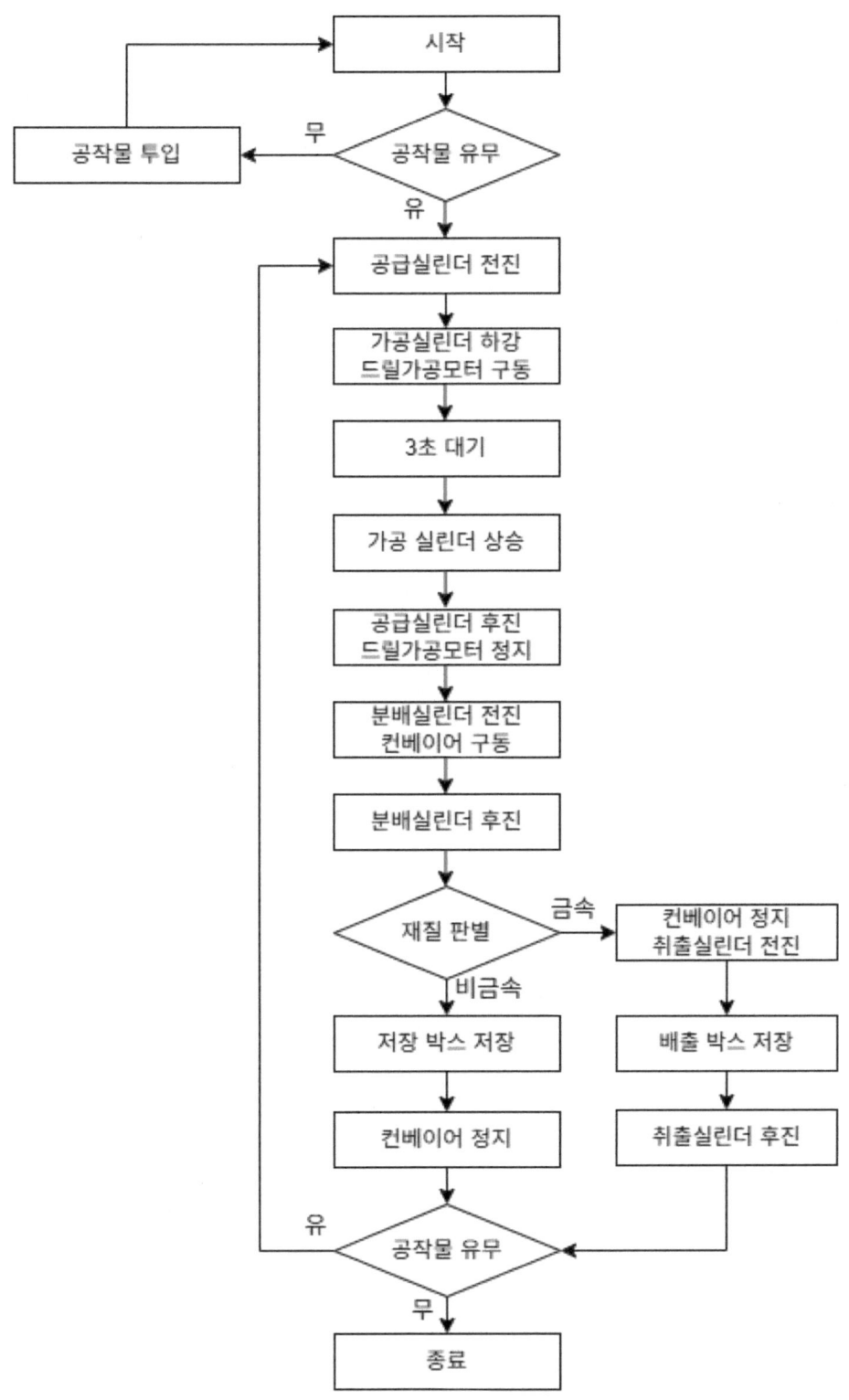

3. 래더 다이어그램

① 데이터명 : PROCESS1

내비게이션 바의 프로그램-MAIN을 마우스 우클릭한 다음 데이터명 변경을 선택해서 PROCESS1으로 이름을 변경한다. PROCESS1을 마우스 우클릭한 다음 프로그램 등록-스캔을 선택해서 PROCESS1 프로그램이 계속해서 반복 연산되도록 한다.

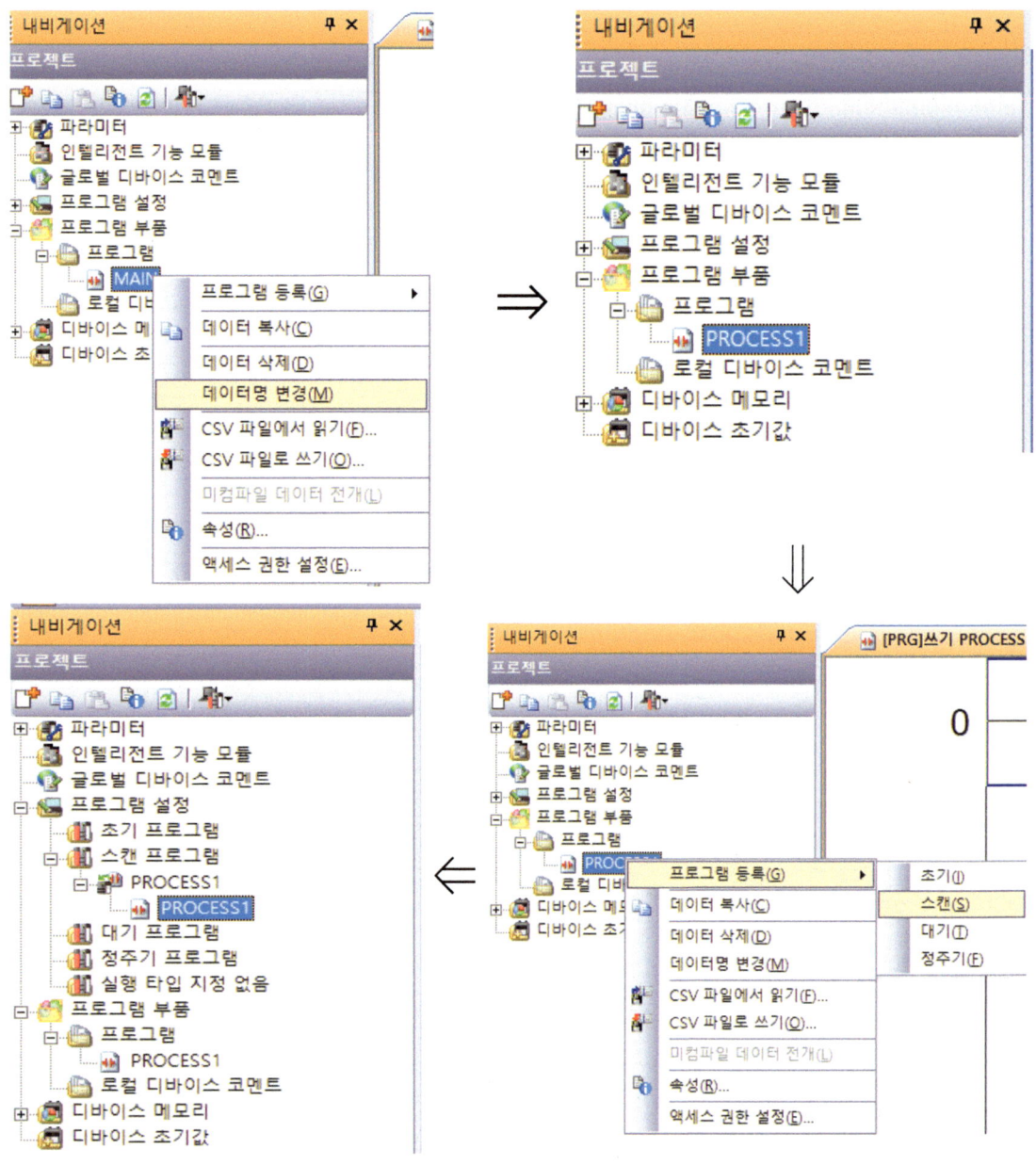

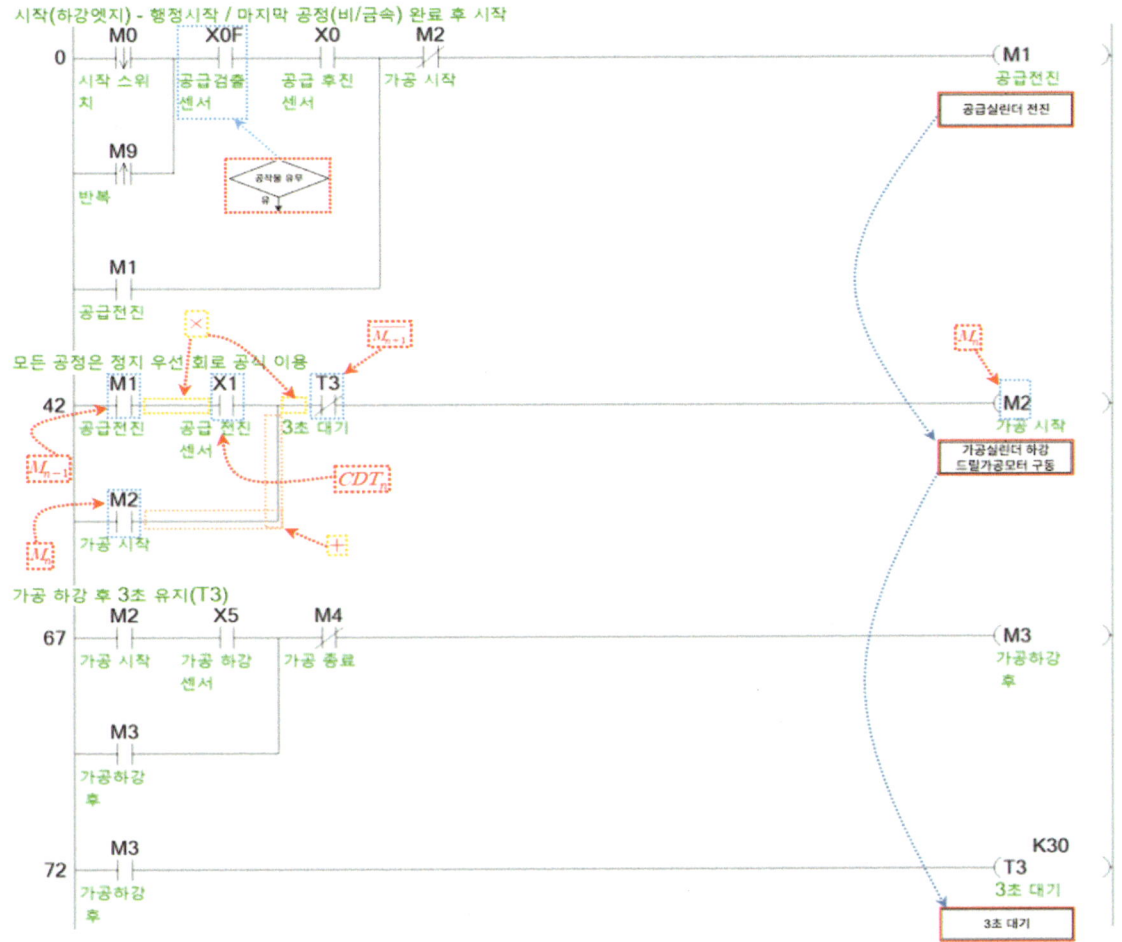

실린더와 모터를 이용해서 구동되는 자동화 기기의 각 행정은 아래 공식에 의해 작성될 수 있다.

$$M_n = (M_{n-1} \times CDT_n + M_n) \times \overline{M_{n+1}}$$

M_n : 현재 행정

M_{n-1} : 직전 행정

CDT_n : 각 행정에서 실린더 등의 센서 조건 (ConDiTion)]

$\overline{M_{n+1}}$: 다음 행정의 b 접점

스텝 42의 래더 다이어그램은 [가공 실린더 하강과 드릴 가공 모터 구동]을 구현하는 것으로서 직전 행정인 [공급 실린더 전진]과 다음 행정인 [3초 대기]를 이용해서 작성되었다. PROCESS1 프로그램의 각 행정을 살펴보고 다른 행정들 역시 동일한 공식에 의해 작성되었음을 스스로 확인하도록 한다.

스텝 72에서 On delay Timer T3이 On 되면 스텝 42에서 M2의 자기 유지가 해제되어 뒤에서 추가할 OUTPUT 프로그램의 Y26(가공하강솔, 편솔)이 Off 되므로 가공 실린더가 상승한다.

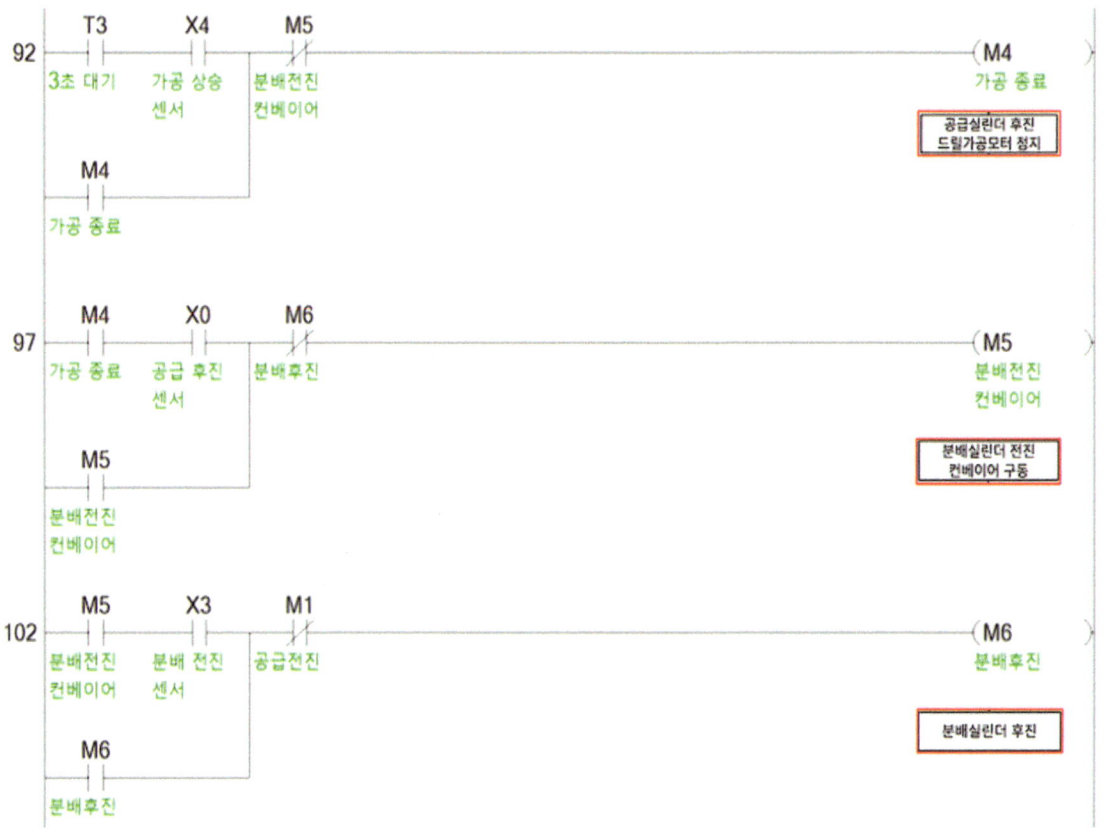

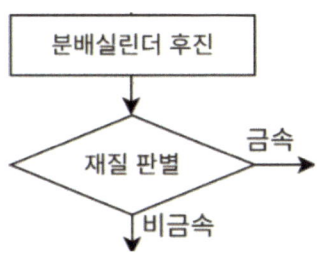

분배 실린더 후진까지 실행을 마친 다음에는 금속/비금속 재질을 판별하는 과정을 거쳐 서로 다른 행정을 수행하게 되는데, 아래 래더 다이어그램의 T12와 T215는 금속 또는 비금속 판별 후 모든 행정을 마친 시점에 ON 되는 타이머들이다.

금속 - 0.3초 후(T12) : 6초 후(T215), 반복 시점

```
          T12
107       ┤├                                                      (M9
          금속 검출                                                반복
          후 타이머

          T215
          ┤├
          컨베이어
          회전


135       ────────────────────────────────────────────────────[END]
```

이 타이머들 중 하나가 On 되면 M9가 ON 되고, 프로그램의 첫 행에 아래와 같이 M9를 OR 회로로 연결했으므로 M9가 ON 되었을 때 여전히 공작물이 공급 매거진에 있다면 공정을 처음부터 다시 반복하게 된다.

시작(하강엣지) - 행정시작 / 마지막 공정(비/금속) 완료 후 시작

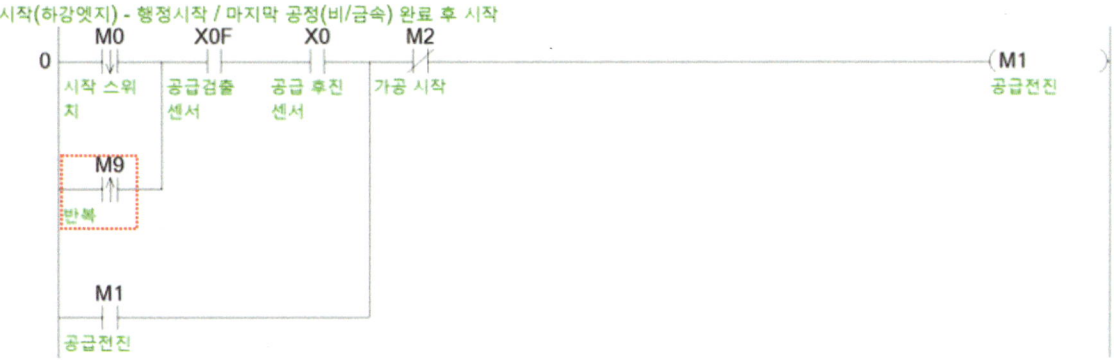

② 데이터명 : OUTPUT

내비게이션 바의 [프로그램 설정]-[스캔 프로그램]을 마우스 우클릭한 다음 "데이터 새로 만들기"를 선택해서 "OUTPUT"으로 이름을 변경한다.

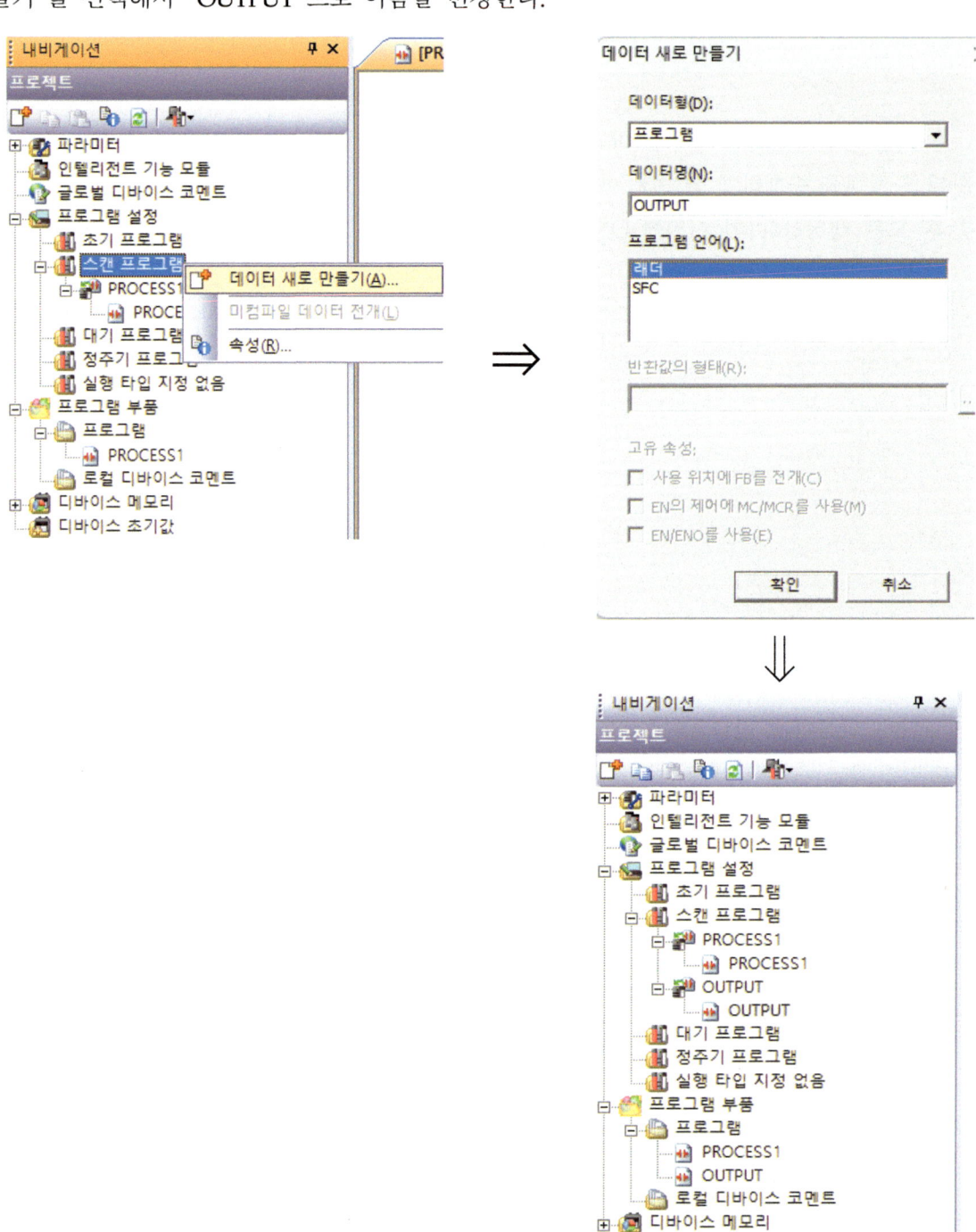

2개의 프로그램이 활성화되어 있는 상태에서 메뉴-[창]-[창 세로 정렬 보기]를 선택한다.

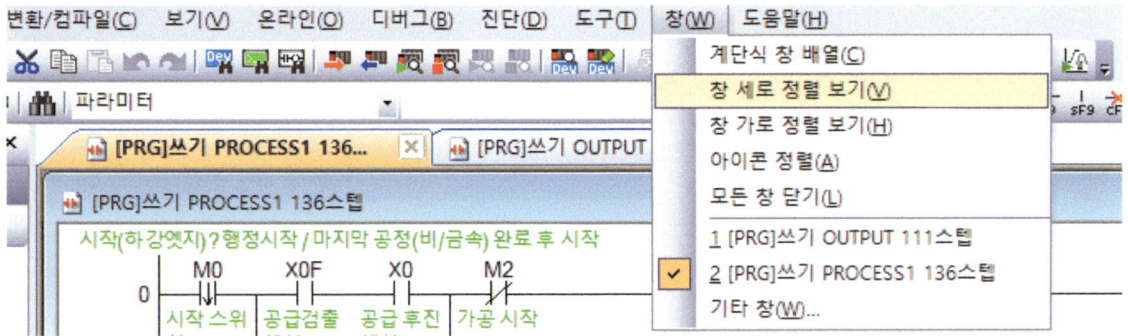

이렇게 하면 하나의 화면에서 2개의 프로그램을 동시에 확인해 가면서 래더 다이어그램을 작성할 수 있다.

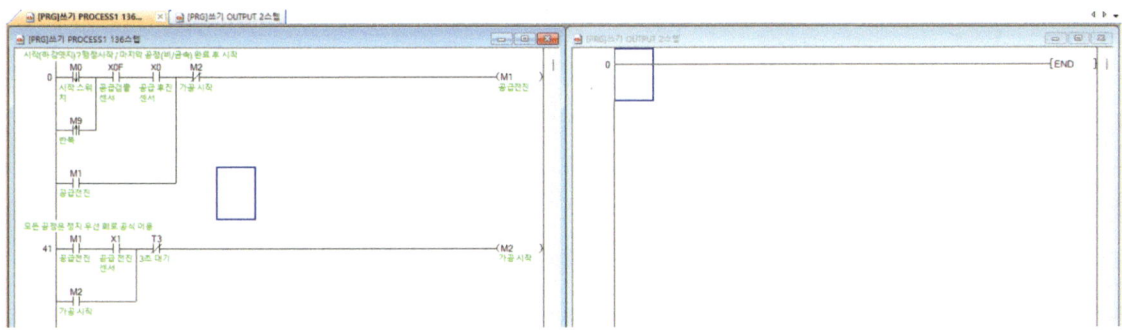

순서도로 표현한 동작 순서를 만족할 수 있도록 다음과 같이 래더 다이어그램을 작성한다.

공급 전진

```
        M1                                          (Y23   )
0     ──┤├──                                         공급전진
      공급전진                                          솔

가공 하강+가공모터 기동
        M2                                          (Y26   )
9     ──┤├──┬──────────────                          가공하강
      가공 시작                                         솔

            └───────────────────────[SET   Y20   ]
                                          드릴가공
                                          모터
```

M2는 On 된 지 3초 후 Off(스텝 67~72) 되는데, Y26(가공하강솔)은 편솔이므로 M2가 Off 되면 가공 실린더가 상승하게 된다.

공급 후진+가공모터 정지
M4
26 ┤├───(Y22)
가공 종료   공급후진
                                                 솔

                    └──────────────────────────[RST   Y20]
                                                 드릴가공
                                                 모터

분배 전진+컨베이어 모터 기동
M5
43 ┤├───(Y25)
분배전진   분배전진
컨베이어   솔

                    └──────────────────────────[SET   Y21]
                                                 컨베이어
                                                 모터

분배 후진
M6
62 ┤├───(Y24)
분배후진   분배후진
                                                 솔

OUTPUT 프로그램의 맨 아래에 다음과 같이 작성해서 컨베이어 모터가 구동된 지 6초가 지나면(= 공작물이 저장 박스에 저장되면) 컨베이어가 정지되도록 한다.

컨베이어 모터 기동 시간(6초)   K60
Y21
71 ┤├───(T215)
컨베이어   컨베이어
모터   회전

6초 후 컨베이어 모터 정지
T215
92 ┤├──[RST   Y21]
컨베이어   컨베이어
회전   모터

109 ───[END]

③ 데이터명 : LCIF

내비게이션 바의 [프로그램 설정]-[스캔 프로그램]을 마우스 우클릭한 다음 "데이터 새로 만들기"를 선택해서 "LCIF"로 이름을 변경한다.

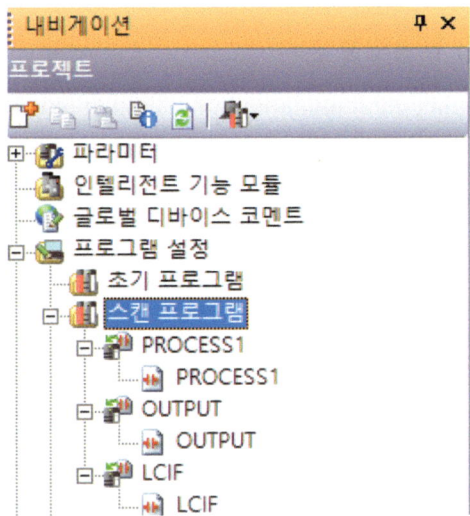

아래와 같이 작성해서 금속/비금속 판별 과정을 구현한다.

이렇게 유도형 센서를 상승 펄스로, 용량형 센서를 하강 펄스로 설정해서 금속(M12)/비금속 (M11)을 판별하면 아래 그래프와 같이 유도형 센서와 용량형 센서가 어떤 순서로 배치되어 있 건 유도형 센서로 먼저 검출하고, 그 뒤에 용량형 센서로 검출할 수 있게 된다.

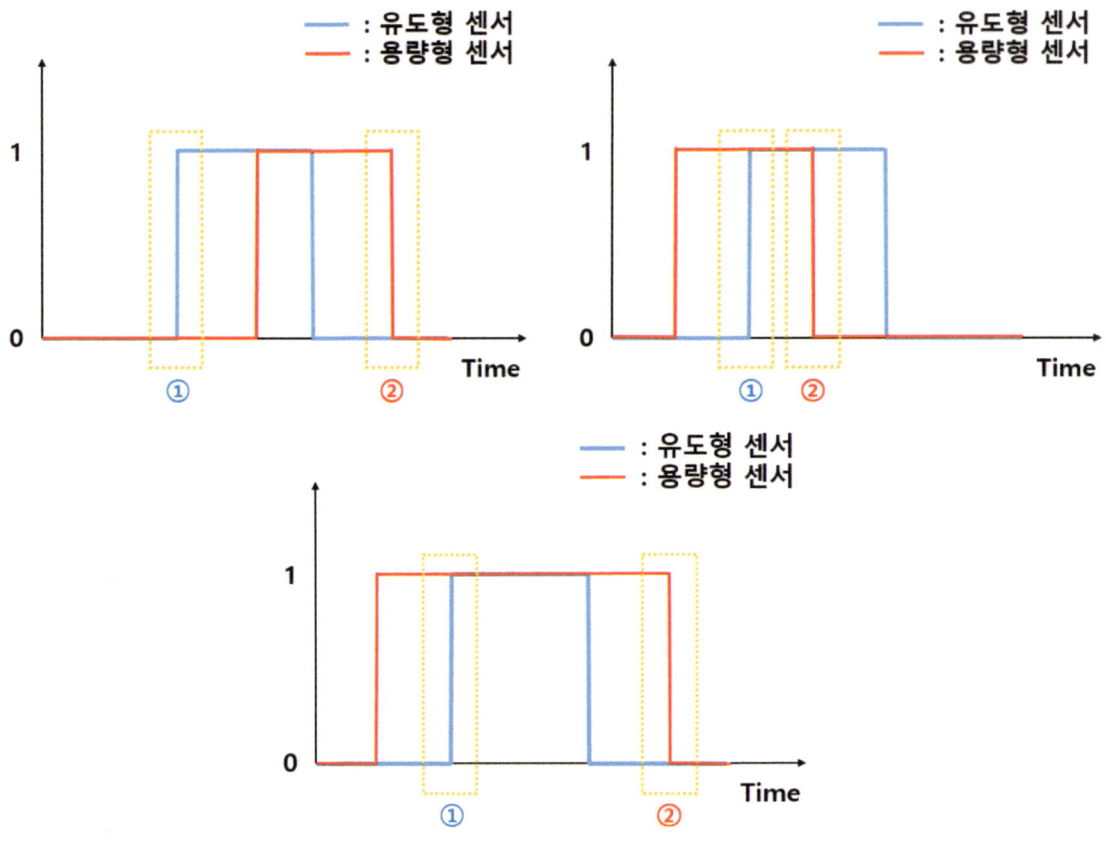

PROCESS1 프로그램에서 행정 6이 실행(M6이 ON)되면 금속/비금속 판별 이전까지의 모든 과정을 마치고 공작물이 컨베이어로 이송되고 있는 것이므로 아래와 같이 금속/비금속 판별에 사용되었던 릴레이들을 모두 리셋한다.

비금속일 때는 OUTPUT 프로그램 맨 아래에서 컨베이어가 구동된지 6초 뒤에 컨베이어가 정지하게 해서 저장 박스에 저장되도록 했다.

금속일 때는 아래와 같이 금속이 판별된 지 0.3초 뒤 컨베이어를 정지함과 동시에 취출(배출) 실린더를 전진시켜 배출 박스에 저장하도록 하고, 전진이 완료되면 다시 후진되도록 한다.

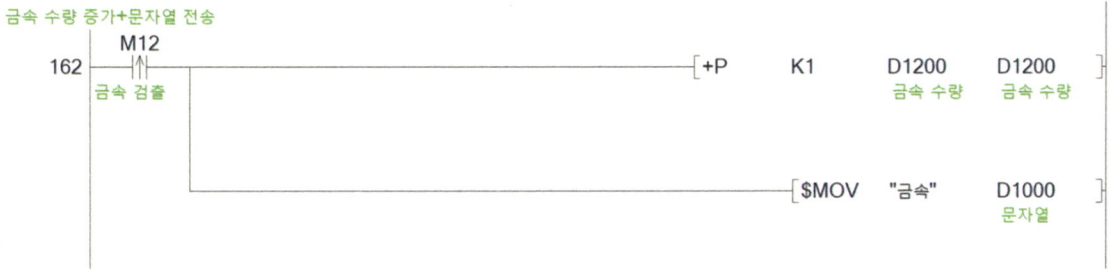

금속일경우 - 0.3초 지연(고속 타이머)

85 M12 ─┤ ├─── (T12   K30
    금속 검출   H
                                                          금속 검출
                                                          후 타이머

취출실린더 전진

110 T12 ─┤ ├─── M14 ─┤/├─────────────────────────── [SET   Y27]
     금속 검출   취출 전진   취출전진
     후 타이머   완료   솔

취출실린더 전진 완료 후 - 후진

123 X7 ─┤ ├── [RST   Y27]
     취출 전진   취출전진
     센서   솔

0.3초 지연 - 컨베이어 모터 정지

142 T12 ─┤ ├─────────────────────────────────────── [RST   Y21]
     금속 검출   컨베이어
     후 타이머   모터

유도형, 용량형 센서에 의해 금속이 검출되면 D1200의 수량을 1 증가시키고, D1000에 "금속"이라는 2글자를 전송해서 디스플레이할 수 있도록 한다.

[+P K1 D1200 D1200]은 [+P K1 D1200], 또는 [INCP D1200]으로 대체해도 동일한 동작을 수행한다.

[$MOV "금속" D1000]이 실행되면 "금"은 D1000에, "속"은 D1001에 각각 저장된다. 여기서 알 수 있듯이 데이터 레지스터 D가 수치 연산이나 문자열 등에 사용됐을 때 래더 다이어그램 상에서는 보이지 않는 어드레스에 저장되는 경우가 있다. 그러므로 데이터 레지스터의 어드레스를 지정할 때는 가급적 어드레스가 연달아 지정되지 않도록 하는 것이 좋을 것이다. (예: D1000으로 문자열 디스플레이를 실행하도록 지정했다면 D1001은 가급적 사용하지 않음)

금속 수량 증가+문자열 전송

162 M12 ─┤↑├───┬──────────────────── [+P K1   D1200   D1200]
     금속 검출   │   금속 수량 금속 수량
                 │
                 └────────────────── [$MOV   "금속"   D1000]
                                                        문자열

비금속이 검출되면 D1100의 수량을 1 증가시키고([+P K1 D1100]은 [INCP D1100]으로 대체 가능), D1000에 "비금속"이라는 3글자를 디스플레이한다(D1000, D1001, D1002에 저장).

비금속 수량 증가+문자열 전송

```
        M11
188      ↑↑                                              [+P    K1      D1100 ]
      비금속 검                                                          비금속 수
      출                                                                량

                                                         [$MOV  "비금속"  D1000 ]
                                                                        문자열


216                                                                     [END ]
```

④ 데이터명: MAIN

내비게이션 바의 [프로그램 설정]-[스캔 프로그램]을 마우스 우클릭한 다음, "데이터 새로 만들기"를 선택해서 이름을 변경하지 않으면 "MAIN"이라는 이름의 프로그램이 추가된다.

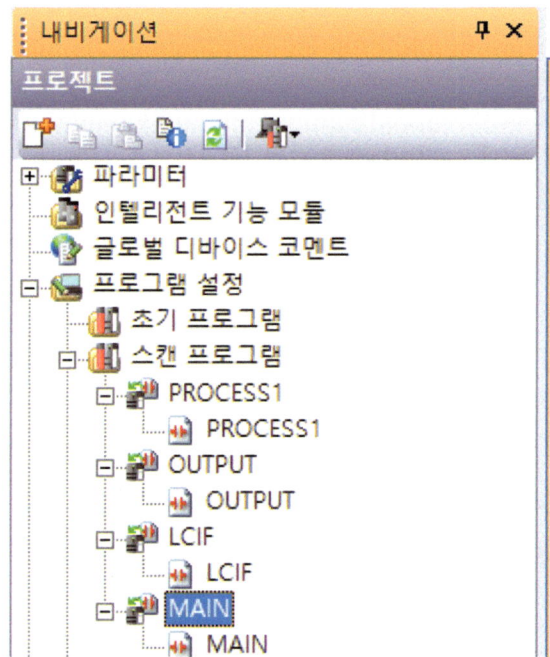

비상 정지 스위치를 터치하면 PROCESS1 프로그램의 스캔을 정지하게 된다(Program STOP). 만약 비상 정지 스위치를 터치했을 때 컨베이어 모터(Y21)가 ON 상태였다면 Y21의 자기유지를 해제한다. 동시에 "M100이 ON 되었을 때 Y21가 ON"이었다는 상태를 저장하는 체크 비트인 M2150을 ON 해 둔다.

비상정지 / 컨베이어 모터 구동중 - 정지+체크비트

```
         M100
0 ─────┤ ├───┬──────────────────────────────────[ PSTOP  "PROCESS1" ]
      비상정지  │
        SW    │
              │ Y21
              ├──┤ ├──┬─────────────────────────────[ RST    Y21      ]
              │ 컨베이어 │                                   컨베이어
              │  모터   │                                    모터
              │        │
              │        └──────────────────────────[ SET    M2150    ]
```

비상 정지 해제 스위치를 터치하면 정지되었던 PROCESS1 프로그램의 스캔을 실행하게 된다(Program SCAN). 만약 비상 정지 스위치 해제 스위치를 터치했을 때 "M100이 On 되었을 때 Y2E가 ON"이었다는 상태를 저장하는 체크 비트인 M2150이 ON 되어 있었다면 Y2E를 다시 자기 유지하고, 체크 비트 M2150를 OFF 한다.

비상정지해제 / 컨베이어 모터 구동 체크비트 - 구동+체크비트 해제

```
          M101
36 ─────┤ ├───┬──────────────────────────────────[ PSCAN  "PROCESS1" ]
       비상정지  │
      해제 SW   │
              │ M2150
              ├──┤ ├──┬─────────────────────────────[ SET    Y21      ]
              │        │                                   컨베이어
              │        │                                    모터
              │        │
              │        └──────────────────────────[ RST    M2150    ]
              │
80 ────────────────────────────────────────────────[ END ]
```

위 프로그램을 이해할 수 있다면 드릴 가공 모터가 ON 되어 있을 때 비상 정지 스위치를 터치하면 드릴 가공 모터가 OFF 되고, 비상 정지 해제 스위치를 터치하면 다시 ON 되도록 하는 기능도 간단하게 추가할 수 있을 것이다. 스스로 기능을 추가해 보길 바란다.

⑤ CSV 쓰기 / 읽기

CSV(Comma-Separated Values)는 쉼표(Comma뿐만 아니라 탭, 세미콜론 등도 가능)로 필드를 구분(Seperated)한 값들(Values)의 조합으로 구성된 텍스트 파일 형식으로서 Windows의 메모장(Notepad)이나 아래아한글 등의 워드 프로세서나 Google 스프레드시트, 엑셀 등의 스프레드시트 소프트웨어, 또는 데이터베이스 소프트웨어로 읽기나 쓰기가 가능하다.

GX-Works2에서는 래더 다이어그램을 CSV 형식으로 읽거나 쓰기 하는 기능을 제공하고 있다. 작성한 래더 다이어그램을 CSV 파일로 쓰기 하는 기능은 해당 프로그램을 마우스 우클릭한 뒤 다음과 같이 실행할 수 있다.

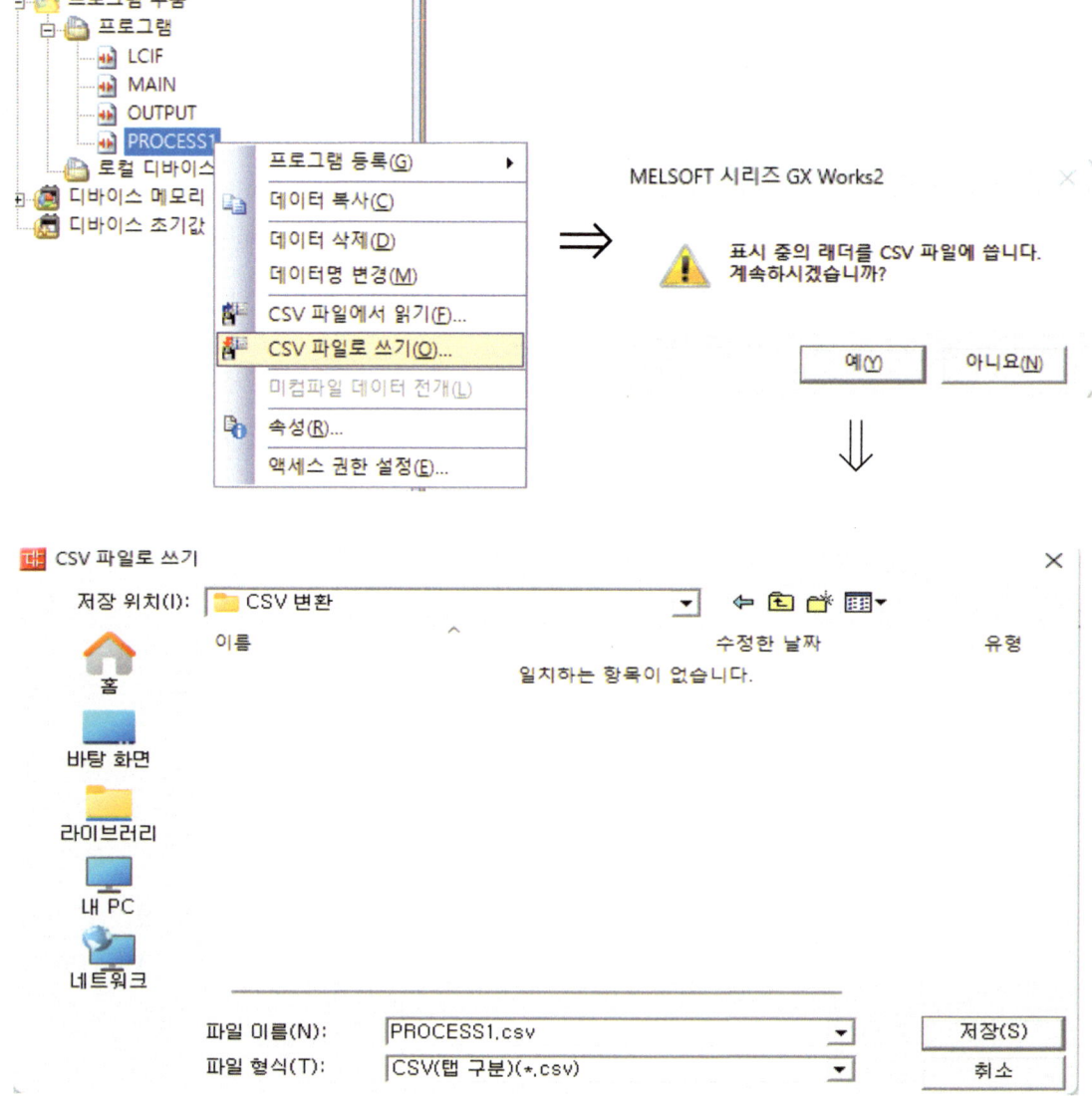

저장된 CSV 파일을 열어 보면 다음과 같은 형식으로 저장되어 있음을 확인할 수 있다.

	A	B	C	D	E	F	G
1	knu_kopo_NEW						
2	PLC 정보: QCPU (Q mode) Q03UDV						
3	스텝 번호 행 간 스테 명령			I/O(디바이스) 공백란		PI 스테이트먼트 노트	
4	0 시작(하강엣지) - 행정시작 / 마지막 공정(비/금속) 완료 후 시작						
5	33		LDF	M0			
6	35		ORP	M9			
7	37		AND	X0F			
8	38		AND	X0			
9	39		OR	M1			
10	40		ANI	M2			
11	41		OUT	M1			
12	42 모든 공정은 정지 우선 회로 공식 이용						
13	62		LD	M1			
14	63		AND	X1			
15	64		OR	M2			

쓰기 된 CSV 파일은 아래 그림과 같이 래더 다이어그램을 명령어와 디바이스를 사용해서 표현한 것이다.

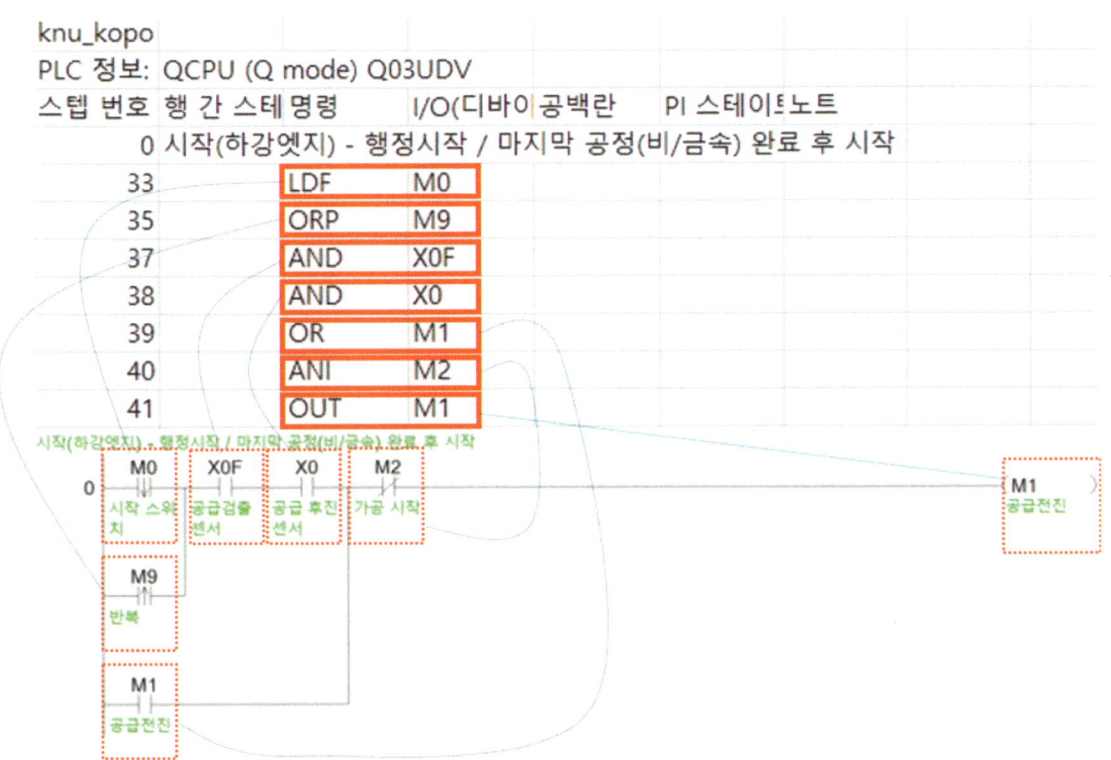

이렇게 래더 다이어그램을 CSV 파일로 변환한 다음 다른 제조사의 PLC에서 사용하는 명령어로 변경함으로써 원래 호환이 불가능했던 다른 제조사의 PLC 래더 다이어그램으로 사용할 수 있다.

예를 들어, 다음과 같이 "모두 바꾸기" 기능을 이용해서 각각의 명령어들을 LS산전의 XGT 시리즈에서 사용하는 명령어로 변경할 수 있다.

CSV 파일을 래더 다이어그램으로 읽기 하는 기능은 프로그램 부품-[프로그램]을 마우스 우 클릭한 뒤 다음과 같이 실행할 수 있다.

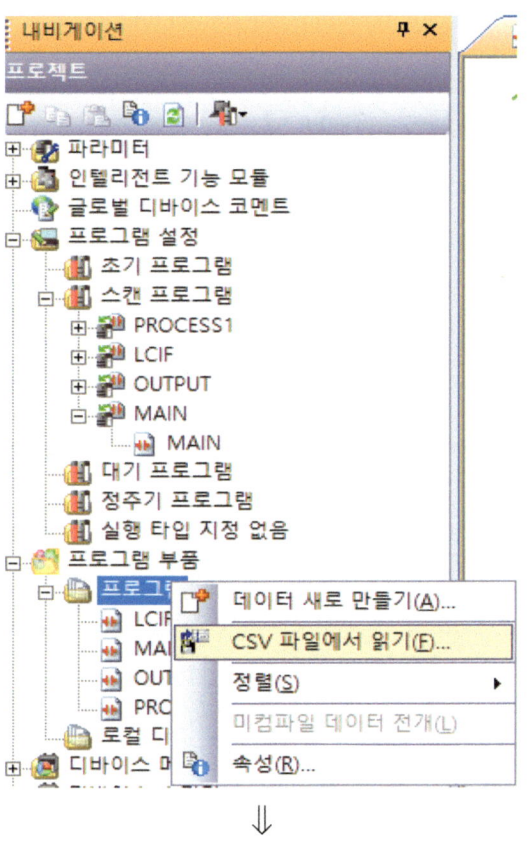

03 서보 제어

1. 서보 모터(Servo Motor)

서보 모터는 서보 기구에서 입력 신호에 응답해 최종 제어 요소에서 조작부의 기계적 부하를 구동하는 동력원의 총칭을 말한다. 서보 모터는 엔코더와 같이 사용되는데, 엔코더의 피드백 신호와 목표치를 비교해 그 편차 신호에 의해서 구동된다. 그럼으로써 명령과 동일하게 기계적 위치를 유지하도록 실행시키는 동력원이라고 할 수 있다.

서보 모터는 기본적으로 다음 성능이 요구된다.

- 회전력/관성비가 크다. (가·감속 특성, 응답성이 좋아진다).
- 파워비가 높다. (응답성이 좋아진다).
- 정밀도가 높다. 이 때문에 속도 제어 범위가 넓고, 극저속이라도 매끄럽게 회전한다.
- 시동 정지가 빈번해서 가혹한 용도에도 견딜 수 있다.
- 소형 경량이며 높은 출력이다.
- 브러시 수명이 길다.
- 자동 제어계에서 사용되는 서보 모터는 높은 성능의 위치 검출기(펄스 제너레이터 또는 부호기)를 사용한 피드백 시스템을 구성한다.

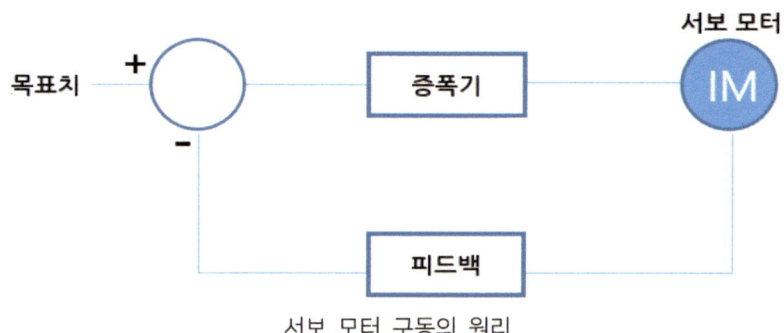

서보 모터 구동의 원리

<자동화 설비 실습 장치의 서보 모터 성능>

성 능	내 용
Continuous stall torque	4.43 Lbf.In (0.5 N.m) LXM15LD13M3, 230 V, single phase
Peak stall torque	12.39 Lbf.In (1.4 N.m) LXM15LD13M3, 230 V, single phase
Nominal output power	170 W LXM15LD13M3, 230 V, single phase
Nominal torque	4.07 Lbf.In (0.46 N.m) LXM15LD13M3, 230 V, single phase
Nominal speed	4000 rpm LXM15LD13M3, 230 V, single phase

2. 서보 앰프(Servo Amp)

오차(誤差) 신호를 사용해서 서보 모터의 움직임을 제어하는 데 쓰이는 증폭기이다. 서보 기구에서 정밀도를 높이려면 목푯값과 제어량의 미소한 차에 의해 제어 대상을 움직일 수 있도록 증폭하는 과정이 필요하다. 이를 위해 일반적으로 서보 앰프는 신호 증폭부와 전력 증폭부로 이루어져 있다.

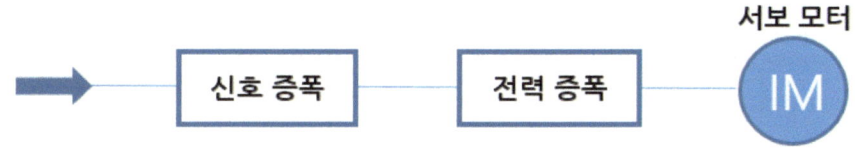

서보 앰프 구동의 원리

<자동화 설비 실습 장치 서보 앰프 성능>

성 능	내 용
[Us] rated supply voltage	100...120 V - 15...10 % 200...240 V - 15...10 %
Supply voltage limits	85···132 V 170···264 V
Supply frequency	50/60 Hz - 5...5 %
switching frequency	8 kHz
communication interface	CANopen, integrated

1) 서보 앰프 주회로 결선

기본적으로 3상 결선으로 주회로를 결선한다. 단, 단상 결선 시에도 구동이 가능하다.

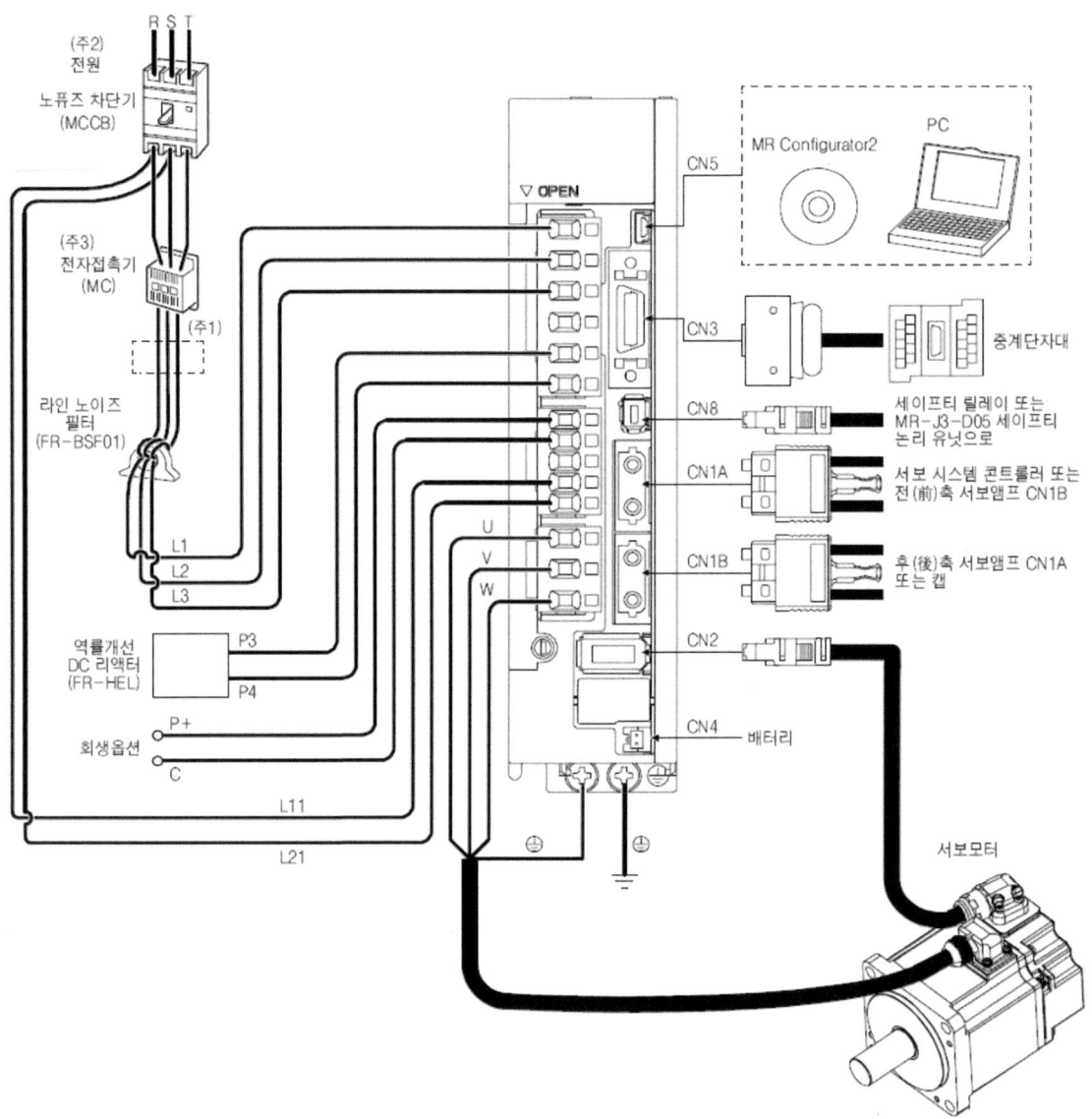

서보 앰프 주회로 및 외부 인터페이스

2) 서보 앰프 기능

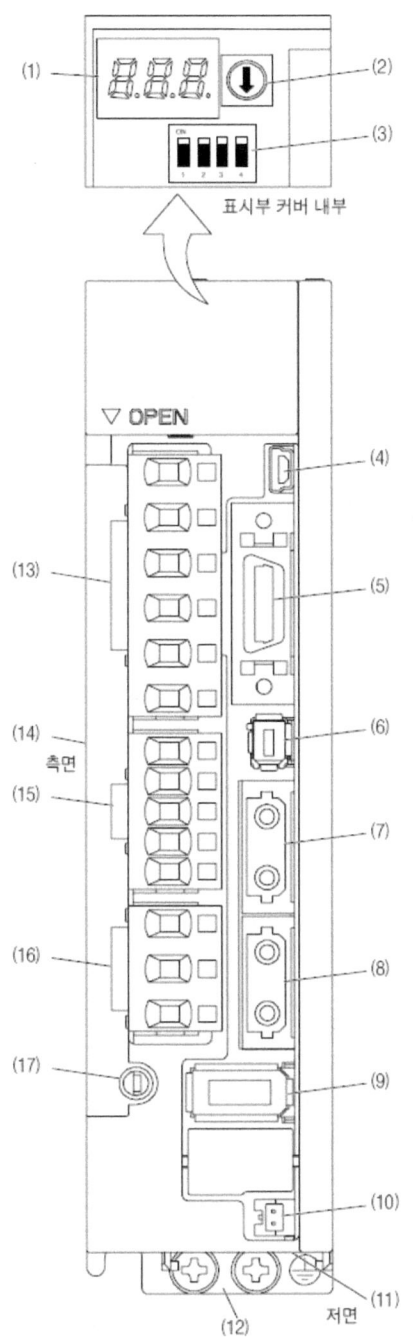

표시부 커버 내부

▽ OPEN

측면

저면

번호	명칭·용도
(1)	**표시부** 3자릿수 7세그먼트 LED에 의해 서보 상태 및 알람 번호를 표시합니다.
(2)	**축선택 로터리 스위치(SW1)** 서보앰프의 축번호를 설정합니다.
(3)	**제어축 설정 스위치(SW2)** 테스트 운전 스위치, 제어축 무효 설정 스위치, 축번호 보조 설정 스위치가 있습니다.
(4)	**USB 통신용 컨넥터(CN5)** PC와 접속합니다.
(5)	**입출력 신호용 컨넥터(CN3)** 디지털 입출력 신호를 접속합니다.
(6)	**STO 입력 신호용 컨넥터(CN8)** MR-J3-D05 세이프티 논리 유닛이나 외부 세이프티 릴레이를 접속합니다.
(7)	**SSCNETⅢ 케이블 접속용 컨넥터(CN1A)** 서보시스템 콘트롤러 또는 전(前)축 서보앰프를 접속합니다.
(8)	**SSCNETⅢ 케이블 접속용 컨넥터(CN1B)** 후(後)축 서보앰프를 접속합니다. 최종축의 경우는 캡을 씌웁니다.
(9)	**엔코더 컨넥터(CN2)** 서보모터 엔코더에 접속합니다.
(10)	**배터리용 컨넥터(CN4)** 절대위치 데이터 보존용 배터리 또는 배터리 유닛을 접속합니다.
(11)	**배터리 홀더** 절대위치 데이터 보존용 배터리를 수납합니다.
(12)	**보호 접지(PE)단자** 접지단자
(13)	**주회로 전원 컨넥터(CNP1)** 입력 전원을 접속합니다.
(14)	**정격명판**
(15)	**제어회로 전원 컨넥터(CNP2)** 제어회로 전원, 회생옵션을 접속합니다.
(16)	**서보모터 전원 컨넥터(CNP3)** 서보모터를 접속합니다.
(17)	**차지램프** 주회로에 전하가 존재하고 있을 때 점등합니다. 점등중에 전선의 연결 변경 등을 실행하지 말아 주십시오.

서보 앰프 기능

3) 위치 결정 유닛 + 서보 앰프 중계 단자대 결선 예시(QD75D1N)

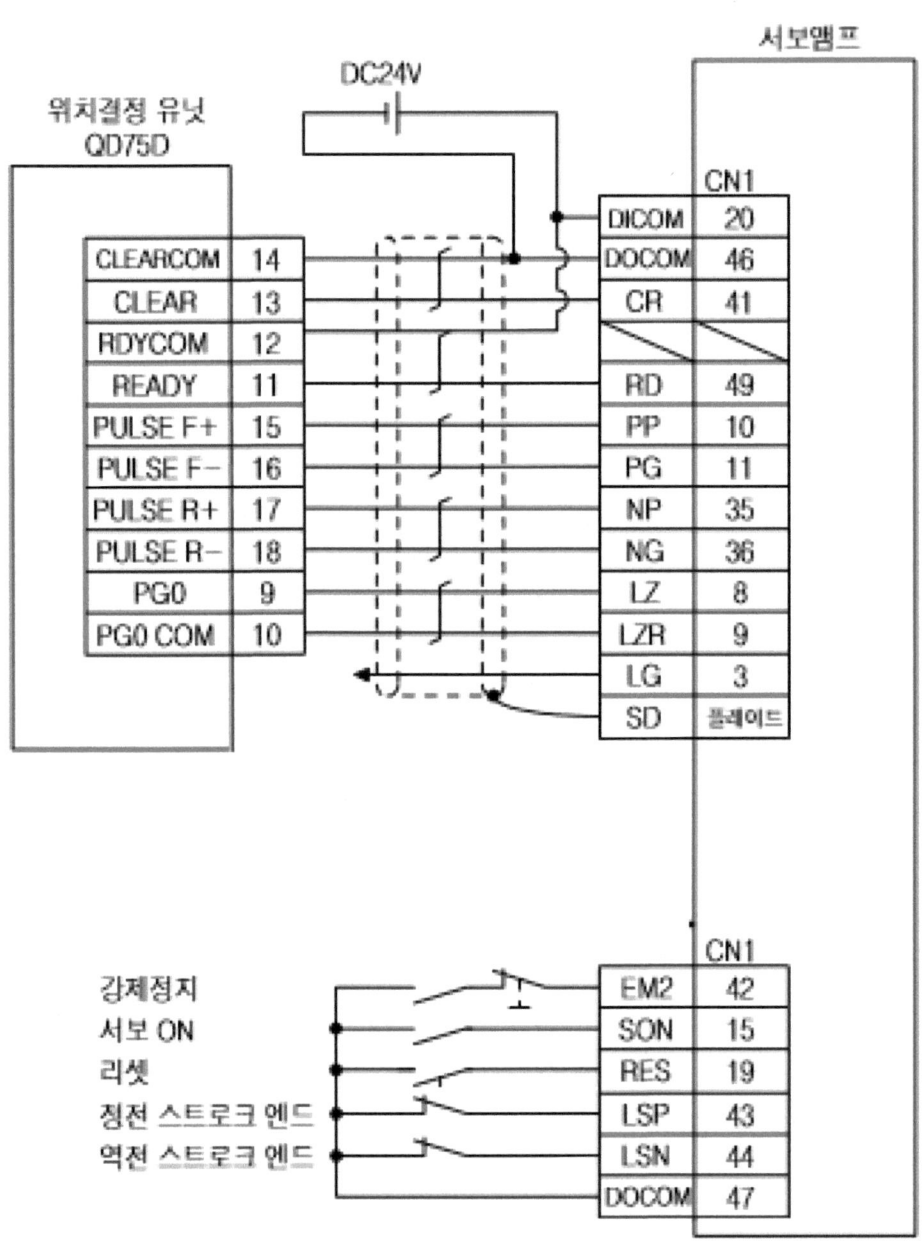

3. 위치 결정 제어 시스템의 구성 요소

본 교재에서 다루게 되는 위치 결정 제어 시스템의 구성 요소와, 구성 요소들 간에 서로 송수신되는 신호 및 데이터는 다음 그림과 같다. 본 교재에서는 PLC CPU와 서보 앰프를 중계하는 두 번째 모듈로 심플 모션 모듈 QD77MS2를 사용하는 경우와 위치 결정 모듈 QD75D1N을 사용하는 경우의 설정 방법을 모두 설명하므로 자신이 사용하는 시스템에 맞게 설정하도록 한다.

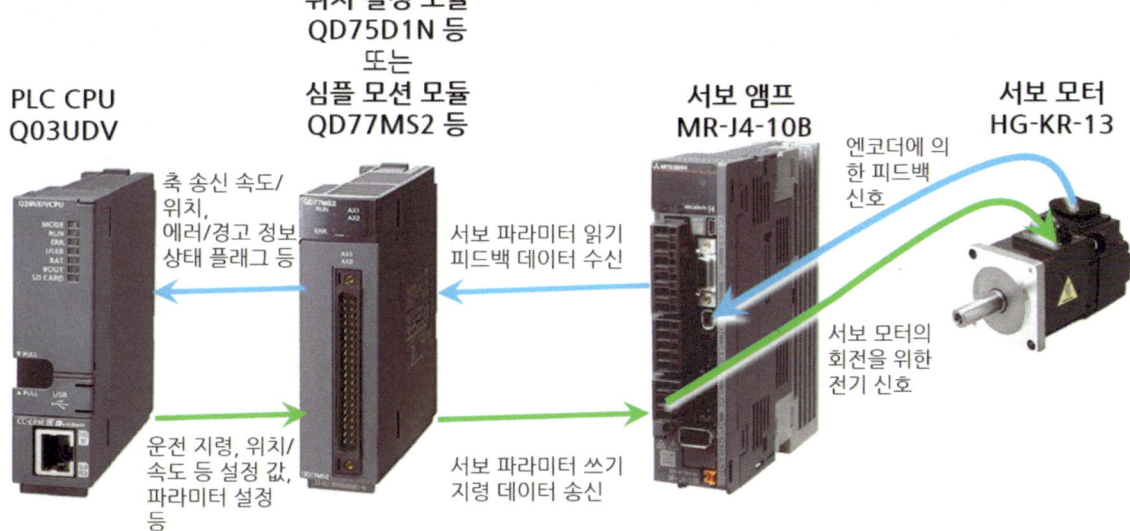

4. 서보 설정

① 내비게이션 바에서 프로젝트 - [파라미터] - [PLC 파라미터]를 더블클릭해서 Q 파라미터 설정 창으로 들어간다.

② [I/O 할당 설정] 탭에서 우측 하단의 [PLC 데이터 읽기]를 클릭한다.

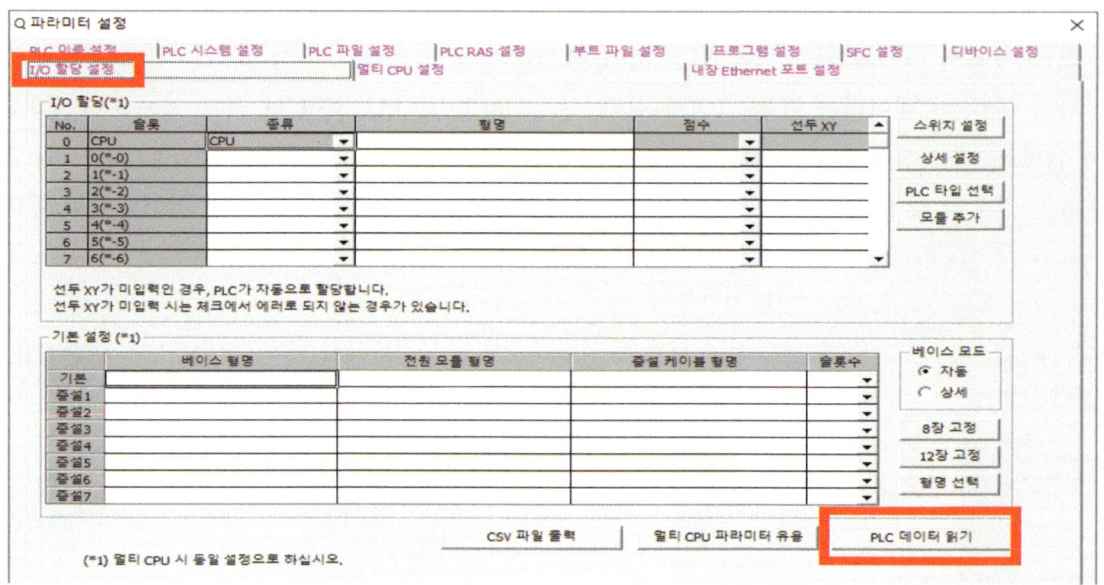

시스템의 현재 실장 상태를 읽게 된다. 만약 CPU 에러 등 이상이 있을 때는 정상적으로 읽히지 않는 슬롯이 생겨날 수 있는데, 그럴 경우에는 이상을 해결한 후 다시 시도한다. 입출력 모듈의 종류, 접점, 설치 개수가 다르거나 AD 모듈, DA 모듈, CC Link 네트워크 모듈, 카운터 모듈 등 다른 모듈이 장착되어 있을 경우에는 다음 그림과 다르게 표시된다.

위 그림은 아래 그림과 같이 실장되어 있는 환경에서 PLC 데이터 읽기를 했을 때의 실행 결과이다.

슬롯	CPU	0	1	2	3	4
모듈	Q03UDV	입력 모듈	출력 모듈	DA/AD 모듈 Q64AD2DA	심플모션 모듈 QD77MS2	CC-Link 모듈 QJ61BT11N
접점		32	32	16	32	32
XY 어드레스		00~0F 10~1F	20~2F 30~3F	40~4F	50~5F 60~6F	70~7F 80~8F

본 교재에서는 이처럼 0번 슬롯에는 32점(Point)의 입력 모듈이, 1번 모듈에는 32점의 출력 모듈이 장착되어 있으며, 2번 슬롯에는 DA 모듈과 AD 모듈이 하나로 결합된 Q64AD2DA, 3번 슬롯에는 서보 모터의 제어에 사용될 심플 모션 모듈 QD77MS2, 4번 슬롯에는 인버터와 접속해서 AC 모터 제어에 사용될 CC-Link 모듈인 QJ61BT11N이 장착되어 있는 트레이너를 기준으로 실습을 진행한다.

　실장된 모듈이 다르면 아래 예시와 같이 XY 어드레스가 달라지므로 다른 실습 환경에서 학습하려면 앞으로 진행될 실습에서 본인의 I/O 할당에 맞춰서 XY 어드레스를 지정하면 된다.

슬롯	CPU	0	1	2	3	3
모듈	Q03UDV	입력 모듈	입력 모듈	출력 모듈	출력 모듈	위치 결정 모듈 QD75D1N
접점		16	16	16	16	32
XY 어드레스		00~0F	10~1F	20~2F	30~3F	40~4F 50~5F

```
┌ I/O 할당(*1) ──────────────────────────────────────────────────────────┐
│ No.  슬롯      종류            형명                    점수      선두 XY   ▲ │
│ 0   CPU      CPU        ▼                                        │      │
│ 1   0(*-0)   입력       ▼                          16점    ▼            │
│ 2   1(*-1)   입력       ▼                          16점    ▼            │
│ 3   2(*-2)   출력       ▼                          16점    ▼            │
│ 4   3(*-3)   출력       ▼                          16점    ▼            │
│ 5   4(*-4)   인텔리     ▼                          32점    ▼            │
│ 6   5(*-5)            ▼                                 ▼            │
│ 7   6(*-6)            ▼                                 ▼          ▼ │
└──────────────────────────────────────────────────────────────────────┘
```

슬롯	CPU	0	0	1	2	2	3
모듈	Q03UDV	입력 모듈	입력 모듈	출력 모듈	AD 모듈 Q68ADV	DA 모듈 Q64DAN	심플 모션 모듈 QD77MS2
접점		16	16	32	16	16	32
XY 어드레스		00~0F	10~1F	20~2F 30~3F	40~4F	50~5F	60~6F 70~7F

```
┌ I/O 할당(*1) ──────────────────────────────────────────────────────────┐
│ No.  슬롯      종류            형명                    점수      선두 XY   ▲ │
│ 0   CPU      CPU        ▼                                        │      │
│ 1   0(*-0)   입력       ▼                          16점    ▼            │
│ 2   1(*-1)   입력       ▼                          16점    ▼            │
│ 3   2(*-2)   출력       ▼                          32점    ▼            │
│ 4   3(*-3)   인텔리     ▼                          16점    ▼            │
│ 5   4(*-4)   인텔리     ▼                          16점    ▼            │
│ 6   5(*-5)   인텔리     ▼                          32점    ▼            │
│ 7   6(*-6)            ▼                                 ▼          ▼ │
└──────────────────────────────────────────────────────────────────────┘
```

하단의 [설정 종료] 버튼을 클릭해서 Q 파라미터 설정 창을 닫는다.

③ 내비게이션 바에서 [인텔리전트 기능 모듈]을 우클릭한 후 [새 모듈 추가]를 클릭한다.

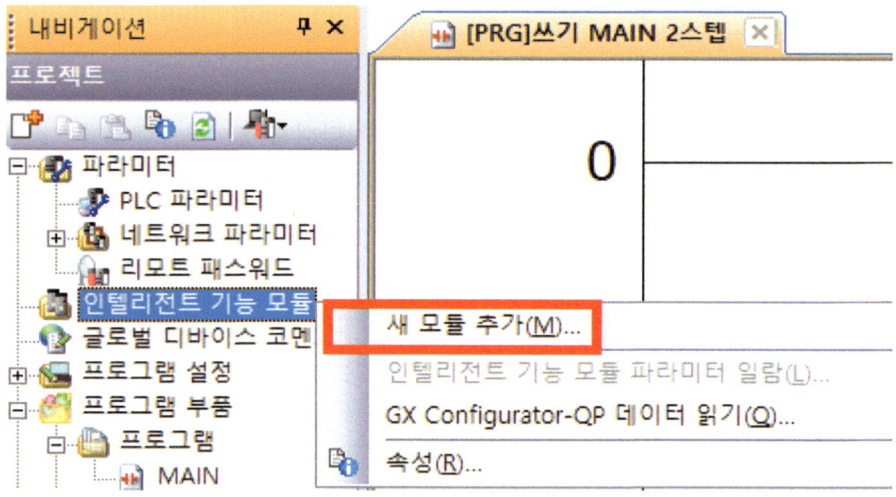

ⓐ QD77MS2일 경우

모듈 종류를 [심플 모션 모듈], 모듈 형명을 [QD77MS2]로 선택한 후 [I/O 할당 확인] 버튼을 클릭한다.

ⓑ QD75D1N일 경우

모듈 종류를 [QD75형 위치 결정 모듈], 모듈 형명을 [QD75D1N]으로 선택한 후 [I/O 할당 확인] 버튼을 클릭한다.

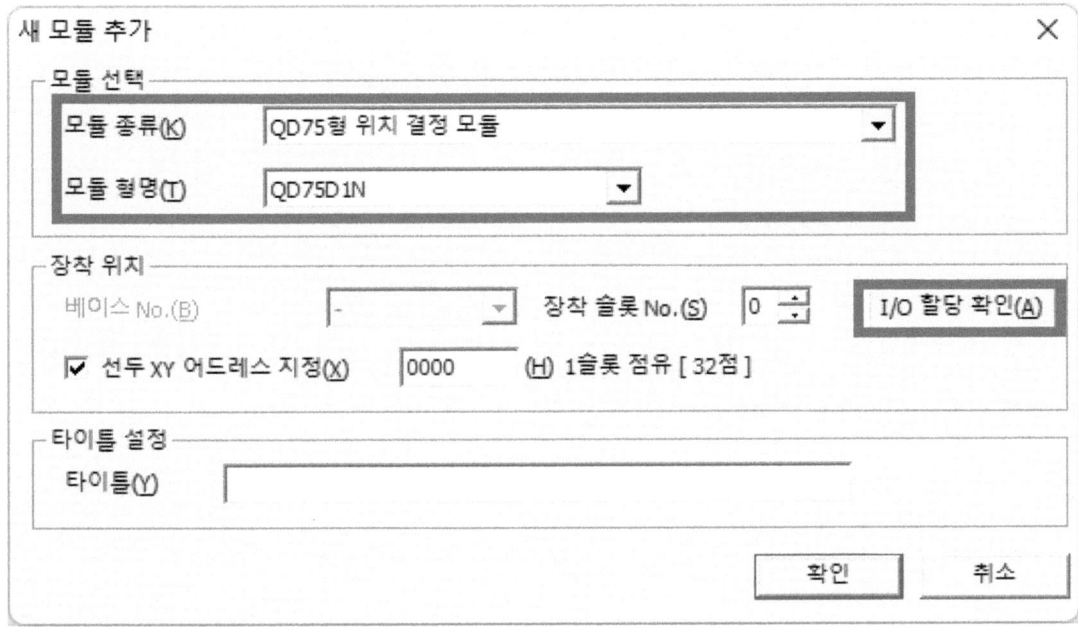

④ 심플 모션 모듈 또는 위치 결정 모듈이 설치되어 있는 슬롯을 클릭한 후 [설정] 버튼을 클릭한다.

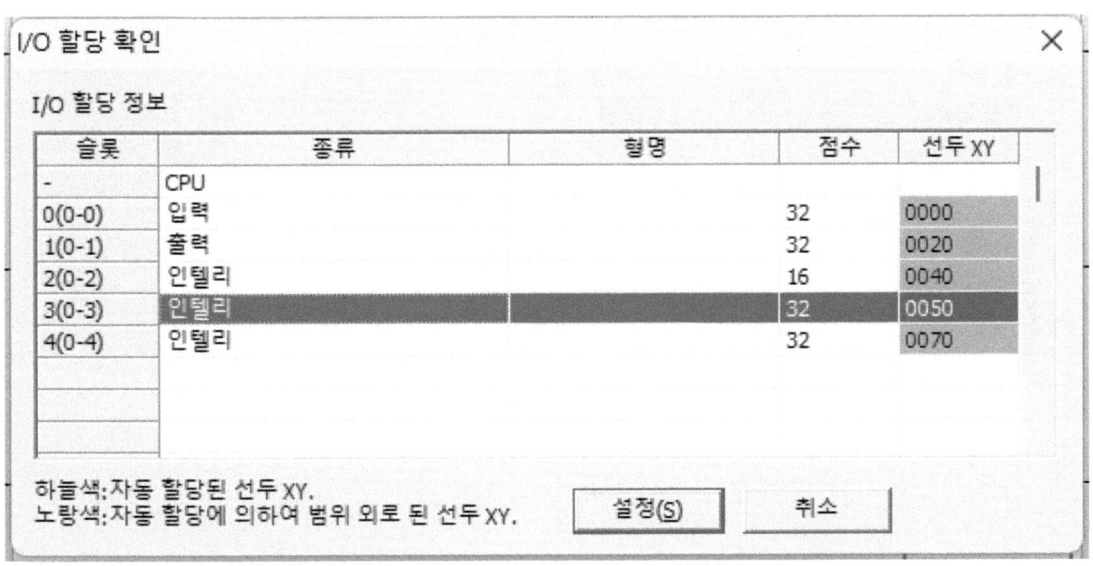

⑤ 다음 그림과 같이 [장착 슬롯 No]와 [선두 XY 어드레스 지정] 항목이 자동으로 입력된다.
  [확인] 버튼을 클릭해서 닫는다.

ⓐ QD77MS2일 경우

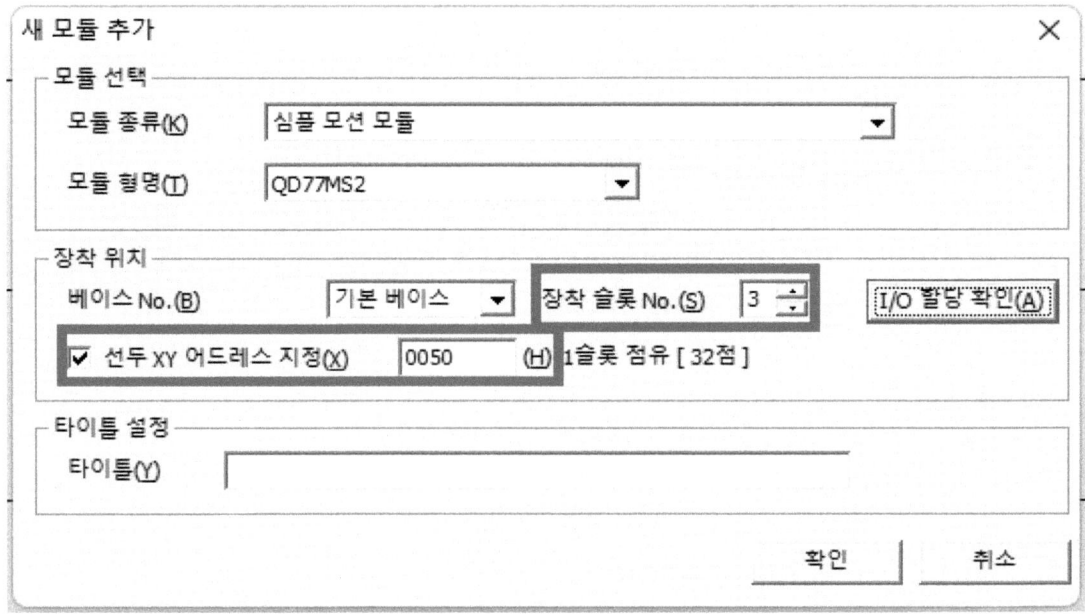

ⓑ QD75D1N일 경우

⑥ 지정한 모듈로 설정을 변경하기 위해 [예] 버튼을 클릭한다.

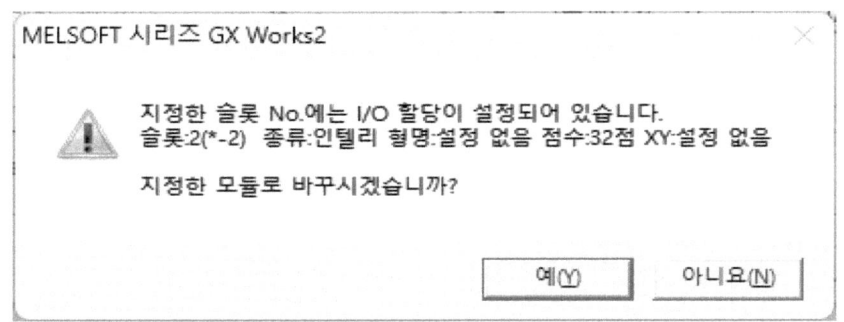

⑦ 설정한 "선두 XY 어드레스"와 "형명"이 내비게이션 바의 [인텔리전트 기능 모듈] 트리에 표시된다.

ⓐ QD77MS2일 경우

"선두 XY 어드레스"와 "형명" 트리를 열어서 [심플 모션 모듈 설정]을 더블클릭하면 "심플 모션 모듈 설정 도구"라는 별도의 소프트웨어가 실행된다.

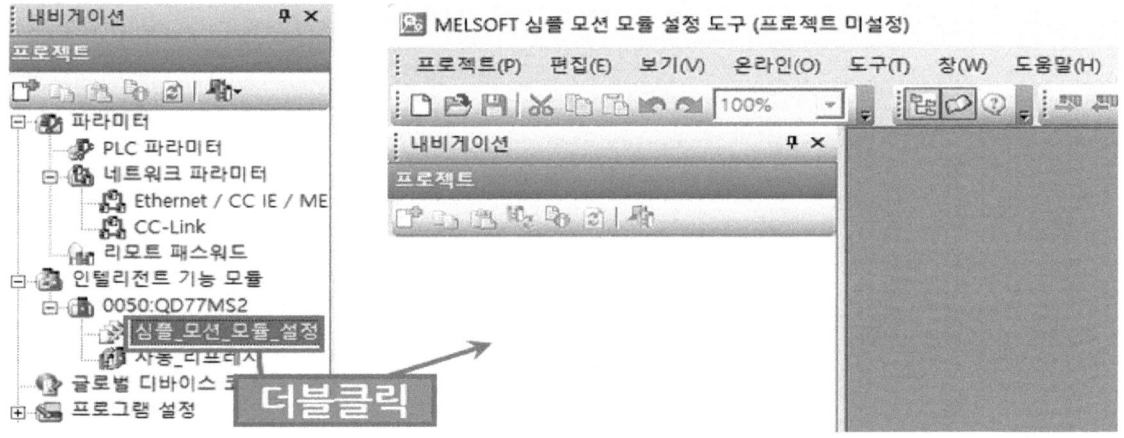

📄 아이콘을 클릭하거나 [프로젝트] - [새로 만들기] 또는 단축키 [Ctrl+N]을 눌러 "새 모듈 추가" 창을 실행한다.

[모듈 형명]을 선택하고, [선두 XY 어드레스 지정]을 직접 입력한 후 [확인] 버튼을 클릭하면 추가된 모듈이 내비게이션 바에 표시된다.

내비게이션 바의 [시스템 설정] 트리를 열어서 [시스템 구성]을 더블클릭한 다음 "축 1" 그림을 더블클릭해서 [앰프 설정] 창을 연다.

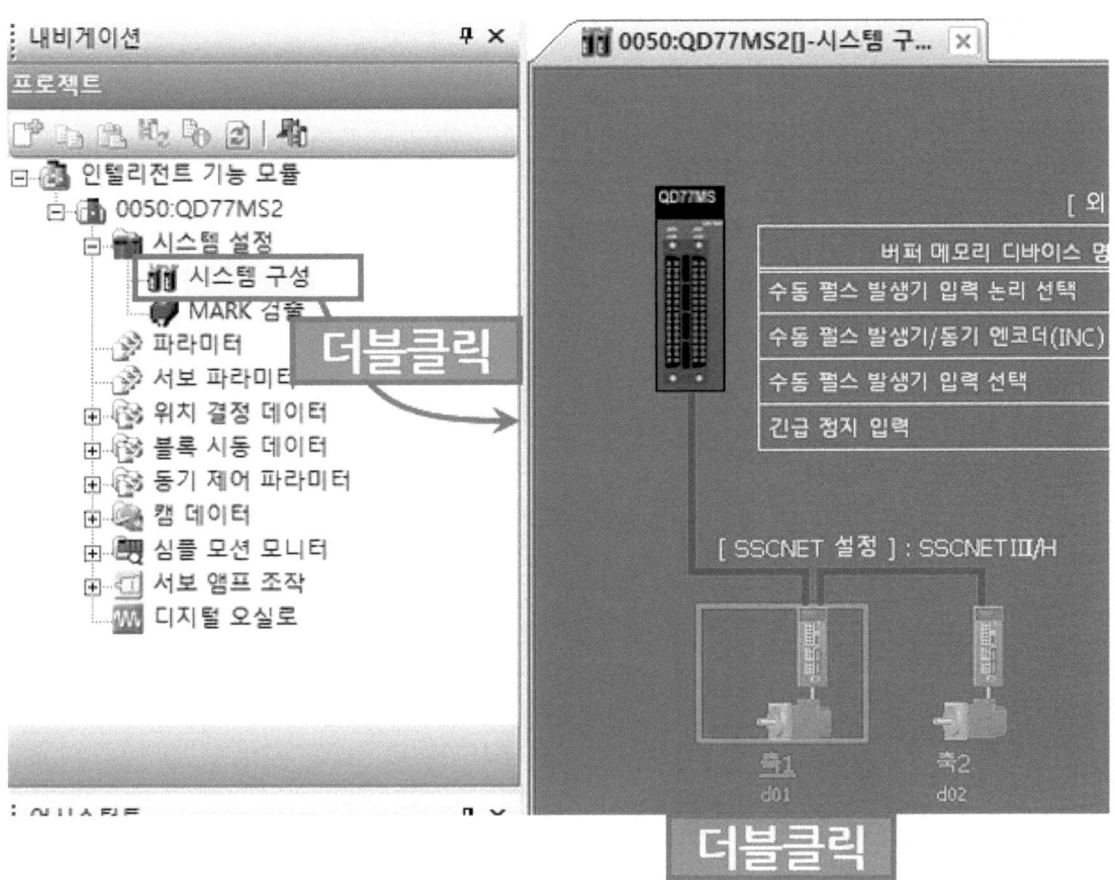

[서보 앰프 시리즈]를 확인한 후 실장되어 있는 서보 앰프 시리즈와 다르다면 변경한다. 만약 서보 앰프 모델명이 MR-J4-10B라면 다음 그림과 같이 선택한 후 [확인] 버튼을 클릭한다.

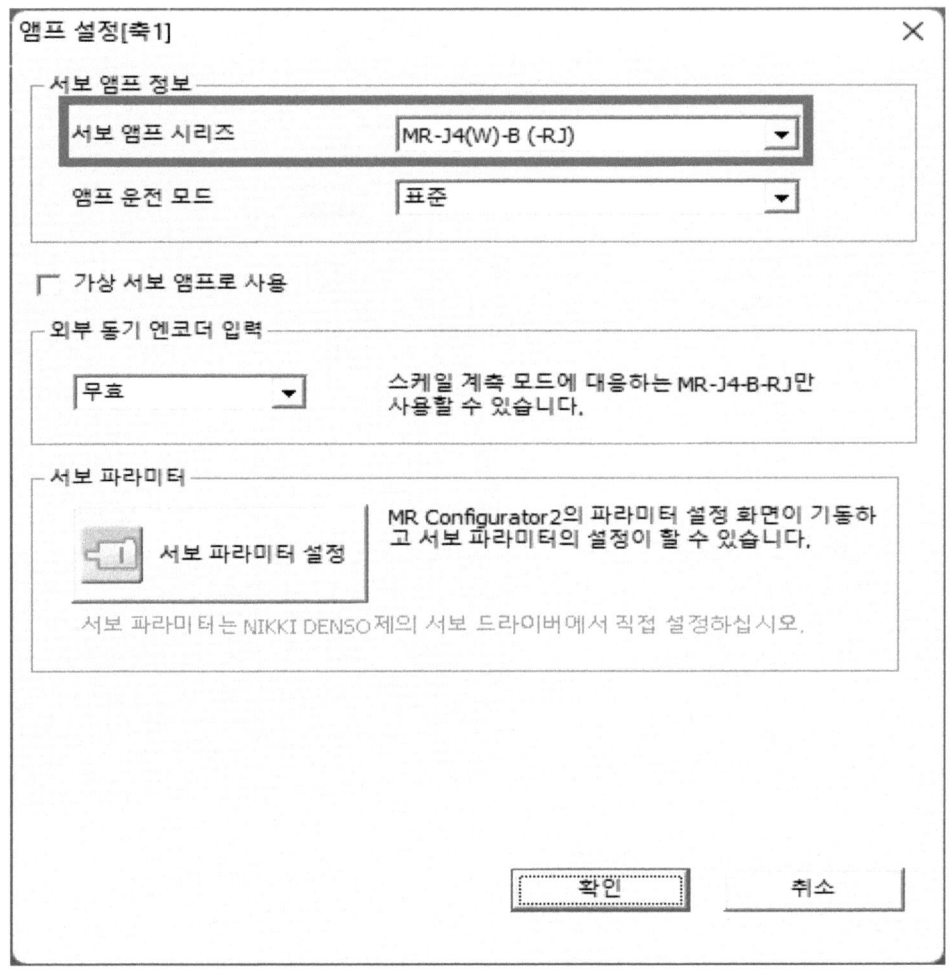

"축1"이 활성화되며, 아래 그림과 같이 검은색으로 표시된다.

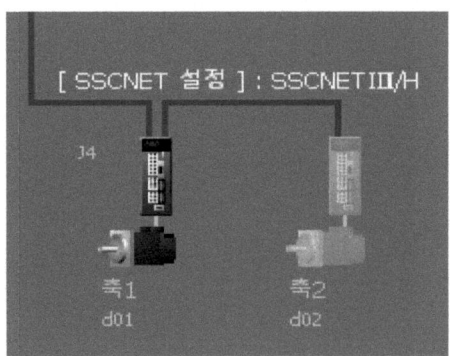

내비게이션 바의 [파라미터]를 더블클릭해서 파라미터 탭을 연 다음 [기본 파라미터1 산출] 버튼을 클릭한다. [단위 설정]이나 [엔코더 분해능]은 자동으로 각각 "mm" 단위와 "4194304 pulse/rev"(= 2^{22})로 입력된다. [리드 볼스크류(PB)] 항목은 입력 칸 우측의 그림에서 어떤 의미인지 확인할 수 있으며 만약 10mm일 경우 10000㎛로 직접 입력한다.

이제 [기본 파라미터1 산출] 버튼을 클릭한 다음 [확인] 버튼을 클릭하면 Pr.1, Pr.2, Pr.3 항목이 자동으로 입력된다. 파라미터 값의 색상이 파란색인 것은 초깃값이라는 의미이고, 검은색인 것은 수정한 값이라는 의미이다.

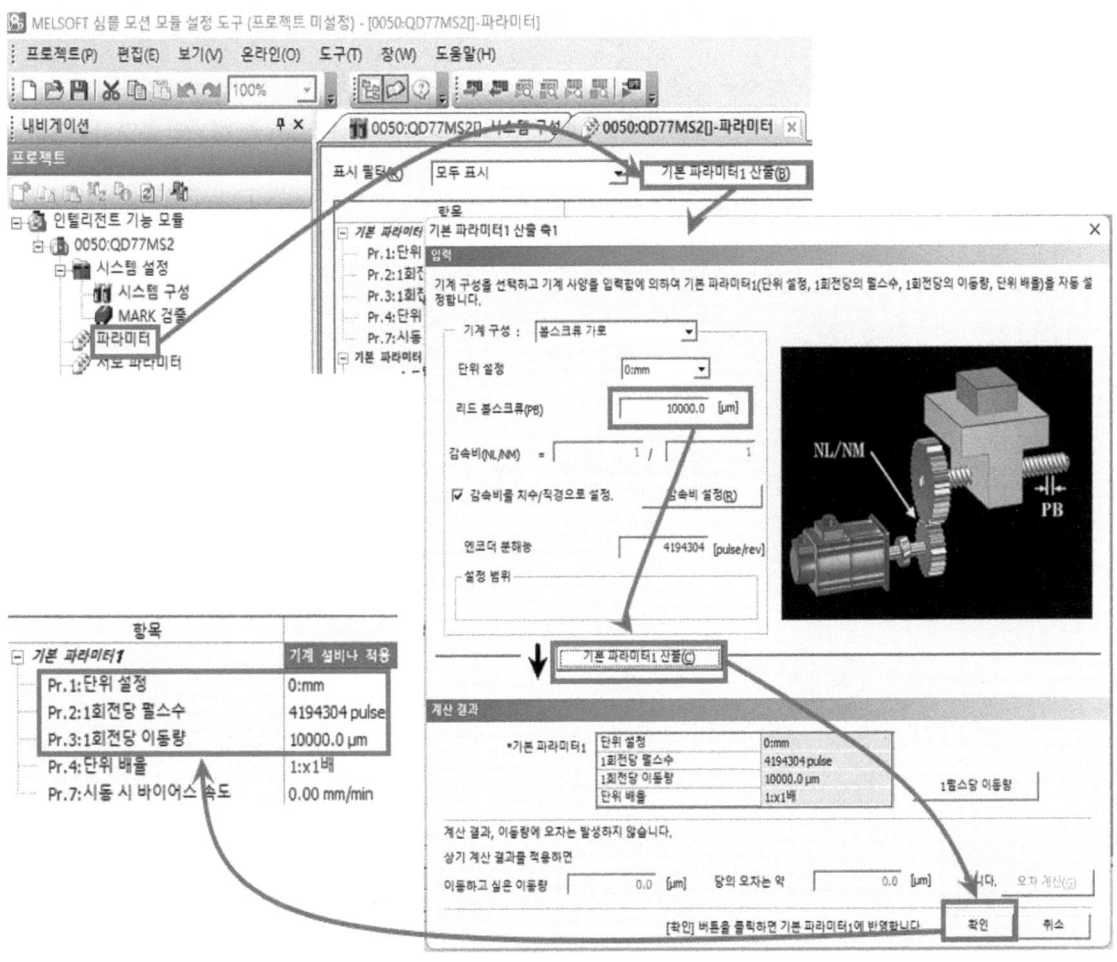

상/하한 리미트 신호(FLS, RLS), 근점 도그 신호(DOG), 정지 신호 등의 외부 입력 신호가 심플 모션 모듈, 서보 앰프, 심플 모션 모듈의 버퍼 메모리 중 어느 것을 사용할지 설정하기 위해 아래 파라미터("상세 파라미터1"의 하위 메뉴 중 최하단에서 4번째 Pr.80:외부 신호 선택)을 설정해야 한다.

Pr.80:외부 신호 선택	0:QD77MS의 외부 입력 신호를 사용
Pr.24:수동 펄스 발생기/INC 동기 엔코더 입력 선택	0:QD77MS의 외부 입력 신호를 사용
	1:서보 앰프의 외부 입력 신호 사용
Pr.81:속도/위치 기능 선택	2:QD77MS의 버퍼 메모리를 사용
Pr.82:긴급 정지 유효/무효 설정	0:유효(외부 입력 신호)

"Pr.80:외부 신호 선택"을 어떻게 설정할지 다음과 같이 확인할 수 있다.

（ⅰ）	***Pr.80:***외부 신호 선택	1:서보 앰프의 외부 입력 신호 사용

다음과 같이 심플 모션 모듈에는 케이블이 연결되어 있지 않고, 서보 앰프에서 외부 입력 신호와의 연결을 위한 케이블이 연결되어 있을 때는 **"1:서보 앰프의 외부 입력 신호 사용"**을 선택한다.

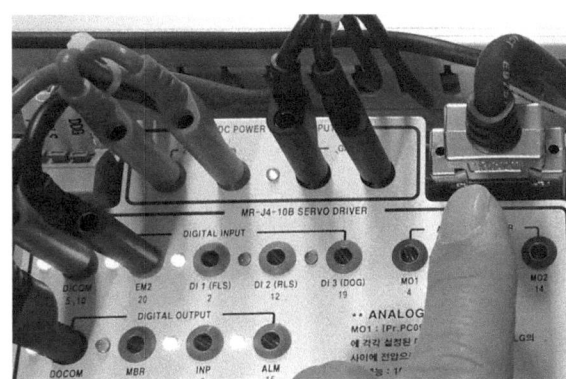

（ⅱ）	Pr.80:외부 신호 선택	0:QD77MS의 외부 입력 신호를 사용

다음과 같이 심플 모션 모듈과 외부 입력 신호의 연결을 위한 케이블이 연결되어 있을 때는 "0:QD77MS의 외부 입력 신호를 사용"을 선택한다.

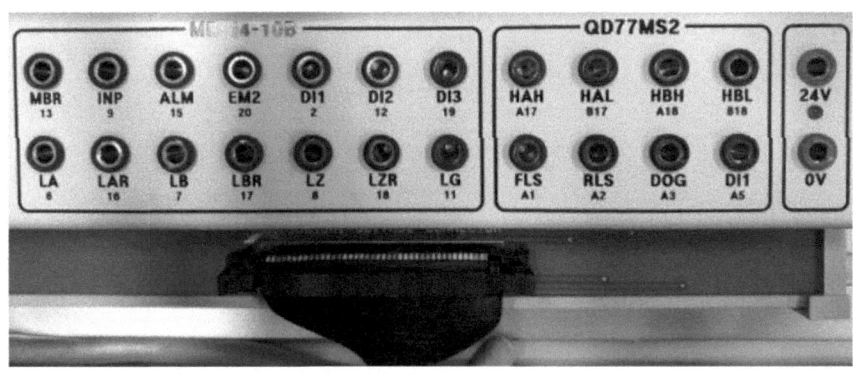

긴급 정지 입력을 유효 또는 무효로 선택하는 아래 파라미터("상세 파라미터1"의 하위 메뉴 중 최하단)를 초깃값 0:유효에서 **1:무효**로 변경한다. 장비 출고 시 안전상의 이유로 0 : 유효로 설정되어 있는데 이 상태에서 PLC 쓰기 하면 서보 앰프에서 "E6.1" 에러가 발생하니 반드시 **1:무효**로 설정한다.

> Pr.82: 긴급 정지 유효/무효 설정 | 1:무효

ⓑ QD75D1N일 경우

"선두 XY 어드레스"와 "형명" 트리를 열어서 [파라미터]를 더블클릭하면 파라미터 설정 탭이 오픈된다.

기본 파라미터1을 시스템의 서보 모터 1회전당 분해능 값에 따라 설정해 준다. 아래 예시는 서보 모터의 1회전당 펄스 수가 10000 pulse, 1회전당 이동량이 10000㎛인 시스템인 경우의 파라미터이다. QD75 시리즈에서 1회전당의 이동량은 최대 6553.5㎛까지 입력할 수 있으므로 1회전당의 이동량을 1000, 단위 배율을 10배로 입력함으로써 1000 × 10 = 10000㎛로 설정할 수 있다.

항목	
□ **기본 파라미터1**	**기계 설비나 적응 모터에 맞추어 시스템 기동 시 설정합니다 (PLC 준비 신호에 의하여 유효).**
단위 설정	0:mm
1회전당의 펄스수	10000 pulse
1회전당의 이동량	1000.0 um
단위 배율	10:×10배
펄스 출력 모드	1:CW/CCW 모드
회전 방향 설정	0:정운전 펄스 출력으로 현재값 증가
시동 시 바이어스 속도	0.00 mm/min

- QD77MS2, QD75D1N 공통

아래와 같이 "가속 시간0"과 "감속 시간0"을 초깃값 1000ms에서 **150ms**로 수정한다.

Pr.8:속도 제한값	2000.00 mm/min
Pr.9:가속 시간0	150 ms
Pr.10:감속 시간0	150 ms

속도 제한 값은 원점 복귀 제어, 위치 결정 제어, 속도/토크 제어 시 상한 속도를 설정한다. 가속 시간0은 정지 상태에서 속도 제한 값까지 속도가 상승하는 데 걸리는 시간을, 감속 시간0은 가속 시간0과 반대로 속도 제한 값에서 정지 상태까지 속도가 하강하는 데 걸리는 시간을 의미한다.

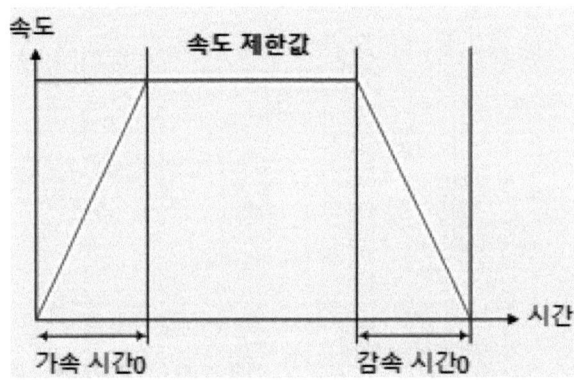

수동으로 서보 모터를 저속으로 정/역회전하는 운전을 JOG 운전이라고 하는데, JOG 운전 시 속도 제한 값, 가속, 감속 시간을 Pr.31, Pr.32, Pr.33에서 설정한다. JOG 속도 제한 값의 초깃값인 200mm/min은 테스트 운전하기에는 느린 속도이므로 2000mm/min으로 변경한다.

Pr.31:JOG 속도 제한값	2000.00 mm/min
Pr.32:JOG 운전 가속 시간 선택	0:150
Pr.33:JOG 운전 감속 시간 선택	0:150

원점 복귀란 서보 모터가 원점(위치 결정의 기준 위치)을 찾아가는 동작을 의미하며, 다음 그림과 같이 기본 파라미터를 설정한다.

⊟ 원점 복귀 기본 파라미터	원점 복귀 제어를 실행하기 위하여 필요한 값을 설정합니다(PLC 준비 신호에 의하여 유
Pr.43:원점 복귀 방식	0:근점 도그식
Pr.44:원점 복귀 방향	1:부방향(어드레스 감소 방향)
Pr.45:원점 어드레스	0.0 μm
Pr.46:원점 복귀 속도	2000.00 mm/min
Pr.47:클리프 속도	500.00 mm/min
Pr.48:원점 복귀 재시도	1:리미트 스위치에 의한 원점 복귀 재시도를 실행

원점 복귀 방식을 "0:근점 도그식"으로 설정하면 아래 그래프와 같이 우선 "원점 복귀 속도"로 동작하다가 DOG 센서가 ON 되면 "크리프 속도"로 감속해서 동작한다. 감속 과정에서 DOG 센서가 off 되면 그대로 감속 정지하며, DOG 센서 on → off 이후 최초로 엔코더에서 영점 신호가 발생하면 원점 복귀가 완료된다. "원점 복귀 속도", "크리프 속도" 모두 초깃값이 0.01mm/min으로 너무 느린 속도이므로 "원점 복귀 속도"는 2000mm/min으로, "크리프 속도"는 500mm/min으로 변경한다. "크리프 속도"는 "원점 복귀 속도"보다 훨씬 작은 값으로 설정해야 한다.

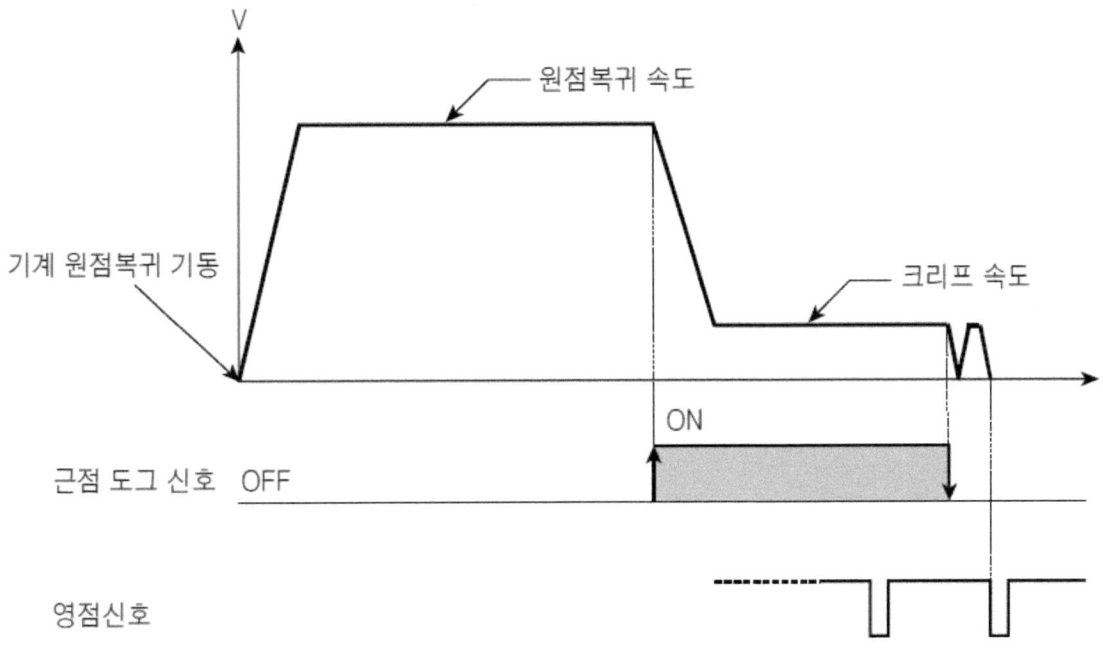

"원점 복귀 방향"은 초깃값이 "0:정방향(어드레스 증가 방향)"으로 설정되어 있는데, 원점 복귀 제어가 실행되면 RLS에서 FLS 방향으로 동작한다. 본 교재에서 다루는 시스템은 "1:부방향(어드레스 감소 방향)"으로 설정해서 원점 복귀 제어가 실행되면 FLS에서 RLS 방향으로 동작하도록 설정한다.

"원점 복귀 재시도"는 실행되지 않도록 초깃값이 설정되어 있는데, "1:리미트 스위치에 의한 원점 복귀 재시도를 실행"으로 변경한다. 이렇게 변경하면 DOG 센서가 on 되기 전에 b 접점인 FLS나 RLS가 OFF 되면 감속 정지 후 반대 방향으로 동작한다. 그러다가 DOG 센서의 ON → OFF가 검출되면 감속 정지한 후 다시 원점 복귀를 실행한다.

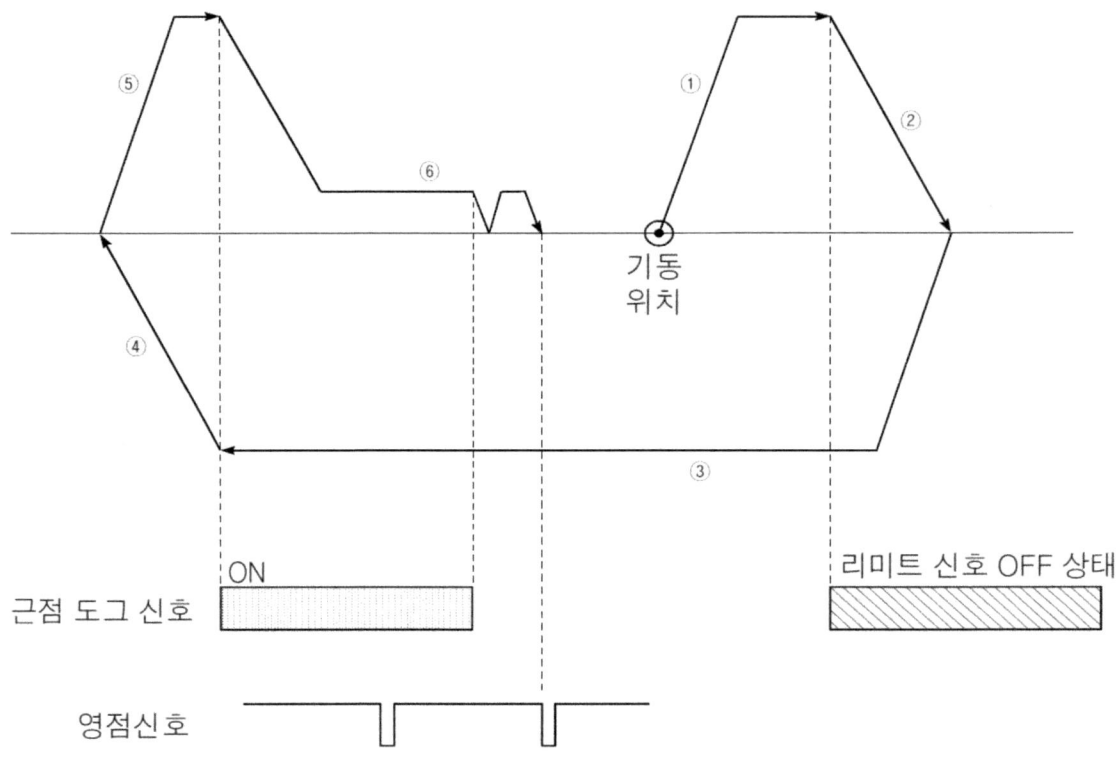

내비게이션 바에서 서보 파라미터를 더블클릭한 다음 PA04 AOP1 항목을 초깃값 **2000**에서 **0100으로 변경**해서 서보 강제 정지 기능을 사용하지 않도록 한다.

설정 위치	설명	초깃값
	서보 강제 정지 감속 기능 선택 0 : 사용하지 않음(EM1) 2 : 사용(EM2)	2
	서보 강제 정지(EM1 또는 EM2) 선택 0 : 사용 1 : 사용하지 않음	0
	메이커 설정용(초깃값으로 놔두면 됨)	00

ⓐ QD77MS2일 경우

"모듈 쓰기"를 클릭한다.

"유효", 파라미터", "서보 파라미터", "플래시 ROM 데이터 쓰기 실행" 체크 후 "실행" 버튼
을 클릭한다.

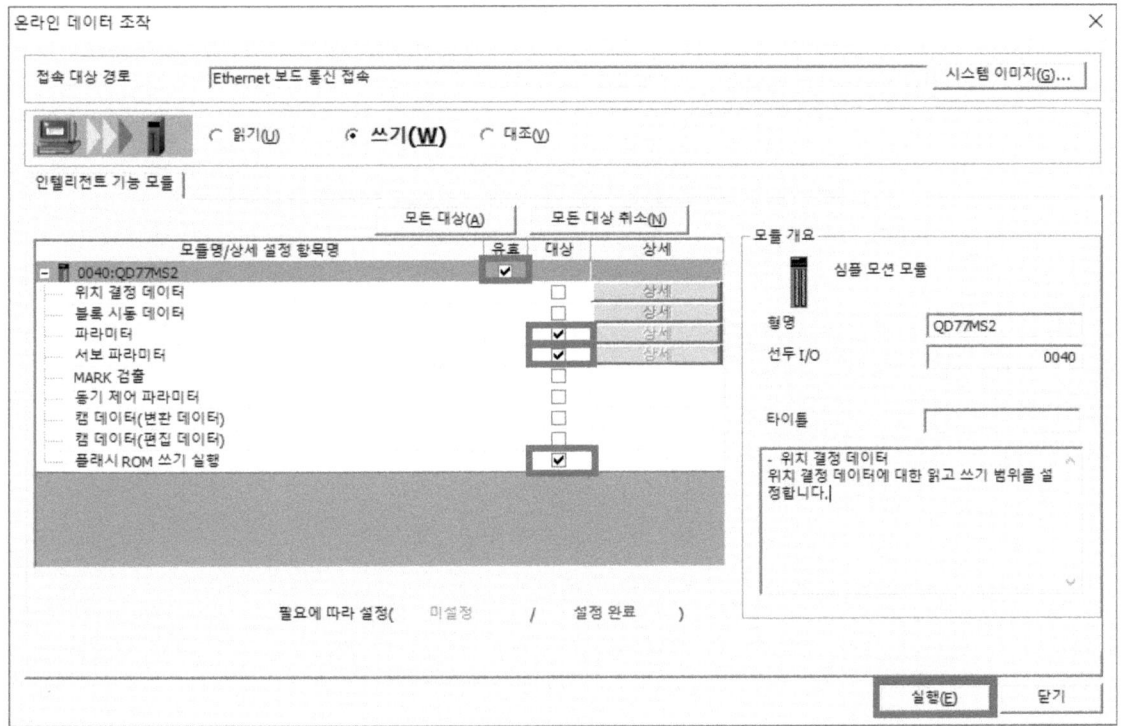

"심플 모션 모듈 테스트" 아이콘을 클릭한다.

그 뒤에 나오는 경고 창, 선택 창 모두 "확인"을 클릭하면 테스트가 실행된다.

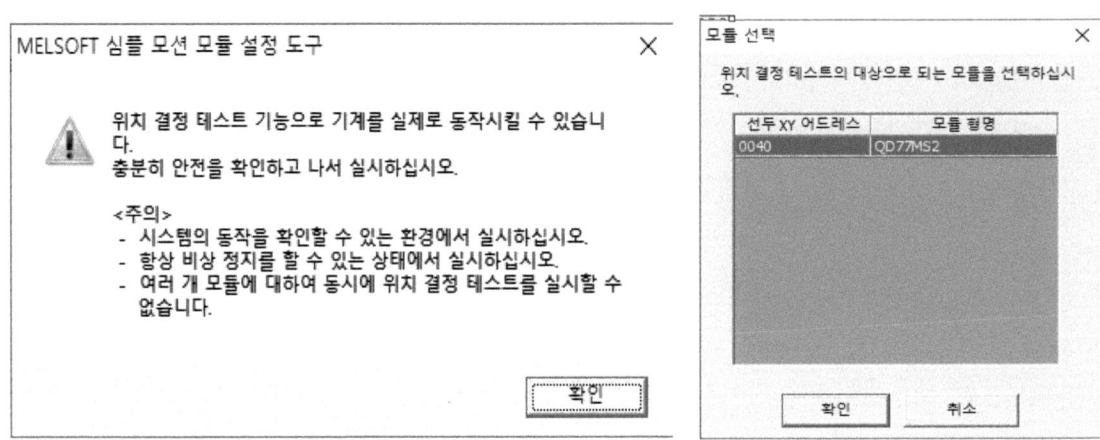

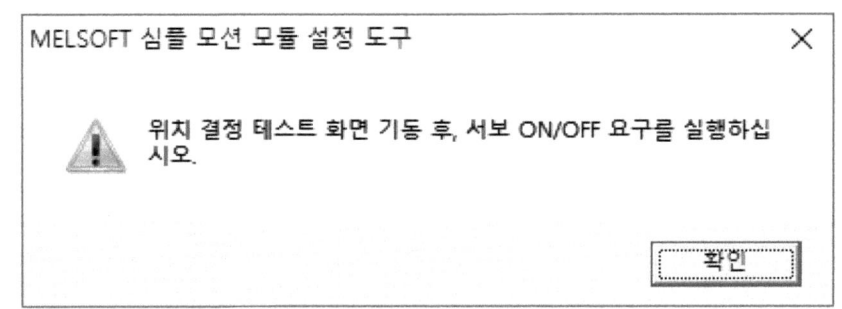

ⓑ QD75D1N일 경우

"PLC 쓰기" 아이콘을 클릭한다.

"인텔리전트 기능 모듈" 탭을 클릭한 다음 "유효", "파라미터" 체크 후 "실행" 버튼을 클릭한다. "CPU 모듈" 탭에서 프로그램 및 파라미터를 체크하고 "실행" 버튼을 클릭하면 PLC CPU로는 PLC 프로그램과 PLC 파라미터가, 위치 결정 모듈로는 위치 결정 모듈의 파라미터가 각각 쓰기 된다.

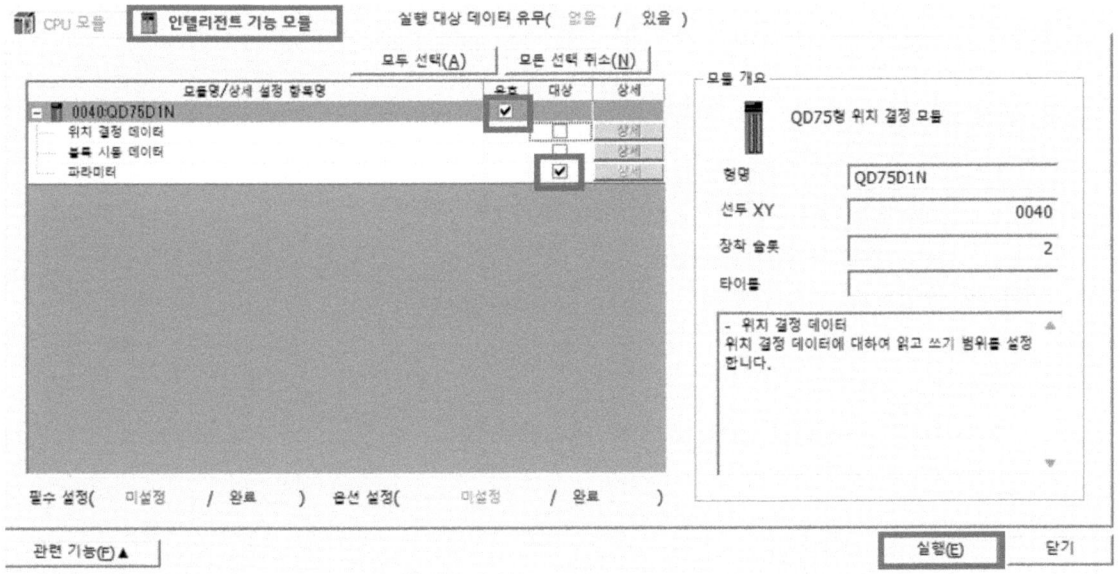

"QD75/LD75형 위치 결정 모듈의 테스트" 아이콘을 클릭한다.

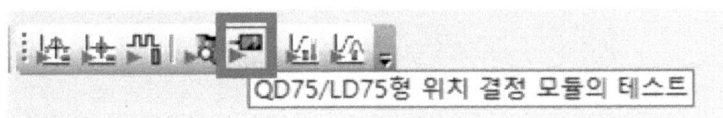

- QD77MS2, QD75D1N 공통

[기능 선택]을 [JOG/수동 펄스 발생기/원점 복귀] 로 설정한다.

```
위치 결정 테스트                                                        ✕

┌ 모니터 ──────────────────────────────────────────────────
  대상 모듈  QD77MS2     I/O 어드레스  0040

  ┌──────────────────────┬──────────┬─────────────────────┐
  │      모니터 항목        │    축1    │                      │ ▲
  │ 송신 현재값            │  0.1 µm  │                      │
  │ 송신 기계값            │  0.1 µm  │                      │
  │ 송신 속도             │0.00 mm/min│                      │
  │ 축 에러 번호           │     0    │                      │
  │ 축 경고 번호           │     0    │                      │
  │ 유효 M 코드           │     0    │                      │
  │ 축 동작 상태           │ 서보 OFF 중│                      │
  │ 현재 속도             │0.00 mm/min│                      │
  │ 축 송신 속도           │0.00 mm/min│                      │
  │ 외부 입력 신호 하한 리미트│   ON    │                      │
  │ 외부 입력 신호 상한 리미트│   ON    │                      │ ▼
  └──────────────────────┴──────────┴─────────────────────┘

┌ 테스트 ──────────────────────────────────────────────────
  대상축(X)  [축1 ▼]

  기능 선택(F) [JOG/수동 펄스 발생기/원점 복귀 ▼]  본 기능은 위치 결정 정지 중에 설정하십시오.
              ┌──────────────────────────┐
              │ 위치 결정 시동              │
              │ JOG/수동 펄스 발생기/원점 복귀│
  ┌ JOG 동작 ─│ 속도 변경                 │──────────────────
   JOG 속도(G)│ 현재값 변경               │mm/min (0.01~20000000.00)    [정운전]
              └──────────────────────────┘
   인칭 이동량(I)  [0.0]               µm  (0.0~6553.5)              [역운전]

  ┌ 수동 펄스 발생기 ──────────────────────────────────────
   ☐ 수동 펄스 발생기 허가 플래그(N)   수동 펄스 발생기 1펄스 입력 배율(P)  [1    ] 배  (1~10000)

  ┌ 원점 복귀 ────────────────────────────────────────────
   원점 복귀 방법(M)  [기계 원점 복귀          ▼]                  [원점 복귀(T)]


  [시동(S)]  [스킵(K)]   [대상축 정지(J)]  [모든 축 정지(A)]  [정지축 재시동(R)]  [위치 결정 종료(E)]
  [에러/경고 내용 확인(W)] [에러/경고 리셋(O)] [M 코드 OFF 요구(Y)] [서보 ON/OFF 요구(Q)]  [닫기]
```

• [JOG 속도]를 [2000mm/min] 으로 설정한다.

```
┌ JOG 동작 ──────────────────────────────────────────────
  JOG 속도(G)     [2000]          mm/min  (0.01~20000000.00)    [정운전]
  인칭 이동량(I)   [0.0]           µm  (0.0~6553.5)              [역운전]
```

- 하단의 [서보 ON/OFF 요구] 버튼을 클릭한다.

시동(S)	스킵(K)	대상축 정지(J)	모든 축 정지(A)	정지축 재시동(R)	위치 결정 종료(E)
에러/경고 내용 확인(W)	에러/경고 리셋(O)	M 코드 OFF 요구(Y)	서보 ON/OFF 요구(Q)	닫기	

- [모든 축 서보 ON 요구] 버튼을 클릭한다.

서보 ON/OFF 요구   ✕

각 축 서보 OFF 지령

☐ 축1 서보 OFF 지령(1)		☐ 축9 서보 OFF 지령(9)	
☐ 축2 서보 OFF 지령(2)		☐ 축10 서보 OFF 지령(0)	
☐ 축3 서보 OFF 지령(3)		☐ 축11 서보 OFF 지령(A)	
☐ 축4 서보 OFF 지령(4)		☐ 축12 서보 OFF 지령(B)	
☐ 축5 서보 OFF 지령(5)		☐ 축13 서보 OFF 지령(C)	
☐ 축6 서보 OFF 지령(6)		☐ 축14 서보 OFF 지령(D)	
☐ 축7 서보 OFF 지령(7)		☐ 축15 서보 OFF 지령(E)	
☐ 축8 서보 OFF 지령(8)		☐ 축16 서보 OFF 지령(F)	

모든 축 서보 ON 요구(N)　모든 축 서보 OFF 요구(L)　닫기

- 서보 ON이 되면서 아래와 같이 상태가 변경된다.

서보 ON/OFF 요구   ✕

각 축 서보 OFF 지령

☐ 축1 서보 OFF 지령(1)	서보 OFF 지령 OFF	☐ 축9 서보 OFF 지령(9)	
☐ 축2 서보 OFF 지령(2)		☐ 축10 서보 OFF 지령(0)	
☐ 축3 서보 OFF 지령(3)		☐ 축11 서보 OFF 지령(A)	
☐ 축4 서보 OFF 지령(4)		☐ 축12 서보 OFF 지령(B)	
☐ 축5 서보 OFF 지령(5)		☐ 축13 서보 OFF 지령(C)	
☐ 축6 서보 OFF 지령(6)		☐ 축14 서보 OFF 지령(D)	
☐ 축7 서보 OFF 지령(7)		☐ 축15 서보 OFF 지령(E)	
☐ 축8 서보 OFF 지령(8)		☐ 축16 서보 OFF 지령(F)	

모든 축 서보 ON 요구(N)　모든 축 서보 OFF 요구(L)　닫기

- [정운전] 또는 [역운전] 버튼을 클릭하면 모니터 창의 [축 동작 상태]가 "JOG 운전 중"으로 표시되면서 리프트가 상승 또는 하강한다.

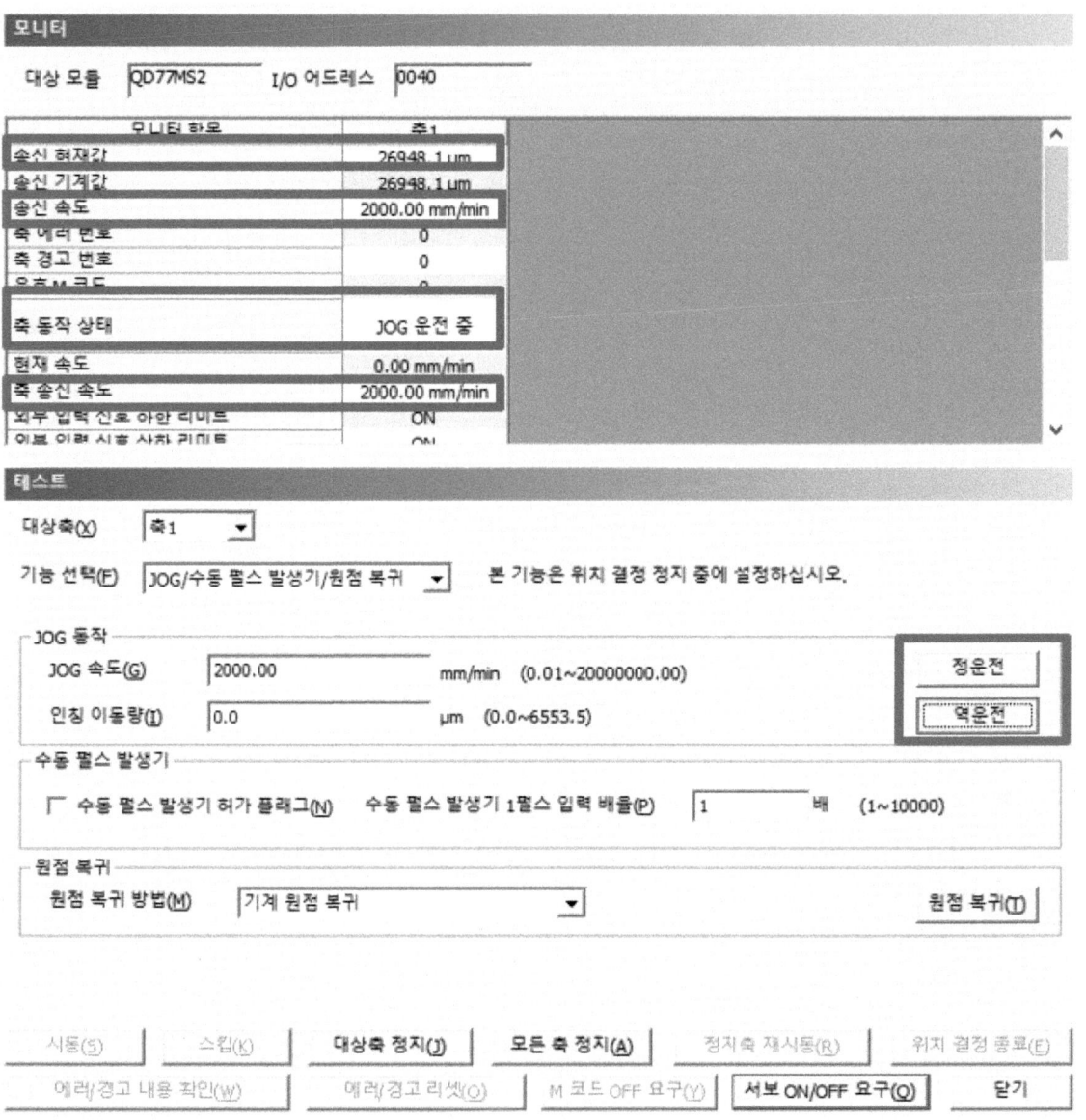

정/역운전 버튼을 클릭하고 있으면 가속을 거쳐 파라미터에 설정된 JOG 속도인 2000mm/min으로 운전되며 모니터 창에 송신 현재값(현재 위치), 송신 속도, 축 송신 속도가 실시간으로 표시된다. 클릭을 해제하면 감속을 거쳐 정지된다.

- [원점 복귀] 버튼을 클릭하면 모니터 창의 [축 동작 상태]가 "원점 복귀 중"으로 표시되면서 서보 모터가 원점의 위치로 이동한다.
- 또한, 송신 속도, 현재 속도, 축 송신 속도가 파라미터에서 설정한 원점 복귀 속도인 2000mm/min으로 표시된다.

모니터

대상 모듈 QD77MS2   I/O 어드레스 0040

모니터 항목	축1
송신 현재값	-5812.6 μm
송신 기계값	-5812.6 μ
송신 속도	2000.00 mm/min
축 에러 번호	0
축 경고 번호	0
유효 M 코드	0
축 동작 상태	원점 복귀 중
현재 속도	2000.00 mm/min
축 송신 속도	2000.00 mm/min
외부 입력 신호 하한 리미트	OFF
외부 입력 신호 상한 리미트	ON

테스트

대상축(X)   축1

기능 선택(F)   JOG/수동 펄스 발생기/원점 복귀   본 기능은 위치 결정 정지 중에 설정하십시오.

JOG 동작

JOG 속도(G)   2000   mm/min (0.01~20000000.00)   정운전

인칭 이동량(T)   0.0   μm (0.0~6553.5)   역운전

수동 펄스 발생기

☐ 수동 펄스 발생기 허가 플래그(N)   수동 펄스 발생기 1펄스 입력 배율(P)   1   배 (1~10000)

원점 복귀

원점 복귀 방법(M)   기계 원점 복귀   [원점 복귀(T)]

| 시동(S) | 스립(K) | 대상축 정지(J) | 모든 축 정지(A) | 정지축 재시동(R) | 위치 결정 종료(E) |
| 에러/경고 내용 확인(W) | 에러/경고 리셋(O) | M 코드 OFF 요구(Y) | 서보 ON/OFF 요구(Q) | 닫기 |

● 운전 도중에 에러나 경고가 발생하면 모니터 창에 아래와 같이 표시된다.

모니터 항목	축1
송신 현재값	0.1 μm
송신 기계값	0.1 μm
송신 속도	0.00 mm/min
축 에러 번호	103
축 경고 번호	0
유효 M 코드	0
축 동작 상태	서보 OFF 중
현재 속도	0.00 mm/min
축 송신 속도	0.00 mm/min
외부 입력 신호 하한 리미트	ON

● 축 에러 번호나 축 경고 번호를 더블클릭하거나 좌측 하단의 [에러/경고 내용 확인] 버튼
을 누르면 에러/경고의 발생 원인이 표시된다. 확인된 문제를 해결한 후 [에러/경고 리셋]
버튼을 눌러서 에러나 경고를 해제한 후에 다시 작동이 가능하다.

시동(S)	스킵(K)	대상축 정지(J)	모든 축 정지(A)	정지축 재시동(R)	위치 결정 종료(E)
에러/경고 내용 확인(W)		에러/경고 리셋(O)	M 코드 OFF 요구(Y)	서보 ON/OFF 요구(O)	닫기

● 에러가 없고 축 정지 상태일 때는 심플 모션 모듈이나 위치 결정 모듈의 RUN LED만 ON
되어 있다. 또한, 에러 없이 정상 동작 중일 때는 RUN LED와 AX1 LED가 ON 되어 있으
며 에러가 발생하면 ERR. LED가 붉은색으로 점멸하는 것을 확인할 수 있을 것이다.

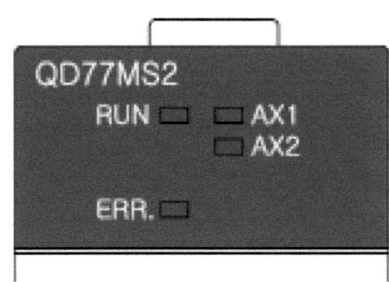

- 파라미터 설정에서 다음과 같이 변경해 본다.
- Pr.25[가속 시간1] ~ Pr.30[감속 시간3]은 가/감속 시간을 다양하게 설정할 필요가 있을 때 설정한다.

기본 파라미터2	기계 설비나 적응 모터에 맞추어 시스템 기동 시 설정합니다.
속도 제한값	3000.00 mm/min
가속 시간0	150 ms
감속 시간0	150 ms

상세 파라미터2	시스템 구성에 맞추어 시스템 기동 시에 설정합니다(필요에 따라 설정).
Pr.25:가속 시간1	500 ms
Pr.26:가속 시간2	1000 ms
Pr.27:가속 시간3	2000 ms
Pr.28:감속 시간1	500 ms
Pr.29:감속 시간2	1000 ms
Pr.30:감속 시간3	2000 ms

- 내비게이션 바에서 [위치 결정 데이터] – [축1 위치 결정 데이터]를 더블클릭한다.

- No.1 항목의 [제어 방식]을 더블클릭한다.

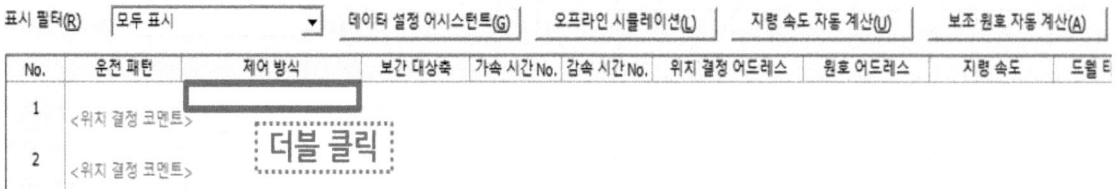

- [01h:ABS 직선1]을 선택한 다음 키보드의 Enter 키를 누르거나 또는 아무 위치나 마우스 클릭을 하면 다른 항목이 자동으로 입력된다.

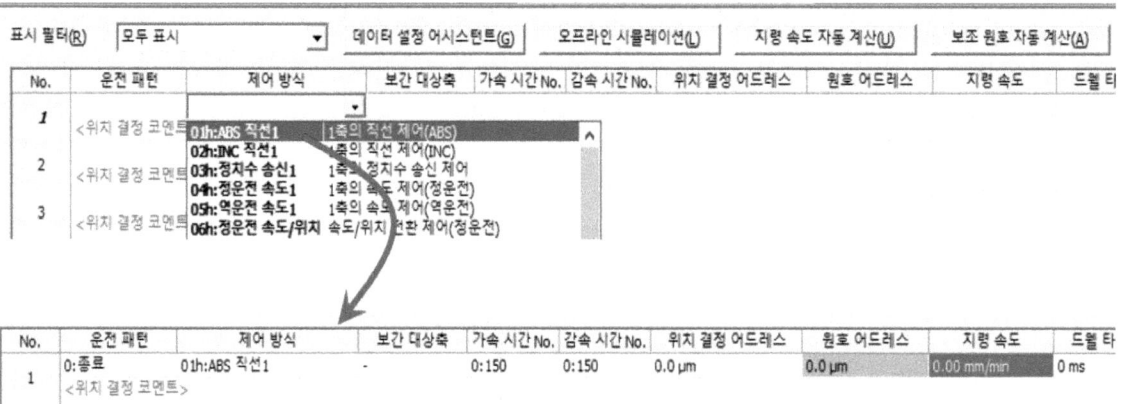

- [위치 결정 어드레스]와 [지령 속도]를 변경한다.
- No.1 위치의 값을 모두 작성한 후 맨 왼쪽 열 No.의 번호 1을 클릭 -> Ctrl + C
- 맨 왼쪽 열 No.의 2를 클릭한 후 Ctrl + V 하면 모든 값이 붙여넣기 된다.

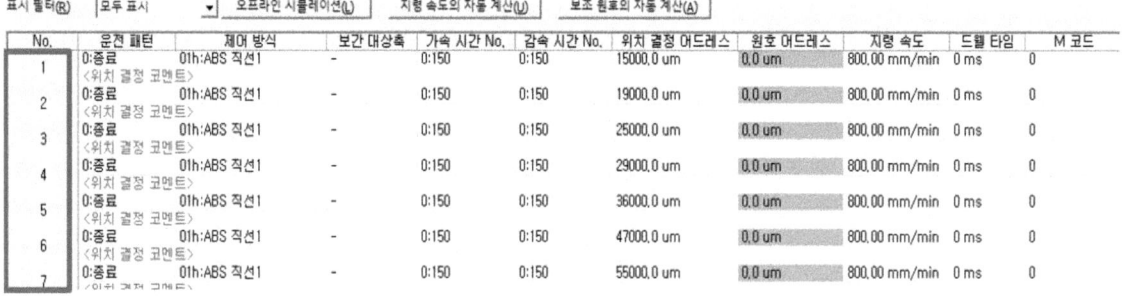

ⓐ QD77MS2일 경우

● !"모듈 쓰기" - "유효, 파라미터", "서보 파라미터", "플래시 ROM 데이터 쓰기 실행", "위치 결정 데이터" 체크 후 "실행"한 다음 "심플 모션 모듈 테스트"를 실행한다.

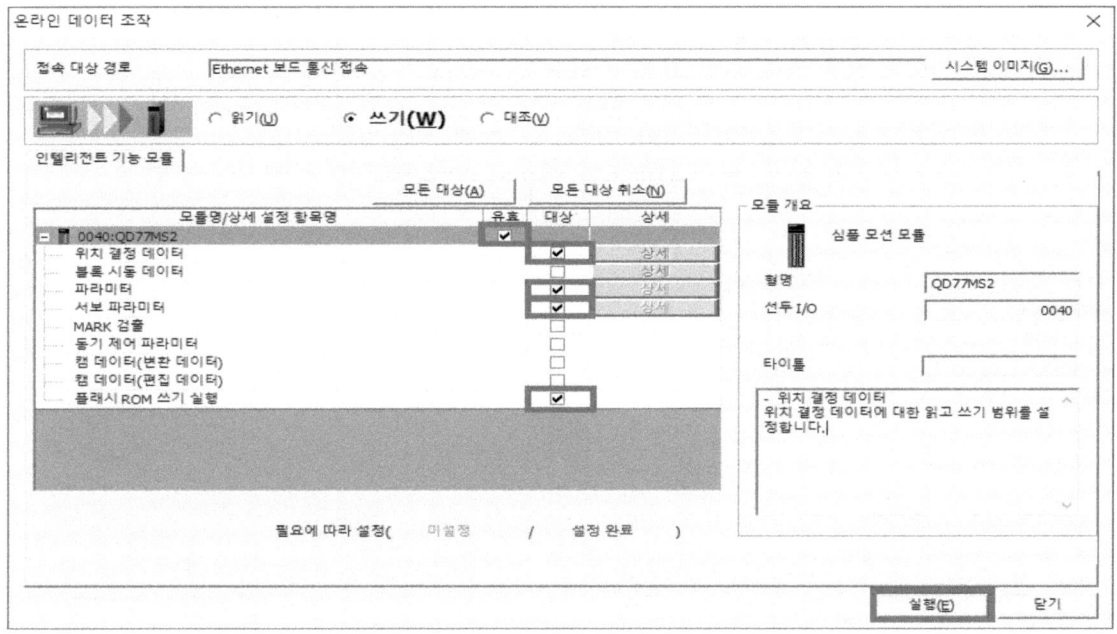

ⓑ QD75D1N일 경우

"인텔리전트 기능 모듈" 탭을 클릭한 다음 "유효", "파라미터", **"위치 결정 데이터"** 체크 후 "실행" 버튼을 클릭한다.

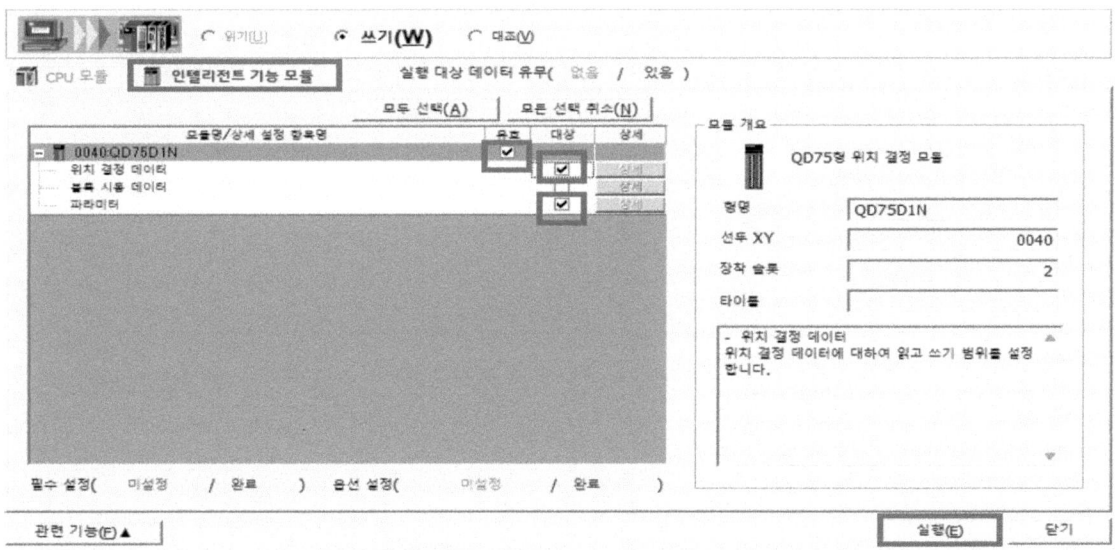

- QD77MS2, QD75D1N 공통

- 원점 복귀를 실행해서 원점을 설정한 다음 [기능 선택]을 [위치 결정 시동]으로 설정한다.
- [위치 결정 데이터 No.]를 입력한 후 [시동] 버튼을 누르면 서보 모터가 이동한다.
- 테스트를 마친 뒤에는 [닫기] 버튼을 눌러 종료한다.

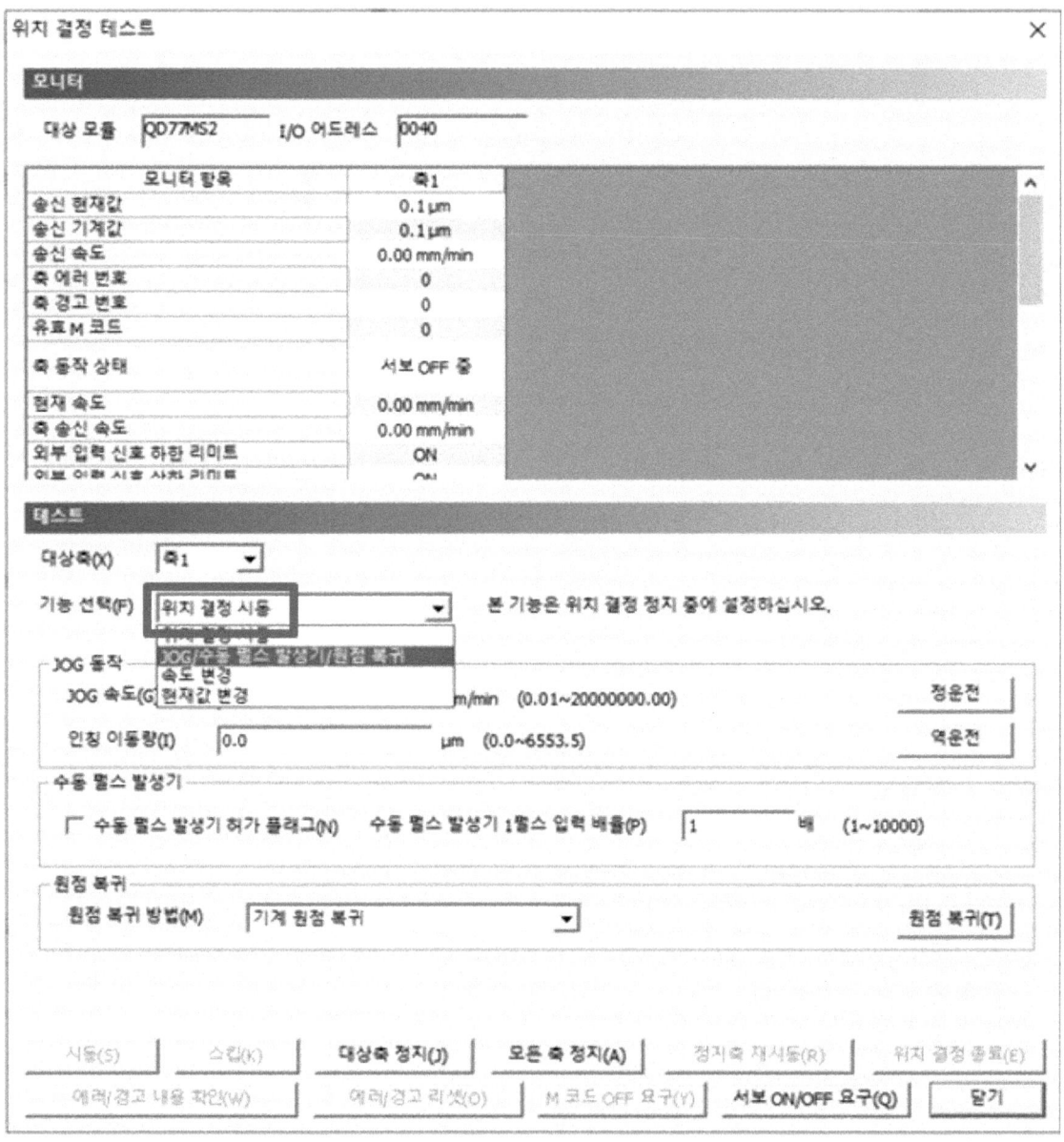

다음 과정을 거쳐 창고에 적재할 수 있도록 위치 결정 데이터 No.들을 결정한다.

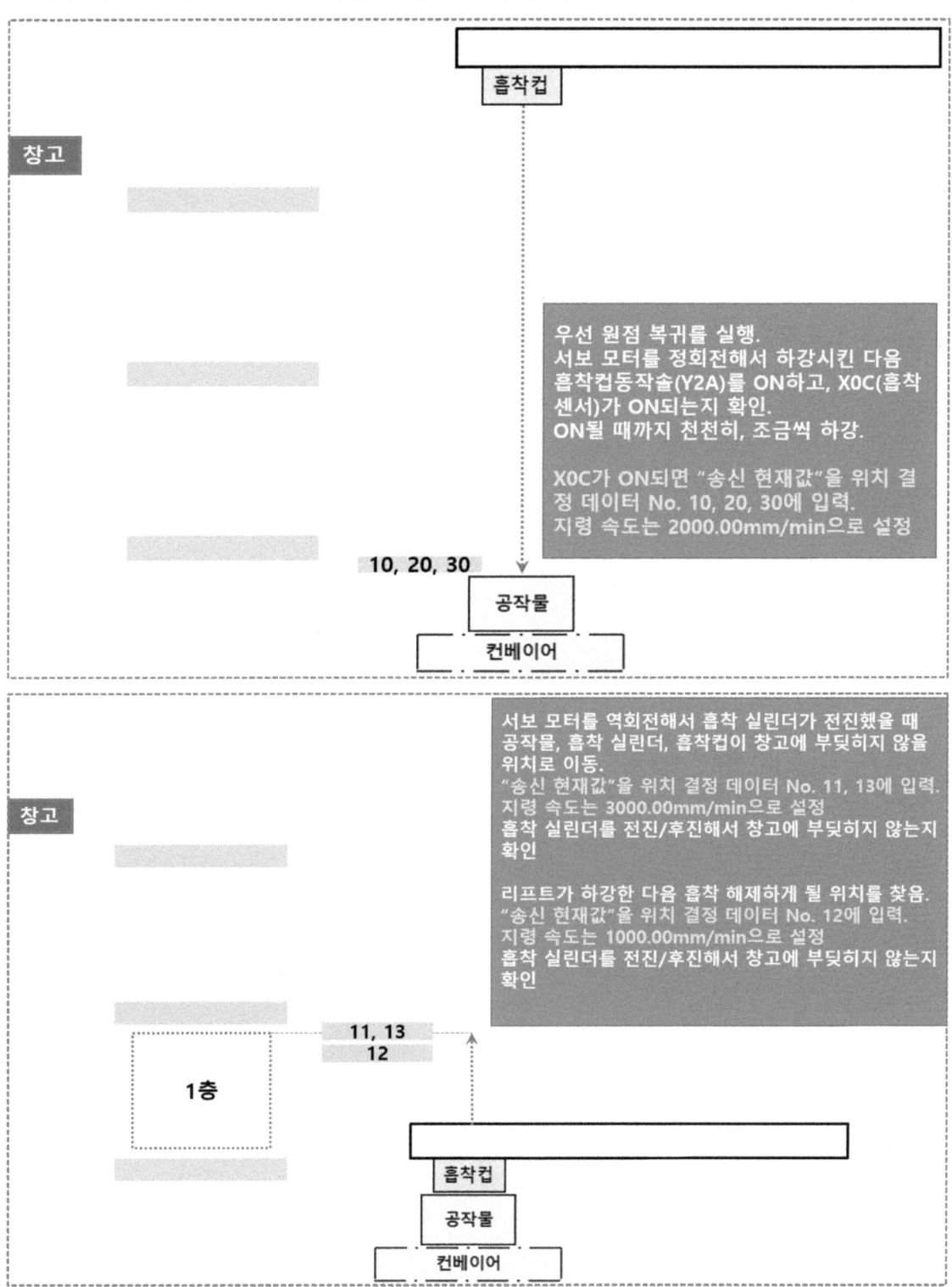

우선 원점 복귀를 실행.
서보 모터를 정회전해서 하강시킨 다음 흡착컵동작솔(Y2A)를 ON하고, X0C(흡착센서)가 ON되는지 확인.
ON될 때까지 천천히, 조금씩 하강.

X0C가 ON되면 "송신 현재값"을 위치 결정 데이터 No. 10, 20, 30에 입력.
지령 속도는 2000.00mm/min으로 설정

서보 모터를 역회전해서 흡착 실린더가 전진했을 때 공작물, 흡착 실린더, 흡착컵이 창고에 부딪히지 않을 위치로 이동.
"송신 현재값"을 위치 결정 데이터 No. 11, 13에 입력.
지령 속도는 3000.00mm/min으로 설정
흡착 실린더를 전진/후진해서 창고에 부딪히지 않는지 확인

리프트가 하강한 다음 흡착 해제하게 될 위치를 찾음.
"송신 현재값"을 위치 결정 데이터 No. 12에 입력.
지령 속도는 1000.00mm/min으로 설정
흡착 실린더를 전진/후진해서 창고에 부딪히지 않는지 확인

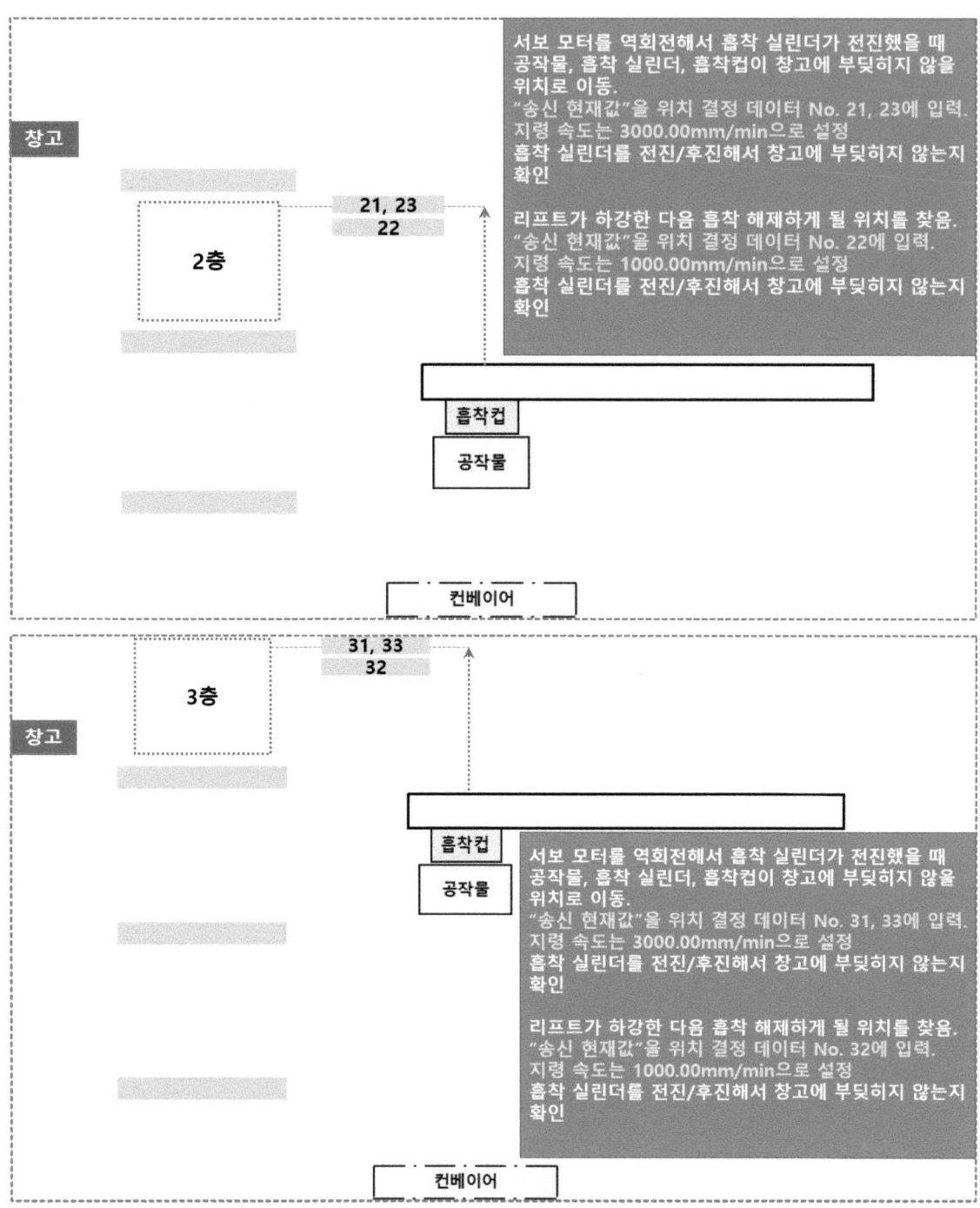

창고

2층

21, 23
22

서보 모터를 역회전해서 흡착 실린더가 전진했을 때 공작물, 흡착 실린더, 흡착컵이 창고에 부딪히지 않을 위치로 이동.
"송신 현재값"을 위치 결정 데이터 No. 21, 23에 입력.
지령 속도는 3000.00mm/min으로 설정
흡착 실린더를 전진/후진해서 창고에 부딪히지 않는지 확인

리프트가 하강한 다음 흡착 해제하게 될 위치를 찾음.
"송신 현재값"을 위치 결정 데이터 No. 22에 입력.
지령 속도는 1000.00mm/min으로 설정
흡착 실린더를 전진/후진해서 창고에 부딪히지 않는지 확인

흡착컵
공작물
컨베이어

3층

31, 33
32

창고

흡착컵
공작물

서보 모터를 역회전해서 흡착 실린더가 전진했을 때 공작물, 흡착 실린더, 흡착컵이 창고에 부딪히지 않을 위치로 이동.
"송신 현재값"을 위치 결정 데이터 No. 31, 33에 입력.
지령 속도는 3000.00mm/min으로 설정
흡착 실린더를 전진/후진해서 창고에 부딪히지 않는지 확인

리프트가 하강한 다음 흡착 해제하게 될 위치를 찾음.
"송신 현재값"을 위치 결정 데이터 No. 32에 입력.
지령 속도는 1000.00mm/min으로 설정
흡착 실린더를 전진/후진해서 창고에 부딪히지 않는지 확인

컨베이어

위치 결정 데이터 No. 14, 24, 34에는 위치 결정 어드레스 0.0㎛, 지령 속도 2000.0mm/min으로 입력한다. 아래는 본 과정을 거친 위치 결정 데이터의 예시이다. 동일한 기종과 사양으로 구성된 시스템이더라도 편차가 다소 있으니 직접 테스트해서 위치 결정 데이터를 입력하기를 바란다.

No.	운전 패턴	제어 방식	보간 대상축	가속 시간No.	감속 시간No.	위치 결정 어드레스	원호 어드레스	지령 속도	드웰 타임	M 코드
10	0:종료 <위치 결정 코멘트>	01h:ABS 직선1	-	0:150	0:150	115300.0 ㎛	0.0 ㎛	2000.00 mm/min	0 ms	0
11	0:종료 <위치 결정 코멘트>	01h:ABS 직선1	-	0:150	0:150	101179.0 ㎛	0.0 ㎛	3000.00 mm/min	0 ms	0
12	0:종료 <위치 결정 코멘트>	01h:ABS 직선1	-	0:150	0:150	106579.0 ㎛	0.0 ㎛	1000.00 mm/min	0 ms	0
13	0:종료 <위치 결정 코멘트>	01h:ABS 직선1	-	0:150	0:150	101179.0 ㎛	0.0 ㎛	3000.00 mm/min	0 ms	0
14	0:종료 <위치 결정 코멘트>	01h:ABS 직선1	-	0:150	0:150	0.0 ㎛	0.0 ㎛	2000.00 mm/min	0 ms	0

No.	운전 패턴	제어 방식	보간 대상축	가속 시간No.	감속 시간No.	위치 결정 어드레스	원호 어드레스	지령 속도	드웰 타임	M 코드
20	0:종료 <위치 결정 코멘트>	01h:ABS 직선1	-	0:150	0:150	115300.0 ㎛	0.0 ㎛	2000.00 mm/min	0 ms	0
21	0:종료 <위치 결정 코멘트>	01h:ABS 직선1	-	0:150	0:150	44468.0 ㎛	0.0 ㎛	3000.00 mm/min	0 ms	0
22	0:종료 <위치 결정 코멘트>	01h:ABS 직선1	-	0:150	0:150	51875.0 ㎛	0.0 ㎛	1000.00 mm/min	0 ms	0
23	0:종료 <위치 결정 코멘트>	01h:ABS 직선1	-	0:150	0:150	44468.0 ㎛	0.0 ㎛	3000.00 mm/min	0 ms	0
24	0:종료 <위치 결정 코멘트>	01h:ABS 직선1	-	0:150	0:150	0.0 ㎛	0.0 ㎛	2000.00 mm/min	0 ms	0

No.	운전 패턴	제어 방식	보간 대상축	가속 시간No.	감속 시간No.	위치 결정 어드레스	원호 어드레스	지령 속도	드웰 타임	M 코드
30	0:종료 <위치 결정 코멘트>	01h:ABS 직선1	-	0:150	0:150	115300.0 ㎛	0.0 ㎛	2000.00 mm/min	0 ms	0
31	0:종료 <위치 결정 코멘트>	01h:ABS 직선1	-	0:150	0:150	-10531.0 ㎛	0.0 ㎛	3000.00 mm/min	0 ms	0
32	0:종료 <위치 결정 코멘트>	01h:ABS 직선1	-	0:150	0:150	-5383.0 ㎛	0.0 ㎛	1000.00 mm/min	0 ms	0
33	0:종료 <위치 결정 코멘트>	01h:ABS 직선1	-	0:150	0:150	-10531.0 ㎛	0.0 ㎛	3000.00 mm/min	0 ms	0
34	0:종료 <위치 결정 코멘트>	01h:ABS 직선1	-	0:150	0:150	0.0 ㎛	0.0 ㎛	2000.00 mm/min	0 ms	0

5. 입출력 신호(XY) 및 버퍼 메모리

QD77MS2나 QD75D1N은 컴퓨터와 동일한 방식으로 데이터를 처리하며, RAM / 플래시 ROM 두 종류의 메모리가 있다. RAM 영역은 래더 다이어그램이 쓰기 된 PLC CPU에서 직접 액세스 가능하며, 버퍼 메모리라고 부른다. 플래시 ROM은 전원을 OFF 하더라도 파라미터 설정과 위치 결정 데이터 등을 보존하기 위한 용도의 메모리이다.

ⓐ QD77MS2일 경우

다음과 같이 심플 모션 모듈 설정 도구의 [도움말] - [버퍼 메모리 어드레스 일람]을 클릭하면 엑셀 파일이 하나 다운로드된다.

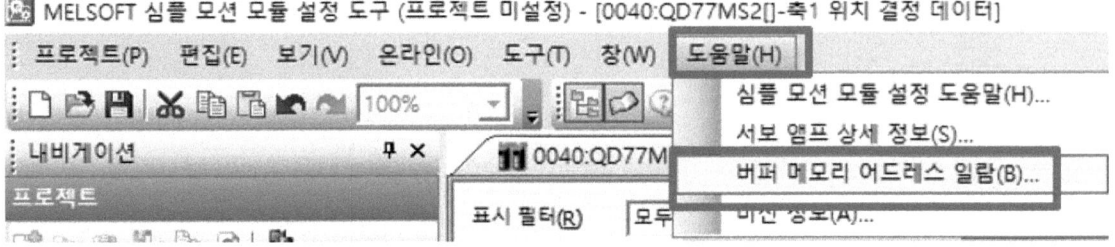

엑셀 파일의 입출력 신호(XY) 시트를 열어 보면 다음과 같이 PLC CPU와 QD77MS2 사이에서 데이터를 송·수신할 때 사용되는 입출력 리스트가 표시된다.

| 사용상 주의 | 버퍼 메모리 영역 구성 일람 | 입출력 신호(XY) | 파라미터 영역 | 모니터 데이터 영역 | 제어 데이터 영역 |

[선두 XY 어드레스]에 "50"을 입력하면 다음과 같이 디바이스 번호가 변경된다.

선두 XY 어드레스 [50]   ※디바이스 번호가 정상적으로 표시되지 않는 경우는 [사용상 주의]를 참조하십시오.

디바이스 번호	입력 신호 명칭(QD77→PLC CPU)			디바이스 번호	출력 신호 명칭(PLC CPU→QD77)		
	QD77MS2/4	QD77MS16	QD77GF4/8/16		QD77MS2/4	QD77MS16	QD77GF4/8/16
X50	준비 완료	준비 완료	준비 완료	Y50	PLC 레디	PLC 레디	PLC 레디
X51	동기용 플래그	동기용 플래그	동기용 플래그	Y51	모든 축 서보 ON	모든 축 서보 ON	모든 축 서보 ON
X52	사용 금지	사용 금지	사용 금지	Y52	사용 금지	사용 금지	사용 금지
X53				Y53			
X54	축1			Y54	축1		
X55	축2	QD77MS16의 [M 코드 ON] [에러 검출] [시동 완료] [위치 결정 완료] 에 대해서는 [Md.31상태] 를 참조하십시오.	QD77GF4/8/16의 [M 코드 ON] [에러 검출] [시동 완료] [위치 결정 완료] 에 대해서는 [Md.31상태] 를 참조하십시오.	Y55	축2	축 점지	
X56	축3			Y56	축3		
X57	축4			Y57	축4		
X58	축1			Y58	축1	정운전 JOG 시동	QD77MS16의 [축 점지]	QD77GF4/8/16의 [축 점지]
X59	축2			Y59		역운전 JOG 시동	[정운전, 역운전 JOG 시동] [실행 금지 플래그] 에 대해서는 [확장축 제어 데이터] 를 참조하십시오
X5A	축3	M 코드 ON		Y5A	축2	정운전 JOG 시동	[정운전, 역운전 JOG 시동] [실행 금지 플래그] 에 대해서는 [확장축 제어 데이터] 를 참조하십시오
X5B	축4	에러 검출		Y5B		역운전 JOG 시동	
X5C	축1			Y5C	축3	정운전 JOG 시동	
X5D	축2			Y5D		역운전 JOG 시동	
X5E	축3	BUSY		Y5E	축4	정운전 JOG 시동	
X5F	축4		모듈 READY	Y5F		역운전 JOG 시동	
X60	축1	축1	축1	Y60	축1	축1	축1
X61	축2	축2	축2	Y61	축2	위치 결정 시동	축2	축2
X62	축3	축3	축3	Y62	축3	축3	축3
X63	축4	축4	축4	Y63	축4	축4	축4
X64	축1	축5	축5	Y64	축1	축5	축5
X65	축2	축6	축6	Y65	축2	실행 금지 플래그	축6	축6
X66	축3	축7	축7	Y66	축3	축7	위치 결정 시동	축7	위치 결정 시동
X67	축4	축8	축8	Y67	축4	축8	축8

- [버퍼 메모리 영역 구성 일람]을 살펴보면 많은 파라미터가 존재하고 있다는 것을 확인할 수 있다.

| 사용상 주의 | 버퍼 메모리 영역 구성 일람 | 입출력 신호(XY) | 표 |

버퍼 메모리 영역 구성 일람

입출력 신호(XY)에 대해서는 여기를 클릭

버퍼 메모리 영역 구성			QD77MS2		QD77MS4		QD77MS16		QD77GF4/8/16	
			최소	최대	최소	최대	최소	최대	최소	최대
파라미터 영역	기본 파라미터 영역	기본 파라미터1	UnₓG0	UnₓG15	UnₓG0	UnₓG15	UnₓG0	UnₓG15	UnₓG0	UnₓG15
		기본 파라미터2								
	상세 파라미터 영역	상세 파라미터1	UnₓG17	UnₓG69	UnₓG17	UnₓG69	UnₓG17	UnₓG69	UnₓG17	UnₓG69
		상세 파라미터2								
	원점 복귀 기본 파라미터 영역	원점 복귀 기본 파라미터	UnₓG70	UnₓG78	UnₓG70	UnₓG78	UnₓG70	UnₓG78	UnₓG70	UnₓG78
	원점 복귀 상세 파라미터 영역	원점 복귀 상세 파라미터	UnₓG79	UnₓG91	UnₓG79	UnₓG91	UnₓG79	UnₓG91	UnₓG79	UnₓG89
	확장 파라미터 영역	확장 파라미터	UnₓG100	UnₓG114	UnₓG100	UnₓG114	UnₓG100	UnₓG114	UnₓG105	UnₓG132
모니터 데이터 영역	시스템 모니터 영역	시스템 모니터 데이터	UnₓG1200	UnₓG1499	UnₓG1200	UnₓG1499	UnₓG4000	UnₓG4299	UnₓG4000	UnₓG4299
			UnₓG31300	UnₓG31549	UnₓG31300	UnₓG31549	UnₓG31300	UnₓG31549	UnₓG31300	UnₓG31549
	축 모니터 영역	축 모니터 데이터[Md.20~]	UnₓG800	UnₓG899	UnₓG800	UnₓG899	UnₓG2400	UnₓG2499	UnₓG2400	UnₓG2499
		축 모니터 데이터[Md.100~]								
		축 모니터 데이터[Md.500~]	UnₓG59300	UnₓG59302	UnₓG59300	UnₓG59302	UnₓG59300	UnₓG59302	UnₓG2457	UnₓG2457
제어 데이터 영역	시스템 제어 데이터 영역	시스템 제어 데이터	UnₓG1900	UnₓG1999	UnₓG1900	UnₓG1999	UnₓG5900	UnₓG5999	UnₓG5900	UnₓG5999
	축 제어 데이터 영역	축 제어 데이터[Cd.3~]	UnₓG1500	UnₓG1599	UnₓG1500	UnₓG1599	UnₓG4300	UnₓG4399	UnₓG4300	UnₓG4399
		축 제어 데이터[Cd.100~]								
	확장축 제어 데이터 영역	확장축 제어 데이터	–	–	–	–	UnₓG30100	UnₓG30109	UnₓG30100	UnₓG30109
위치 결정 데이터 영역	위치 결정 데이터 영역(No.1~No.100)		UnₓG2000	UnₓG2999	UnₓG2000	UnₓG2999	UnₓG6000	UnₓG6999	UnₓG6000	UnₓG6999
	위치 결정 데이터 영역(No.101~No.600)		UnₓG3000	UnₓG7999	UnₓG3000	UnₓG7999	본 도구로 설정합니다		본 도구로 설정합니다	
블록 시동 데이터 영역	(블록 No.7000~블록 No.7001)	블록 시동 데이터 영역	UnₓG26000	UnₓG26299	UnₓG26000	UnₓG26299	UnₓG22000	UnₓG22299	UnₓG22000	UnₓG22299
		조건 데이터 영역	UnₓG26100	UnₓG26399	UnₓG26100	UnₓG26399	UnₓG22100	UnₓG22399	UnₓG22100	UnₓG22399
	(블록 No.7002~블록 No.7004)	블록 시동 데이터 영역	UnₓG26400	UnₓG26899	UnₓG26400	UnₓG26899	본 도구로 설정합니다		본 도구로 설정합니다	
		조건 데이터 영역	UnₓG26500	UnₓG26999	UnₓG26500	UnₓG26999				

사용상 주의 | 버퍼 메모리 영역 구성 일람 | 입출력 신호(XY) | 파라미터 영역 | 모니터 데이터 영역 | 제어 데이터 영역 | 위치 결정 데이터 영역 | 서보 파라미터 영역 | 동기 제어용 파라미터 영역 | 동기 제어용 모니터 영역 | 동기 제어용 제어

ⓑ QD75D1N일 경우

내비게이션 바에서 아래와 같이 "선두 XY 어드레스: 형명"을 우클릭한 다음 "인텔리전트 기능 모듈 모니터로 등록"을 클릭한다.

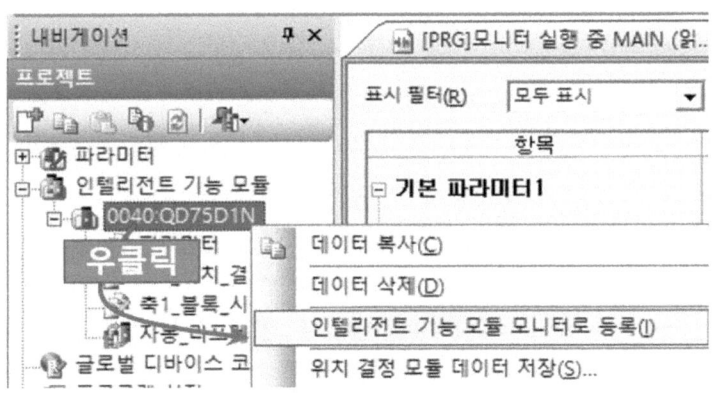

다음과 같이 모듈 일람과 모니터 항목 분류 일람을 선택한 후 "확인" 버튼을 클릭한다.

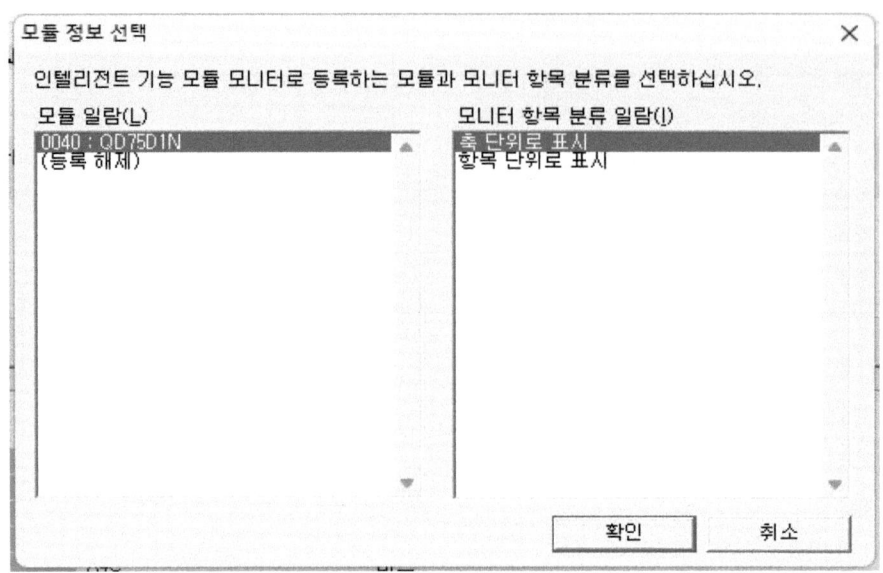

입출력 신호(XY)와 버퍼 메모리들의 리스트와 현재값이 표시된다.

항목	현재값	디바이스	데이터형
☐ 입출력 신호 모니터			
☐ 입력 신호(X):			
QD75 준비 완료	--	X40	비트
동기용 플래그	--	X41	비트
축1 M 코드 ON	--	X44	비트
축1 에러 검출	--	X48	비트
축1 BUSY	--	X4C	비트
축1 시동 완료	--	X50	비트
축1 위치 결정 완료	--	X54	비트
☐ 출력 신호(Y):			
PLC 준비	--	Y40	비트
축1 축 정지	--	Y44	비트
축1 정운전 JOG 시동	--	Y48	비트
축1 역운전 JOG 시동	--	Y49	비트
축1 위치 결정 시동	--	Y50	비트
축1 실행 금지 플래그	--	Y54	비트
☐ 버퍼 메모리 모니터			
☐ 시스템 모니터 데이터			
테스트 모드 중 플래그	--	U4\G1200	워드[부호 없음]
🖥 시동 이력...			상세 대화상자
🖥 에러 이력...			상세 대화상자
🖥 경고 이력...			상세 대화상자
플래시 ROM 쓰기 횟수	--	U4\G1424	더블 워드[부호 없음]
☐ 축 모니터 데이터			
축1 송신 현재값	--	U4\G800	더블 워드[부호 있음]
축1 송신 기계값	--	U4\G802	더블 워드[부호 있음]
축1 송신 속도	--	U4\G804	더블 워드[부호 없음]
🔖 축1 축 에러 번호...	--	U4\G806	에러 코드
🔖 축1 축 워닝 번호...	--	U4\G807	경고 코드
축1 유효 M 코드	--	U4\G808	워드[부호 없음]
축1 축 동작 상태	--	U4\G809	워드[부호 없음]
축1 커런트 속도	--	U4\G810	더블 워드[부호 없음]
축1 축 송신 속도	--	U4\G812	더블 워드[부호 없음]
축1 속도/위치 전환 제어의 위치 결정량	--	U4\G814	더블 워드[부호 있음]

- QD77MS2, QD75D1N 공통

이 중 본 교재에서 사용될 입출력 신호(XY)는 다음과 같다.

입력디바이스 번호	입력 신호 명칭 (QD77MS2 또는 QD75D1N → PLC CPU)	내 용
X50	준비 완료	Y50이 ON 되는 순간 파라미터의 설정 범위를 체크하고 이상이 없는 경우 ON
X58	에러 검출	에러 발생 시 ON
X5C	BUSY	JOG 운전, 원점 복귀, 위치 결정 등의 운전 중 ON
X60	기동 완료	원점 복귀나 위치 결정 운전이 기동되면 ON
X64	위치 결정 완료	원점 복귀나 위치 결정 운전이 완료되면 ON

출력디바이스 번호	출력 신호 명칭 (PLC CPU → QD77MS2 또는 QD75D1N)	내 용
Y50	PLC 레디	PLC CPU가 정상 동작 중임을 알리는 신호를 전송
Y51	모든 축 서보 ON	QD77MS2에 접속되어 있는 서보 앰프의 서보를 ON
Y54	축 정지	서보 모터의 운전을 정지
Y58	정운전 JOG 기동	ON 되어 있는 동안 JOG 정운전 기동
Y59	역운전 JOG 기동	ON 되어 있는 동안 JOG 역운전 기동
Y60	위치 결정 기동	원점 복귀나 위치 결정 운전을 기동

- 심플 모션 모듈(QD77MS2)은 자체 CPU, 메모리를 가지고 있으며, GX-Works2를 이용해서 PLC CPU에 래더 다이어그램을 쓰기 함으로써 앞에서 본 입출력 신호(XY)를 심플 모션 모듈과 송/수신하고, 버퍼 메모리의 각종 데이터 역시 송/수신할 수 있다. 버퍼 메모리의 데이터 송/수신을 위한 명령어인 인텔리전트 기능 모듈 디바이스의 형식은 다음과 같다.

U 선두 입출력 번호 ₩G 버퍼 메모리 어드레스

- [선두 입출력 번호]는 선두 XY 어드레스 5일 경우 '5'를 입력하며, [버퍼 메모리 어드레스]는 알파벳 G 다음에 버퍼 메모리 어드레스를 10진수 형식으로 입력한다. 가령, 선두 입출력 번호가 5이고, 버퍼 메모리 어드레스가 G1518이라면 "U5\G1518"의 형식이 된다. 이 중 본 교재에서 사용될 버퍼 메모리 어드레스는 다음과 같다.

버퍼 메모리 어드레스	내 용	설 명
G800	송신 현재값	현재 위치 값이 0.1um 단위로 저장됨. 예) G800의 값이 269481 = 26948.1um = 26.9481mm = 원점으로부터 26.9481mm 하강된 위치
G804	송신 속도	보간 제어 시 파라미터 설정에 따라 합성 속도 또는 기준 축 속도가 저장. 1축일 경우에는 G812와 동일 운전 중 지령 출력 속도가 0.01mm 단위로 저장됨. 예) G804의 값이 200000 = 2000.00mm
G806	에러 코드	에러가 발생했을 때 그 에러의 코드가 10진수로 저장됨.
G810	현재 속도	실행 중인 위치 결정 운전의 "지령 속도"를 저장 그러므로 JOG 운전 중일 때는 계속 0이 저장
G812	축 송신 속도	각 축에서 실제 지령 출력하고 있는 속도가 저장됨. 운전 중 지령 출력 속도가 0.01mm 단위로 저장됨. 예) G812의 값이 200000 = 2000.00mm
G1500	위치 결정 시동 번호	K9001 : 원점 복귀. K1~K100 : 위치 결정 데이터 No. 예) [MOV K9001 U5\G1500]를 실행한 다음 (Y60)을 ON 하면 원점 복귀 동작이 실행
G1502	에러 리셋	'1'을 어드레스에 전송하면 축 에러 검출, 축 에러 번호, 축 경고 검출, 축 경고 번호를 클리어 예) [MOV K1 U5\G1502]
G1518	JOG 속도	JOG 운전할 때의 속도를 설정. 0.01mm/min 단위로 저장됨. 예) [MOV K150000 U5\G1518] = 1500.00mm/min로 설정

6. 위치 결정 기동 전용 명령어

위치 결정 기동 전용 명령어 ZP.PSTRT□는 버퍼 메모리 G1500과 위치 결정 기동 신호(Y60)를 대신해서 서보 모터를 기동할 수 있고, 정해진 위치로 순차적인 기동을 할 때 사용되는 명령어로서 다음과 같은 형식을 가진다.

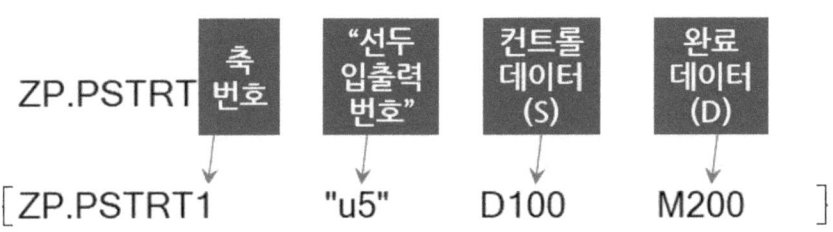

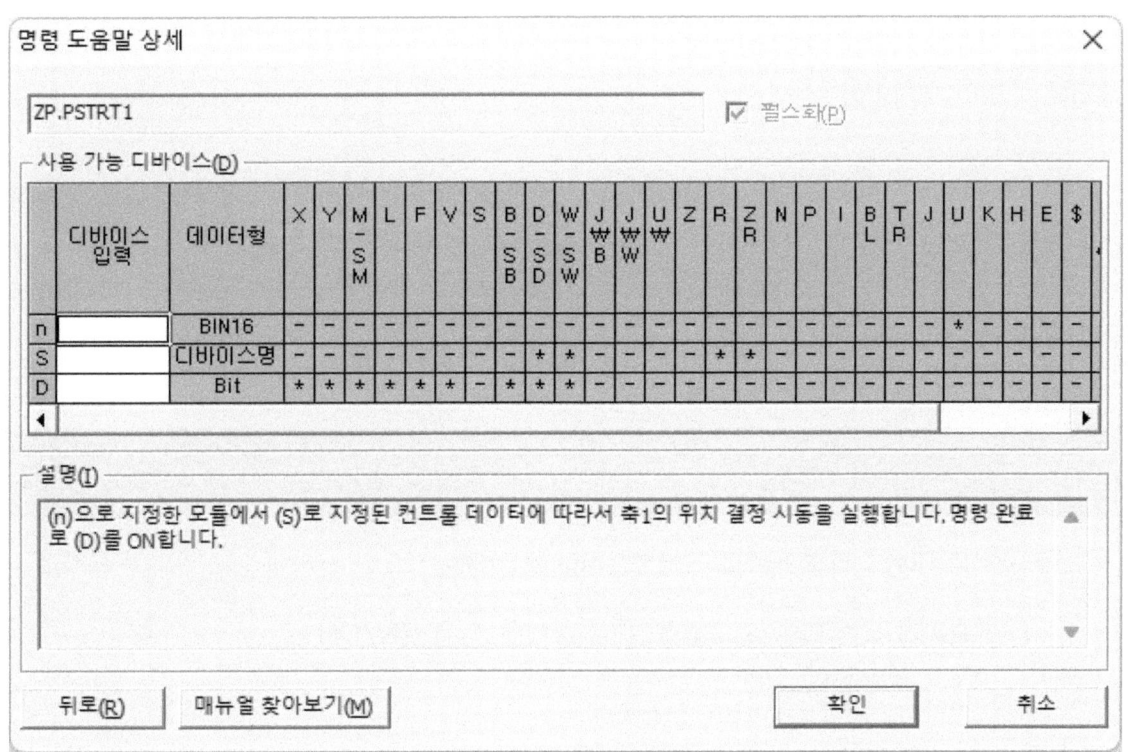

축 번호는 본 교재의 경우 1개의 축을 사용하는 시스템을 기준으로 하므로 1로 설정하며, 선두 입출력 번호(n)는 선두 XY 어드레스가 5일 경우 **"U5"**로 설정한다.

컨트롤 데이터(S)는 아래 표와 같이 구성되어 있으며, 데이터 레지스터(D) 등의 워드 디바이스로 설정한다.

디바이스	항 목	설정 데이터	세트 측
(S)+0	시스템 영역	-	-
(S)+1	완료 스테이터스	완료 시의 상태가 저장 - 0 : 정상 종료 - 0 이외 : 이상 완료(에러 코드)	시스템
(S)+2	기동 번호	ZP.PSTRT□ 명령으로 기동하는 데이터 No. 위치 결정 데이터 No.　　: K1 ~ K600 기계 원점 복귀　　　　: K9001	사용자

즉 컨트롤 데이터를 D100으로 설정했을 때 D102에 K9001을 전송한 다음 ZP.PSTRT□ 명령를 실행한다면 원점 복귀 기동이 실행된다. 만약 컨트롤 데이터를 D998로 설정했을 때 D1000에 K11을 전송한 다음 ZP.PSTRT□ 명령를 실행한다면 위치 결정 데이터 No. 11에 저장된 내용대로 기동이 실행된다.

완료 데이터(D)는 다음과 같이 ZP.PSTRT□ 명령이 완료됐을 때 값이 변경되며, 내부 릴레이(M) 등의 비트 디바이스로 설정한다. 즉 완료 데이터를 M200으로 설정했을 때 ZP.PSTRT□ 명령이 이상 없이 완료되면 M200만 1 scan 동안 ON 되고, 이상 완료 시에는 M200과 M201이 1 scan 동안 ON 된다.

디바이스	설정 데이터	세트 측
(D)+0	ZP.PSTRT□ 명령이 완료되면 1 scan 동안 ON	시스템
(D)+1	ZP.PSTRT□ 명령이 완료됐을 때의 상태에 의해 ON/OFF - 정상 완료 시 : OFF - 이상 완료 시 : 1 scan 동안 ON	시스템

이제 지금까지 학습한 내용을 바탕으로 서보 실습을 진행해 본다. 아래 PLC I/O MAP과 같이 구성되어 있는 자동화 설비 실습 장치를 기준으로 실습 내용을 설명할 것이므로 만약 I/O 구성이 다르다면 그에 맞게 입출력 디바이스를 수정해서 실습하도록 한다.

PLC I/O MAP			
입력 디바이스	입력 하드웨어	출력 디바이스	출력 하드웨어
X00	공급 후진 센서	Y20	드릴가공 모터 (DC모터)
X01	공급 전진 센서	Y21	컨베이어 모터 (DC모터)
X02	분배 후진 센서	Y22	공급 후진솔
X03	분배 전진 센서	Y23	공급 전진솔
X04	가공 상승 센서	Y24	분배 후진솔
X05	가공 하강 센서	Y25	분배 전진솔
X06	취출 후진 센서	Y26	가공 하강솔 (편솔)
X07	취출 전진 센서	Y27	취출 전진솔 (편솔)
X08	스토퍼 상승 센서	Y28	스토퍼 상승솔
X09	스토퍼 하강 센서	Y29	스토퍼 하강솔
X0A	흡착 후진 센서	Y2A	흡착 후진솔
X0B	흡착 전진 센서	Y2B	흡착 전진솔
X0C	저장 후진 센서	Y2C	저장 후진솔
X0D	저장 전진 센서	Y2D	저장 전진솔
X0E	흡착 센서 (압력 센서)	Y2E	흡착컵 동작솔 (편솔)
X0F	공급 검출 센서 (광화이버 센서)		
X10	분배 검출 센서 (광화이버 센서)		
X11	스토퍼 센서 (광화이버 센서)		
X12	용량형 센서		
X13	유도형 센서		

04 서보 실습

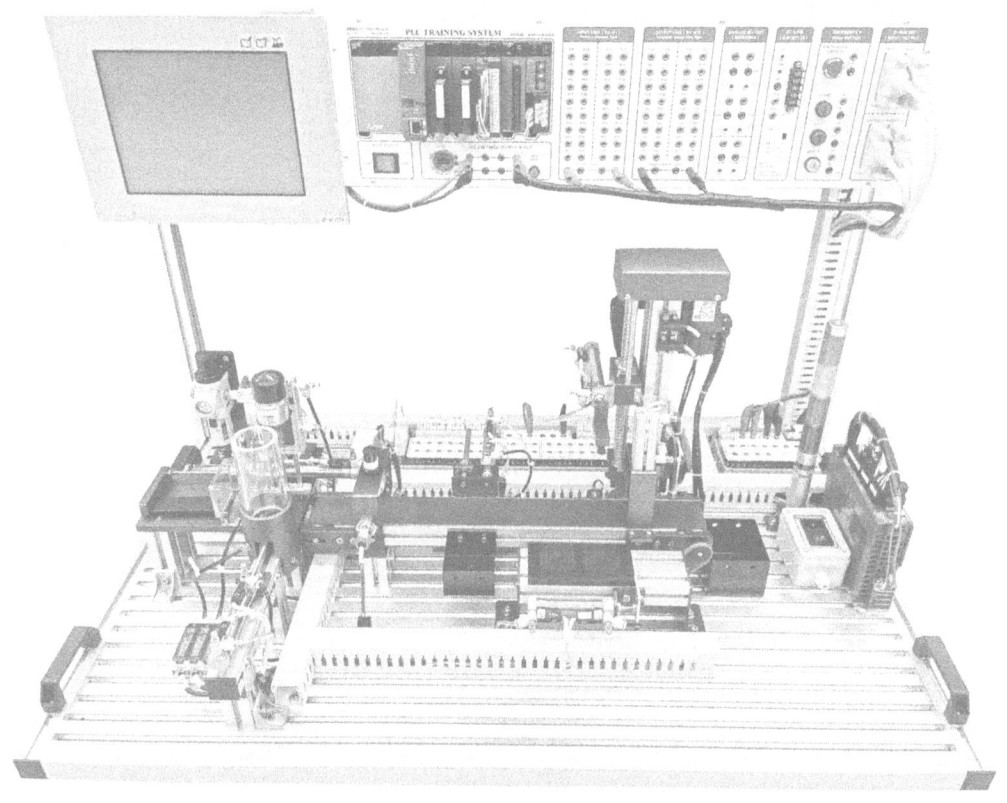

서보 실습 과제 01 — JOG 운전 / 원점 복귀 / 위치 결정 테스트

1. 터치 패널 작화

① Bit Switch를 삽입한 다음 버튼을 더블클릭하여 Bit Switch 대화상자를 연다. [Device] 탭에서 [Device]를 "M48"로 입력한다. 소문자로 입력해도 자동으로 대문자로 변환되므로 굳이 대문자로 입력할 필요는 없다. Action은 기본 설정인 Momentary로 둔다. 그다음 [Text] 탭을 클릭한다.

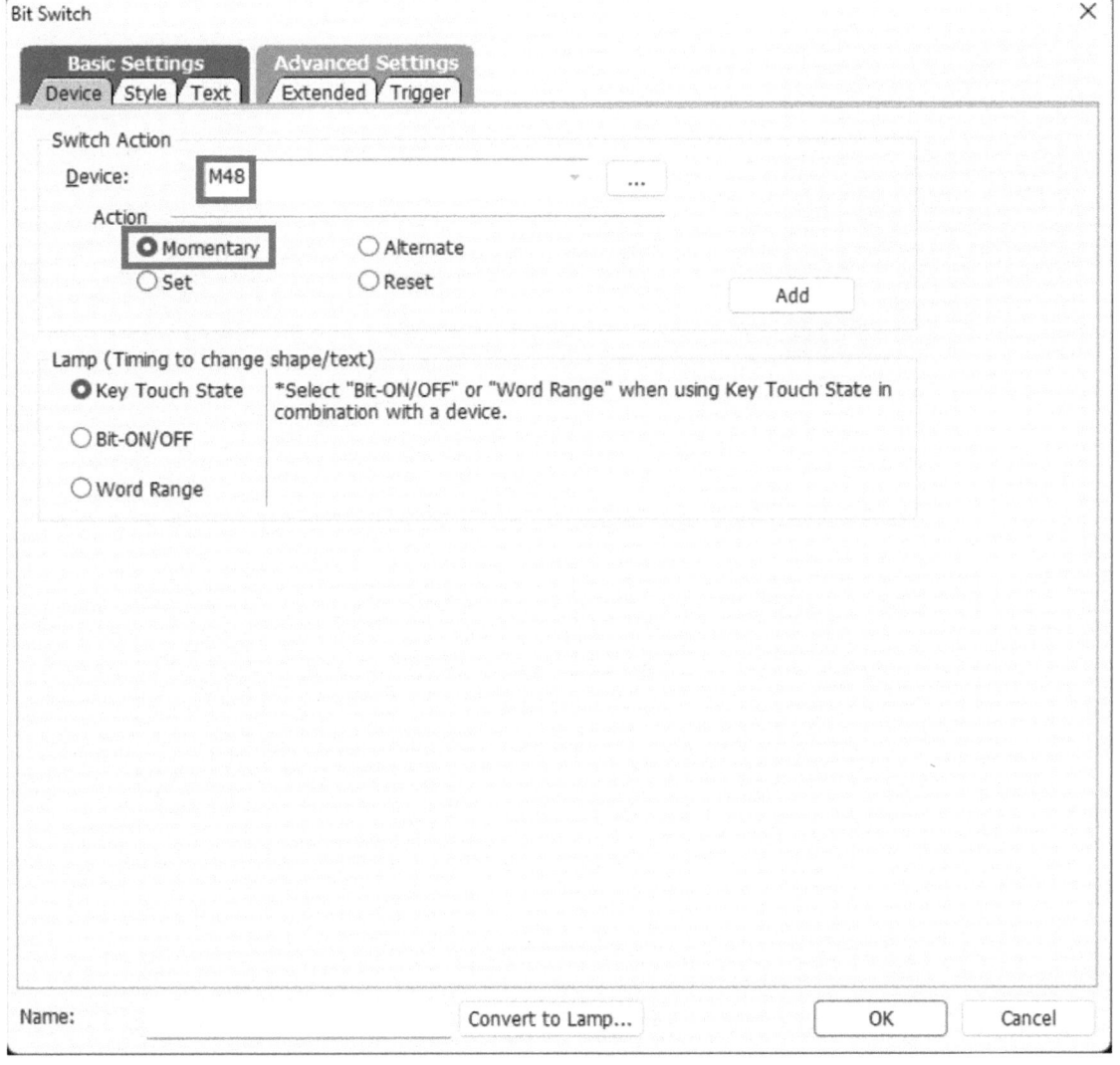

② [Text] 탭에서 "Text Size"를 24로 입력하고 스위치에 출력될 값을 아래와 같이 "정회전"
으로 입력한 다음 "OK" 버튼을 클릭한다.

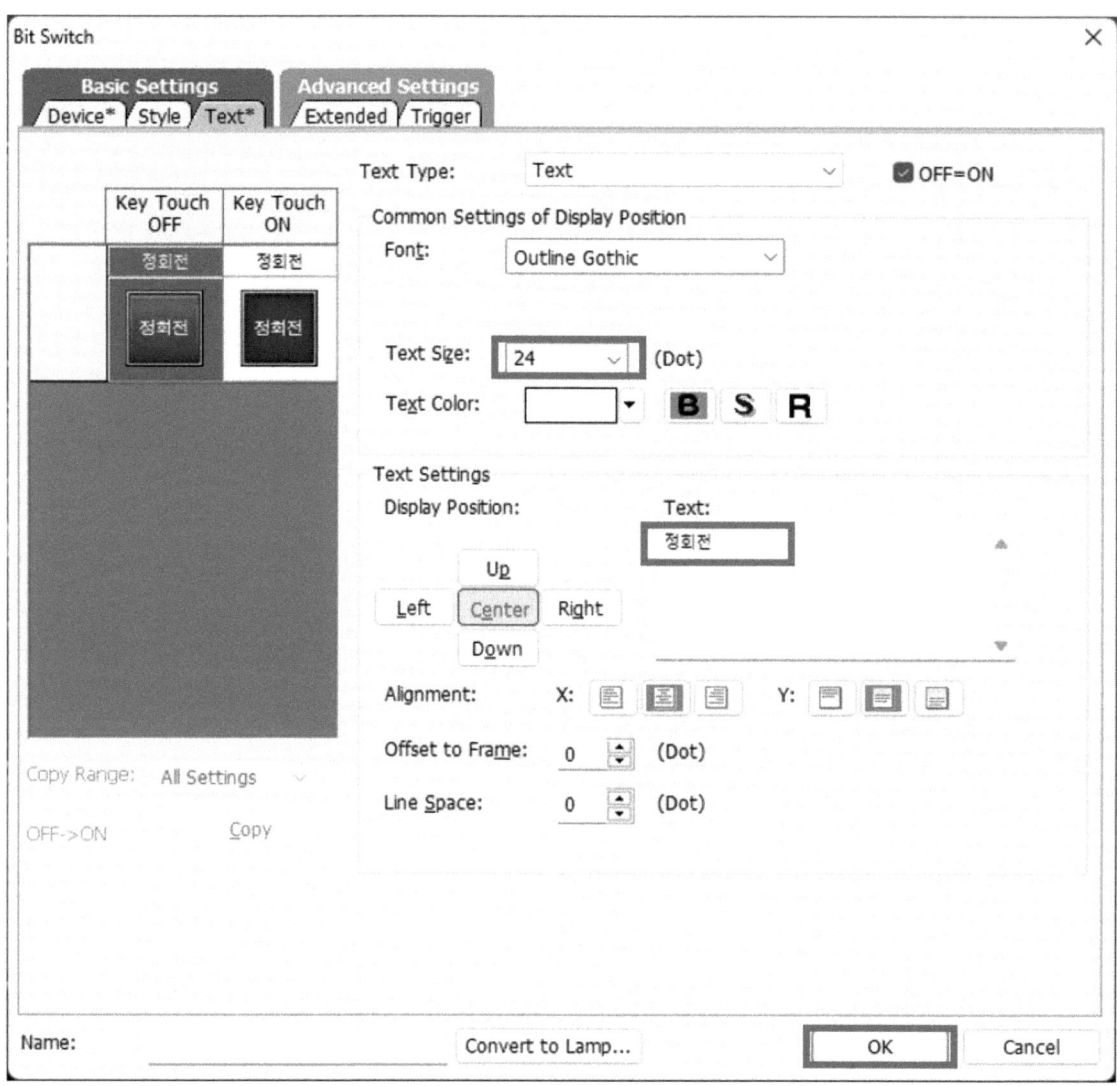

③ 역회전, 원점 복귀, 위치 결정(10번), 위치 결정(22번) 스위치도 동일한 설정으로 삽입해서
   아래와 같이 작화한다.

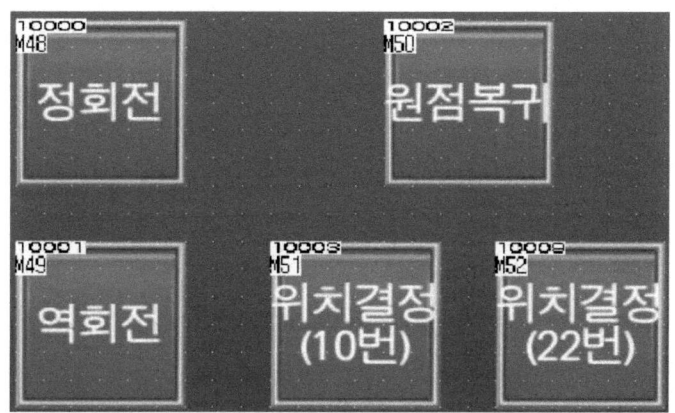

Device	Text	Object	Action
M48	정회전	Bit Switch	Momentary
M49	역회전	Bit Switch	Momentary
M50	원점 복귀	Bit Switch	Momentary
M51	위치 결정(10번)	Bit Switch	Momentary
M52	위치 결정(22번)	Bit Switch	Momentary

2. 동작 조건

▶ [정회전] 스위치를 터치하는 동안 서보 모터가 정회전(=하강)한다.

▶ [역회전] 스위치를 터치하는 동안 서보 모터가 역회전(=상승)한다.

▶ [원점 복귀] 스위치를 터치한 다음 손가락을 떼면 기계적 원점 복귀가 실행된다.

▶ [위치 결정(10번)] 스위치를 터치한 다음 손가락을 떼면 "위치 결정 데이터 No.10"에 지
   정된 대로 위치 결정 동작이 실행된다.

▶ [위치 결정(22번)] 스위치를 터치하면 "위치 결정 데이터 No.22"에 지정된 대로 위치 결
   정 동작이 실행된다.

3. 래더 다이어그램

① 서보 On, PLC READY, JOG 운전

Y50(PLC Ready)와 Y51(Servo on)은 언제나 실행되도록 SM400과 연결한다.

응용 명령 DMOV에 의해 심플 모션 모듈의 버퍼 메모리 영역 [G1518]에 10진수 150000이라는 값을 쓴 다음 출력 디바이스 중 M48을 ON 해서 정운전 JOG 기동을 ON 하면 서보 모터는 1500mm/min의 속도로 정회전 기동한다. M49를 ON 해서 역운전 JOG 기동을 ON 하면 서보 모터는 1500mm/min의 속도로 역회전 기동한다.

응용 명령 MOV는 1 word 사이즈(16bit)의 데이터를 전송할 수 있는 명령어이므로 signed integer 기준으로 –32768 ~ 32767 범위의 10진수를 전송할 수 있다. 그렇기 때문에 10진수 150000을 전송하기 위해서는 Double word 사이즈(32bit)의 데이터(-2,147,483,648 ~ 2,147,483,647)를 전송할 수 있는 응용 명령 DMOV를 사용해야 한다.

② 원점 복귀, 버퍼 메모리에 의한 위치 결정 운전

래더 다이어그램의 하단에 아래 내용을 추가한다.

M50을 ON → OFF 하는 순간 원점 복귀 운전이 기동되며, M51을 ON → OFF 하는 순간 위치 결정 데이터 No. 10에 의해 위치 결정 운전이 기동된다. 앞에서 설명했던 위치 결정 데이터를 설정하지 않았다면 동작하지 않는다.

원점 복귀

```
        M50                                          U5\
  44    ─┤↑├─────────────────────────────[ MOVP  K9001  G1500 ]
                                                  위치결정
                                                  시동번호
```

위치 결정 데이터 No. 10 기동

```
        M51                                          U5\
  58    ─┤↑├─────────────────────────────[ MOVP  K10    G1500 ]
                                                  위치결정
                                                  시동번호
```

```
        M50                                              (Y60)
  81    ─┤↓├─┬─────────────────────────────────────     위치 결정
            │                                            시동
        M51 │
        ─┤↓├─┘
```

③ 위치 결정 기동 전용 명령어에 의한 위치 결정 운전

래더 다이어그램의 하단에 아래 내용을 추가한다. M52를 터치하면 위치 결정 데이터 No. 22 운전이 기동된다. 앞에서 설명했던 위치 결정 데이터를 설정하지 않았다면 동작하지 않는다.

M52를 On하면 10진수 22가 D102로 전송
D102의 값이 22이므로 위치 결정 데이터 No.22 기동

```
        M52
  86    ─┤↑├─┬──────────────────────────[ MOV   K22    D102  ]
            │                                          (s)+2
            │
            └──────────────────[ ZP.PSTRT1  "u5"   D100   M100 ]
                                                    (s)    (D)
```

1. 터치 패널 작화

① 서보 실습 과제 01의 터치 패널 작화에서 스위치의 왼쪽에 사각형 (Rectangle)을 삽입한다.

스위치와 마찬가지로 사각형 아이콘을 클릭한 후 드래그 & 드롭하면 된다.

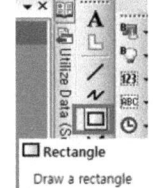

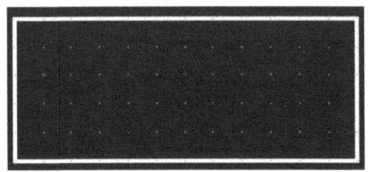

② Text를 사각형의 윗변에 겹쳐지도록 삽입한다.

Text 아이콘을 클릭한 후 원하는 위치에 클릭하면 Text 설정 창이 나타나는 데, 아래와 같이 Text 내용, [Size], [bald], [Background Color] 버튼 체크 설정을 한 다음 [OK] 버튼을 클릭한다.

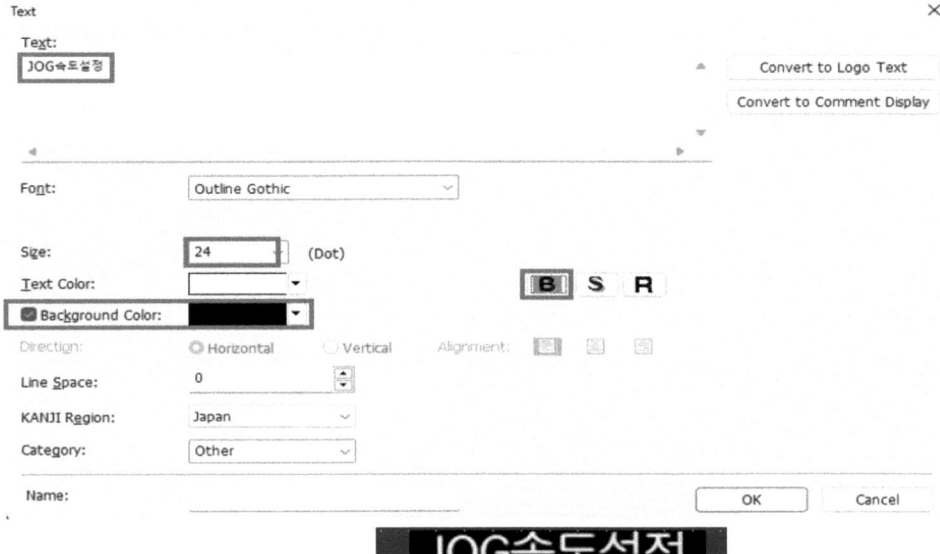

③ Numerical Display/Input를 사각형의 안쪽에 삽입한다. Numerical Display/Input 아이콘을 클릭한 후 원하는 위치에 드래그 & 드롭한 다음 더블클릭해서 속성 창으로 들어간다.

123 Numerical Display/Input
Place a numerical display/input

④ Type을 Numerical Input으로 변경하고, Device에는 D900을 입력, Alignment(정렬)을 가운데 정렬로 선택한 다음 [OK] 버튼을 클릭한다.

Numerical Input ✕

| **Basic Settings** | **Advanced Settings** |
| Device* / Style / Input Case | Extended / Trigger / Operation/Script |

Type: ○ Numerical Display ● Numerical Input

Device: D900 ▾ ... Data Type: Signed BIN16 ∨

Font: Outline Gothic ∨

Number Size: 52 ∨ (Dot) Alignment: ▤ ▤ ▤

Format: Signed Decimal ∨

Digits (Integral): 6 ▲▼ ☐ Fill with 0
☐ Show "+"
☐ Include signs in the integer portion

Digits (Fractional): ◉ Fixed ○ Device
0 ▲▼

☐ Adjust Decimal Point Range

Display Range: -999999
- 999999

☐ Display the numerical value to be shown on the screen with asterisk

Format String:

Preview

123456

Sample Value:
123456 ▲▼

Name:

OK Cancel

⑤ 다음과 같은 형태가 된다.

⑥ ①~⑤까지의 내용을 참고해서 스위치의 아래쪽에 다음과 같이 작화한다. '마우스 드래그
– 복사(Ctrl+C) – 붙여넣기(Ctrl+V)' 기능을 이용하면 간편하게 작화할 수 있을 것이다.
D910과 D920은 Numerical "Display"로 설정하는데, Numerical Input으로 놔둬도 동작
에는 문제가 없다.

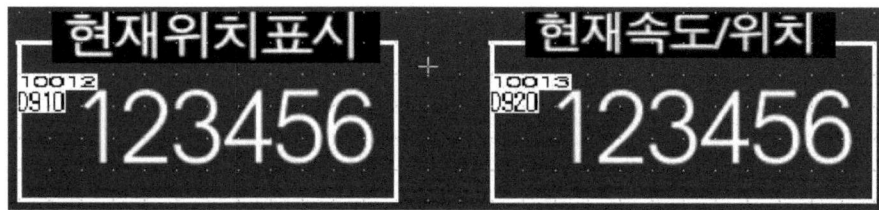

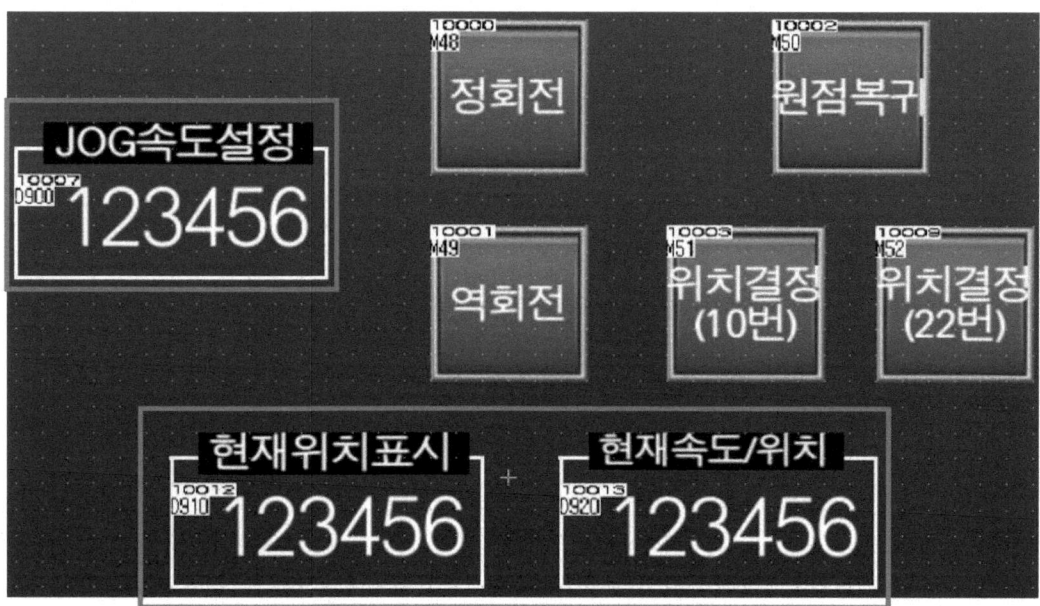

Device	Text	Object	Action
M48	정회전	Bit Switch	Momentary
M49	역회전	Bit Switch	Momentary
M50	원점 복귀	Bit Switch	Momentary
M51	위치 결정(10번)	Bit Switch	Momentary
M52	위치 결정(22번)	Bit Switch	Momentary
D900	JOG 속도 설정	Numerical Input	
D910	현재 위치 표시	Numerical Display	
D920	현재 속도/위치	Numerical Display	

2. 동작 조건

▶ "JOG 속도 설정"을 이용해서 JOG 속도를 mm/min 단위로 입력할 수 있고, 그 후 [정회전] 또는 [역회전] 스위치를 터치하면 입력된 속도로 JOG 운전된다.

▶ [정회전] 스위치를 터치하는 동안 서보 모터가 정회전(=하강)하며 현재 위치값을 "현재 속도/위치"에 표시되도록 한다.

▶ [역회전] 스위치를 터치하는 동안 서보 모터가 역회전(=상승)하며 현재 위치값을 "현재 속도/위치"에 표시되도록 한다.

▶ [원점 복귀] 스위치를 터치한 다음 손가락을 떼면 기계적 원점 복귀하며 원점 복귀 속도를 "현재 속도/위치"에 표시되도록 한다.

▷ [위치 결정(10번)] 스위치를 터치한 다음 손가락을 떼면 "위치 결정 데이터 No.10"에 지정된 대로 위치 결정 동작이 실행된다.

▷ [위치 결정(22번)] 스위치를 터치하면 "위치 결정 데이터 No.22"에 지정된 대로 위치 결정 동작이 실행된다.

3. 래더 다이어그램

① JOG 속도 초깃값 설정

- JOG 속도의 초깃값 설정을 한 다음 이후에 변경할 수 있도록 서보 실습 과제 1에서 SM400에 연결했던 JOG 속도 설정 명령을 SM402(PLC가 run 되었을 때 1 스캔 ON)에 연결한다.

PLC Ready, Servo On, JOG 속도 설정

```
        SM400
   0    ─┤ ├─────────────────────────────────────────────(Y50   )
         │                                                 PLC Read
         │                                                 y
         │
         └───────────────────────────────────────────────(Y51   )
                                                           Servo On

        SM402                                              U5₩
  22    ─┤ ├──────────────────────────[DMOV  K150000      G1518  ]
         1 scan                                            JOG 속도
         On                                                설정
```

② JOG 속도, 현재 위치, 현재 속도 단위 변환

- Numerical Input에 의해 입력된 D900의 값(mm/min 단위)을 심플 모션 모듈 또는 위치 결정 모듈의 버퍼 메모리 U5\G1518(JOG 속도, 0.01mm/min 단위)로 변환하기 위해 D900 × 100을 연산한 다음 U5\G1518에 전송한다. SM400에 연결되어 있으므로 이 연산과 전송은 빠른 속도로 반복되어 D900의 값이 변경되었을 때 즉시 변환된 값이 U5\G1518에 저장된다.

  (예: D900의 값을 1500으로 입력하면 즉시 150000으로 변환되어 U5\G1518에 전송)

- U5\G800(송신 현재값, 0.1um 단위)의 값이 변경되었을 때 즉시 mm 단위로 변경되도록 U5\G800 ÷ 10000의 몫을 D910에 저장한다.

  [예: U5\G800의 값이 123456(=12345.6um를 의미)이라면 D910의 값은 12가 됨]

- U5\G812(축 송신 속도, 0.01mm/min 단위)의 값이 변경되었을 때 즉시 mm 단위로 변경되도록 U5\G812 ÷ 100의 몫을 D812에 저장한다.

  [예: U5\G812의 값이 123456(=1234.56mm/min를 의미)이라면 D812의 값은 1234가 됨]

```
                                                    <JOG속도설정값을 변환          >
    SM400                                      ─[D*    D900     K100     D1518 ]
28   ├─┤                                                현재 위치
     │                                                  (mm)
     │
     │                                              <변환된 값을 전송              >
     │                                                               U5W
     │                                          ─[DMOV  D1518    G1518 ]
     │                                                               JOG 속도
     │                                                               설정
     │
     │                                              <현재 위치를 mm 단위로 변환     >
     │                                               U5W
     │                                          ─[D/    G800     K10000   D910 ]
     │                                               송신 현재            현재 속도
     │                                               값                  (mm/min)
     │
     │                                              <현재 속도를 mm/min 단위로 변환 >
     │                                               U5W
     └─                                         ─[D/    G812     K100     D812 ]
                                                     축 송신
```

③ JOG 운전

• 정회전/역회전 중에는 D910의 값(송신 현재값이 mm 단위로 변환된 값)이 D920에 디스플레이된다.

정회전
```
     M48                                                          (Y58    )
103  ├─┤                                                          JOG 정회
     │                                                            전 기동
     │
     └─                                         ─[MOV   D910     D920 ]
                                                        현재 속도
                                                        (mm/min)
```

역회전
```
     M49                                                          (Y59    )
112  ├─┤                                                          JOG 역회
     │                                                            전 기동
     │
     └─                                         ─[MOV   D910     D920 ]
                                                        현재 속도
                                                        (mm/min)
```

④ 원점 복귀 및 위치 결정 운전

• M50을 ON → OFF 하는 순간 원점 복귀 운전이 기동되며, M51을 ON → OFF 하는 순간 위치 결정 데이터 No. 10에 의해 위치 결정 운전이 기동된다. M52를 터치하면 위치 결정 데이터 No. 22 운전이 기동된다. 앞에서 설명했던 위치 결정 데이터를 설정하지 않았다면 동작하지 않는다.

서보 실습 과제1에서는 U5\G1500과 Y60을 이용해서 위치 결정 운전하는 방법과 ZP.PSTRT1 명령어를 이용하는 방법, 2가지를 사용했으나 여기서는 ZP.PSTRT1 명령어 한 가지만 이용해서 조금 더 알아보기 편한 형태로 작성했다.

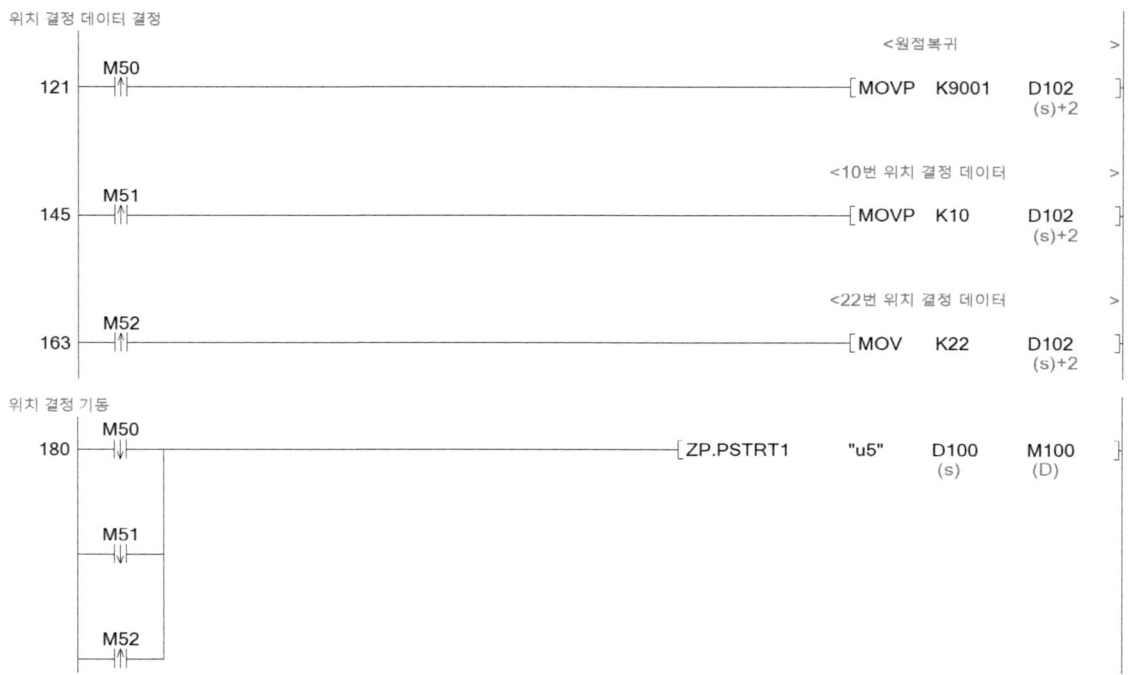

⑤ 원점 복귀 및 위치 결정 운전

- 원점 복귀 운전이 실행되면 M9100을 자기 유지한다.

  M9100이 자기 유지되어 있는 동안에는 D812(축 송신 속도를 mm/min으로 변환한 값)이 D920에 디스플레이된다. 원점 복귀 운전이 동작 완료되면 M100이 On 되어 M9100의 자기 유지를 해제, 즉 초기화된다.

원점 복귀 시동(Start)이 되면 SET

```
205   M52 ─┤├─────────────────────────────────────────[SET    M9100 ]
```

현재 속도(mm/min)을 D920에 디스플레이

```
226   M9100 ─┤├─────────────────────────────────[MOV    D812      D920    ]
                                                      현재속도    속도/위치
                                                      (mm/min)

             M100                           <원점 복귀 동작이 완료되면 ReSeT   >
        ─────┤├──────────────────────────────────────[RST    M9100 ]
             (D)

270  ──────────────────────────────────────────────────────────[END   ]
```

1. 터치 패널 작화

① 서보 실습 과제 02의 터치 패널 작화에서 아래쪽에 램프(Lamp)를 삽입한다.
램프 아이콘을 클릭한 후 드래그 & 드롭하면 된다.

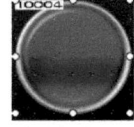

② 램프를 더블클릭한 다음 [Device]에 x5c를 입력한다. 대소문자 구분을 할 필요는 없다.

③ [Text] 탭에서 아래와 같이 [Text Size], [Bald], [Text] 내용을 설정한 다음 [OK] 버튼을
클릭한다.

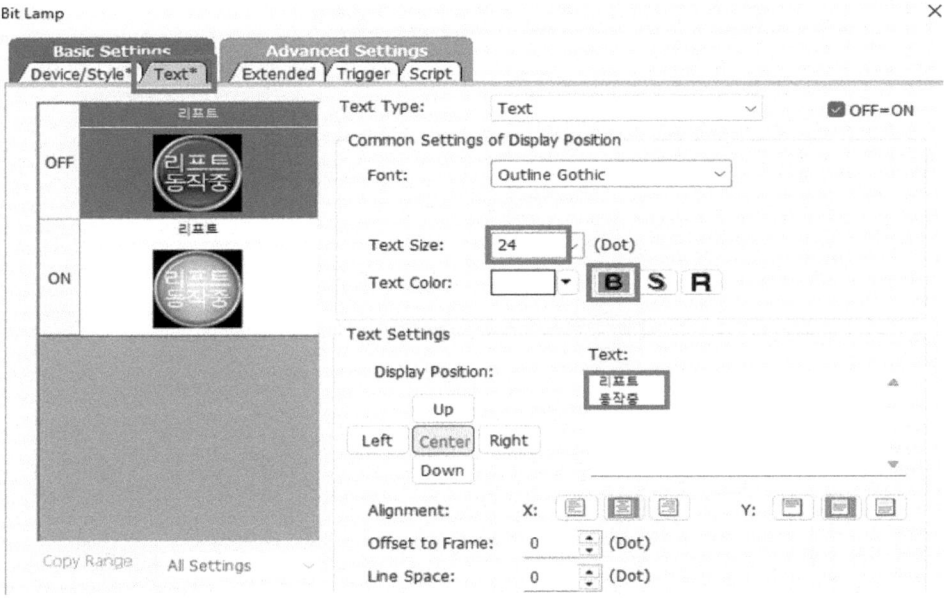

램프는 다음과 같은 형태가 된다.

④ X5C 램프를 복사-붙여넣기 한 다음 아래와 같이 M500 램프를 설정한다.

⑤ 사각형(Rectangle), 텍스트(Text)를 이용해서 아래와 같이 작화한
다음 Text Display/Input를 사각형의 안쪽에 삽입한다. 그다음
더블클릭해서 속성 창으로 들어간다.

Text Display/Input

Place a text display/input

⑥ [Device]를 D1000, [Digits]를 12, [Character Code]를 KS로 설정한 다음 [OK] 버튼을 클릭한다. Digits는 1 워드 사이즈인 영문/숫자/특수기호 기준으로 자릿수를 설정하는 항목인데, 한글은 영문 등의 2배 사이즈(= 1 더블 워드)이므로 Digits를 12로 설정하면 한글은 최대 6글자 디스플레이 가능하다. Chracter Code는 초기 설정상 System Language Link로 설정되어 있는데, 이대로 놔두면 한글이 깨져서 출력되므로 KS로 변경한다.

Text Display   ✕

Basic Settings
Device/Style* **Advanced Settings** / Extended / Trigger / Script

Type: ● Text Display   ○ Text Input

Device: D1000   ...

Digits: 12 ⬆⬇

Alignment: ▤ ▤ ▤

Text Settings

   Character Code: KS ∨

   Font: Outline Gothic ∨

   Text Size: 58 ∨ (Dot)

   Text Color: ▼   ☐ Reverse

   ☐ Display the text to be shown on the screen with asterisk

   Blink: None ∨

Shape Settings

   Shape: None ∨   Shape...

Preview

ABCDEFGHIJKL

Text:

Name: [OK]   [Cancel]

⑦ 다음과 같은 형태가 된다.

완성된 터치 패널 작화는 다음과 같다.

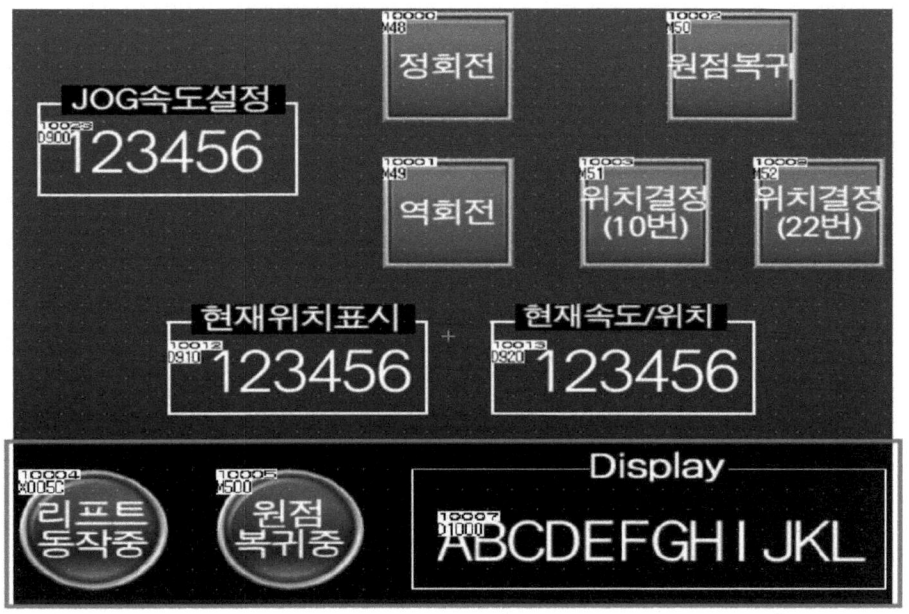

Device	Text	Object	Action
M48	정회전	Bit Switch	Momentary
M49	역회전	Bit Switch	Momentary
M50	원점 복귀	Bit Switch	Momentary
M51	위치 결정(10번)	Bit Switch	Momentary
M52	위치 결정(22번)	Bit Switch	Momentary
D900	JOG 속도 설정	Numerical Input	
D910	현재 위치 표시	Numerical Display	
D920	현재 속도/위치	Numerical Display	
X4C	리프트 동작 중	Bit Lamp	
M500	원점 복귀 중	Bit Lamp	
D1000	Display	Text Display	

2. 동작 조건

▷ "JOG 속도 설정"을 이용해서 JOG 속도를 mm/min 단위로 입력할 수 있고, 그 후 [정회전] 또는 [역회전] 스위치를 터치하면 입력된 속도로 JOG 운전된다.

▷ [정회전] 스위치를 터치하는 동안 서보 모터가 정회전(=하강)하며 현재 위치 값을 "현재 속도/위치"에 표시되도록 한다.

▷ [역회전] 스위치를 터치하는 동안 서보 모터가 역회전(=상승)하며 현재 위치 값을 "현재 속도/위치"에 표시되도록 한다.

▷ [원점 복귀] 스위치를 터치한 다음 손가락을 떼면 기계적 원점 복귀하며 원점 복귀 속도를 "현재 속도/위치"에 표시되도록 한다.

▷ [위치 결정(10번)] 스위치를 터치한 다음 손가락을 떼면 "위치 결정 데이터 No.10"에 지정된 대로 위치 결정 동작이 실행된다.

▷ [위치 결정(22번)] 스위치를 터치하면 "위치 결정 데이터 No.22"에 지정된 대로 위치 결정 동작이 실행된다.

▶ 리프트 동작 중 [리프트 동작 중] 램프가 점등한다.

▶ 서보 모터가 원점 복귀 중에는 [원점 복귀 중] 램프가 점멸(0.5초 ON/0.5초 OFF)한다.

▶ 원점 복귀 중에는 [Display]에 "원점 복귀 중" 텍스트가 점멸(1초 ON/1초 OFF)한다.

▶ 원점 복귀가 완료되면 [Display]에 "원점 복귀 완료" 텍스트가 표시된다.

3. 래더 다이어그램

① [리프트 동작 중] 램프

● 래더 다이어그램을 작성할 필요 없이 GT-Designer3에서 Device를 "X5C"로 설정함으로써 구현한다. X5C는 JOG 운전, 원점 복귀, 위치 결정 운전 중 무엇이든 동작 중일 때 ON 되어 있는 비트 디바이스이다.

② [원점 복귀 중] 램프

● 서보 실습 과제 02의 아래에 다음과 같이 추가한다.

서보 실습 과제 02에서 원점 복귀가 실행되면 M9100이 자기 유지되었는데, M9100을 SM412 [1second Clock(0.5s ON, 0.5s OFF가 계속 반복)]와 직렬 연결(AND 회로)한 다음, 원점 복귀 중 램프 M500로 연결한다. 이렇게 하면 M9100이 ON 되면 M500이 계속 0.5s ON, 0.5s OFF 된다. 원점 복귀가 완료되면 M9100의 자기 유지가 해제되는데, M9100이 OFF 되면 M500 역시 OFF 된다.

원점 복귀중 램프
```
         M9100    SM412                                              ─(M500   )
   251   ─┤ ├──── ─┤ ├───────────────────────────────────────       원점복귀
         원점 복귀  0.5s On,                                          중 램프
         기동      0.5s Off
```

③ Display

- M9100을 아래와 같이 SM413 [2second Clock(1s ON, 1s OFF가 계속 반복)]와 직렬 연결 (AND 회로)한 다음 텍스트 디스플레이를 위한 $MOV 응용 명령과 연결한다. M9100이 ON 되어 있을 때 SM413이 1s ON 상태일 때는 "원점 복귀 중"이 디스플레이되고, SM413 이 1s OFF 상태일 때는 ""(= 공백)이 출력된다. 이렇게 텍스트의 점멸 동작을 구현할 수 있다.

Display

```
         M9100    SM413                               ─[$MOV  "원점복귀중"    D1000  ]
   264   ─┤ ├──── ─┤ ├───────────────────────────────
         원점 복귀  1s On,
         기동      1s Off

                   SM413                               ─[$MOV    ""          D1000  ]
                  ─┤/├───────────────────────────────
                   1s On,
                   1s Off
```

- M9100은 원점 복귀가 완료되면 자기 유지 해제되는데, 아래와 같이 M9100의 자기 유지 해제가 되는 순간 "원점 복귀 완료"라는 텍스트를 디스플레이하도록 한다.

```
         M9100                                         ─[$MOV  "원점복귀완료"  D1000  ]
   286   ─┤↓├─────────────────────────────────────────
         원점 복귀
         기동
```

서보 실습 과제 03의 내용이 잘 이해가 되지 않는다면 서보 실습 과제 02의 내용을 다시 한 번 학습한 다음 실습을 진행하도록 한다.

1. 터치 패널 작화

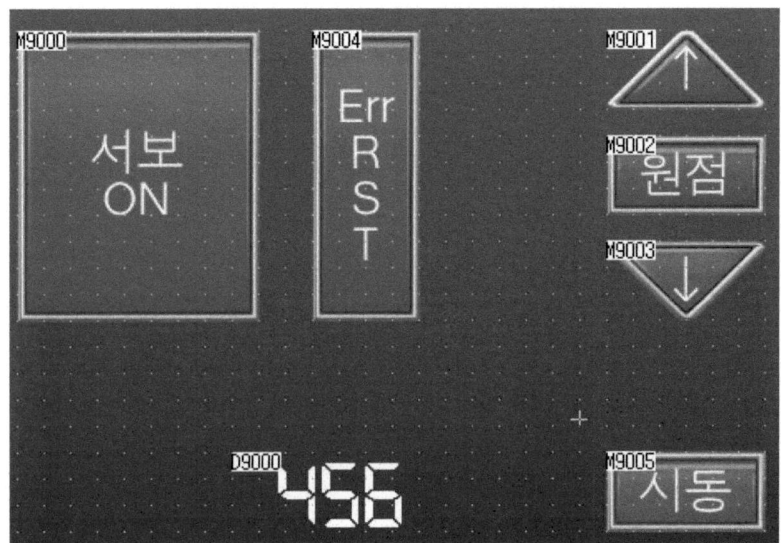

Device	Text	Object	Action
M9000	서보 ON	Bit Switch	Alternate
M9001	↑	Bit Switch	Momentary
M9002	원점	Bit Switch	Momentary
M9003	↓	Bit Switch	Momentary
M9004	Err RST	Bit Switch	Momentary
M9005	시동	Bit Switch	Momentary
D9000	위치 결정 데이터, 456	Numerical Input	

2. 동작 조건

▶ [서보 ON] 스위치를 홀수 번 터치하면 서보 ON 되며, 짝수 번 터치하면 OFF 된다.

▶ [↑] 스위치를 터치하면 2000mm/min의 속도로 상승한다.

▶ [↓] 스위치를 터치하면 1000mm/min의 속도로 하강한다.

▶ [원점] 스위치를 터치한 다음 손가락을 떼면 원점 복귀가 실행된다.

▶ [Err RST] 스위치를 터치하면 현재 발생한 에러가 해제된다.

▶ Numerical Input을 터치해서 나온 키패드를 이용해서 D9000(위치 결정 데이터 No.)의 값을 입력한다.

▶ [시동] 스위치를 터치한 다음 손가락을 떼면 D9000을 터치해서 입력된 위치 결정 데이터 No.에 의해 위치 결정 동작이 실행된다.

3. 래더 다이어그램

"서보 ON" 스위치는 Alternate으로 설정되어 있으므로 홀수 번 터치하면 Y50과 Y51이 ON 되고, 짝수 번 터치하면 Y50과 Y51이 모두 OFF 된다.

"Err RST" 스위치를 터치하면 $\begin{bmatrix} MOV & K1 & \substack{U5\text{W}\\G1502\\에러 리셋} \end{bmatrix}$ 이 실행되어 현재 발생한 에러가 해제된다.

"↑" 스위치를 터치하면 심플 모션 모듈의 JOG 운전 속도 설정 버퍼 메모리 U5\G1518에 200000이 전송되는데, 이 값은 2000.00mm/min을 의미한다. 또한, 스위치를 터치하는 동안 Y59 가 ON 되므로 2000.00mm/min의 속도로 역회전(=상승)한다.

```
                                                     <JOG 속도 1000mm/min      >
      M9003                                                              U5₩
43    ─┤↑├─                                          ─[DMOV   K100000    G1518 ]
      스위치-하                                                          JOG 속도
      강                                                                설정

                                                     <정회전                   >
                                                                        ─(Y58  )
```

"↓" 스위치를 터치하면 심플 모션 모듈의 JOG 운전 속도 설정 버퍼 메모리 U5\G1518에 100000이 전송되는데, 이 값은 1000.00mm/min을 의미한다. 또한, 스위치를 터치하는 동안 Y58 이 ON 되므로 2000.00mm/min의 속도로 정회전(=하강)한다.

```
      M9002                                                              U5₩
67    ─┤↓├─────────────────────────────────────────[MOV    K9001     G1500 ]
      스위치-원                                                        위치결정
      점복귀                                                          시동번호

                │                                                      ─(Y60  )
                │                                                        위치결정
                │                                                        기동
```

하강 펄스 "원점" 스위치를 터치한 다음 손을 떼면 원점 복귀 운전이 시동된다.

터치 패널의 D9000를 터치해서 저장한 데이터에 의해 동작 설정
시동 스위치를 터치하고 손을 떼면 동작 실행
```
      M9005
74    ─┤↓├──────────────────────────[ZP.PSTRT1    "u5"    D8998    M8998  ]
      스위치-시                                            (S)      (D)
      동

141   ──────────────────────────────────────────────────────────[END    ]
```

"시동" 스위치를 터치한 다음 손을 떼면 ZP.PSTRT1에 의해 위치 결정 운전이 시동된다.

서보 실전 과제 02	JOG 운전 속도 설정

1. 터치 패널 작화

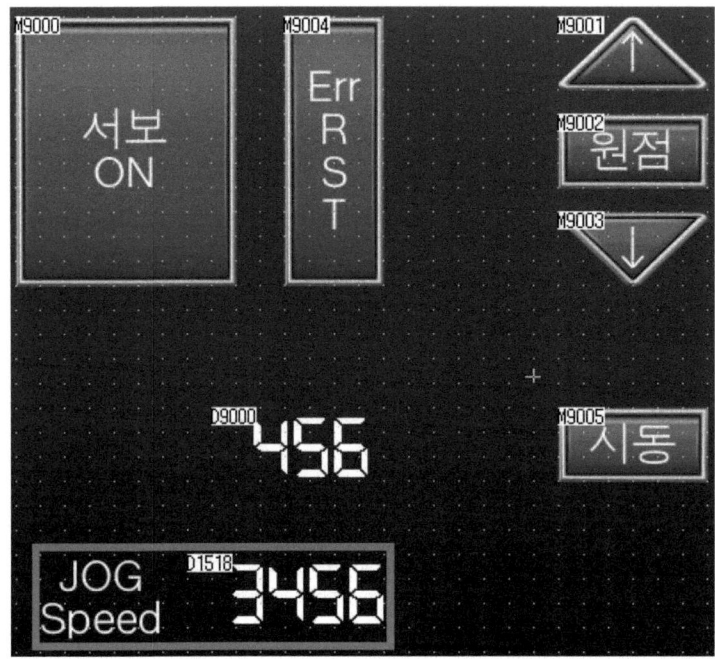

Device	Text	Object	Action
M9000	서보 ON	Bit Switch	Alternate
M9001	↑	Bit Switch	Momentary
M9002	원점	Bit Switch	Momentary
M9003	↓	Bit Switch	Momentary
M9004	Err RST	Bit Switch	Momentary
M9005	시동	Bit Switch	Momentary
D9000	위치 결정 데이터, 456	Numerical Input	
D1518	JOG SPEED, 3456	Numerical Input	

2. 동작 조건

▶ PLC run 한 지 0.5초 뒤에 서보 ON 되며, [서보 ON] 스위치를 홀수 번 터치하면 OFF 되고 짝수 번 터치하면 ON 된다.

▶ JOG SPEED D1518에는 JOG 속도를 mm/min 단위로 입력한다.

▶ [상승] 스위치를 터치하면 D1518에 입력한 속도로 상승한다.

▶ [하강] 스위치를 터치하면 D1518에 입력한 속도로 하강한다.

▶ PLC run 한 지 1초 뒤에 원점 복귀가 실행되며, [원점] 스위치를 터치한 다음 손가락을 떼면 원점 복귀가 실행된다.

▷ [Err RST] 스위치를 터치하면 현재 발생한 에러가 해제된다.

▷ Numerical Input을 터치해서 나온 키패드를 이용해서 D9000(위치 결정 데이터 No.)의 값을 입력한다.

▷ [시동] 스위치를 터치한 다음 손가락을 떼면 D9000을 터치해서 입력된 위치 결정 데이터 No.에 의해 위치 결정 동작이 실행된다.

3. 래더 다이어그램

서보 실전 과제 01의 래더 다이어그램의 맨 위에 아래와 같은 내용을 추가한다.

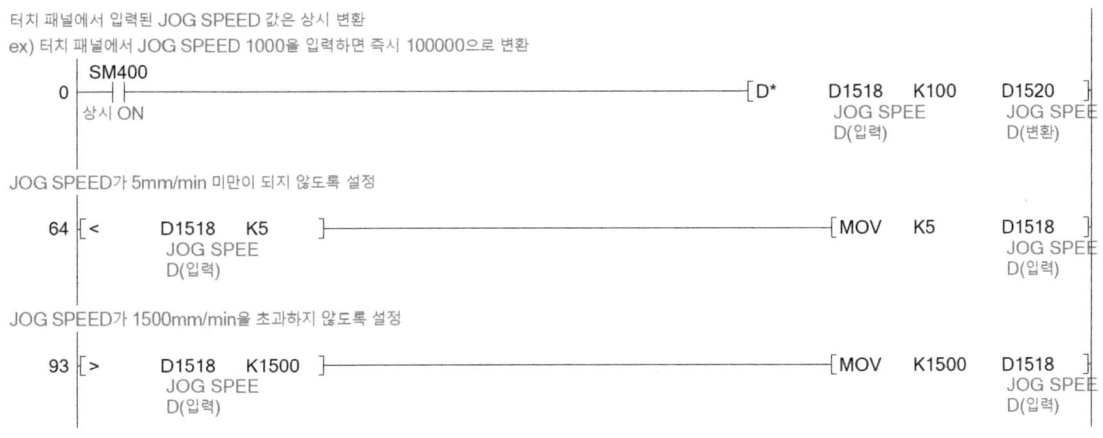

"↑" 스위치와 "↓" 스위치의 JOG 속도 설정값을 D1520으로 변경한다.

① 내비게이션 바에서 프로그램을 우클릭 - [데이터 새로 만들기]를 클릭한 다음, 데이터명에 "ORG"라고 입력한다.

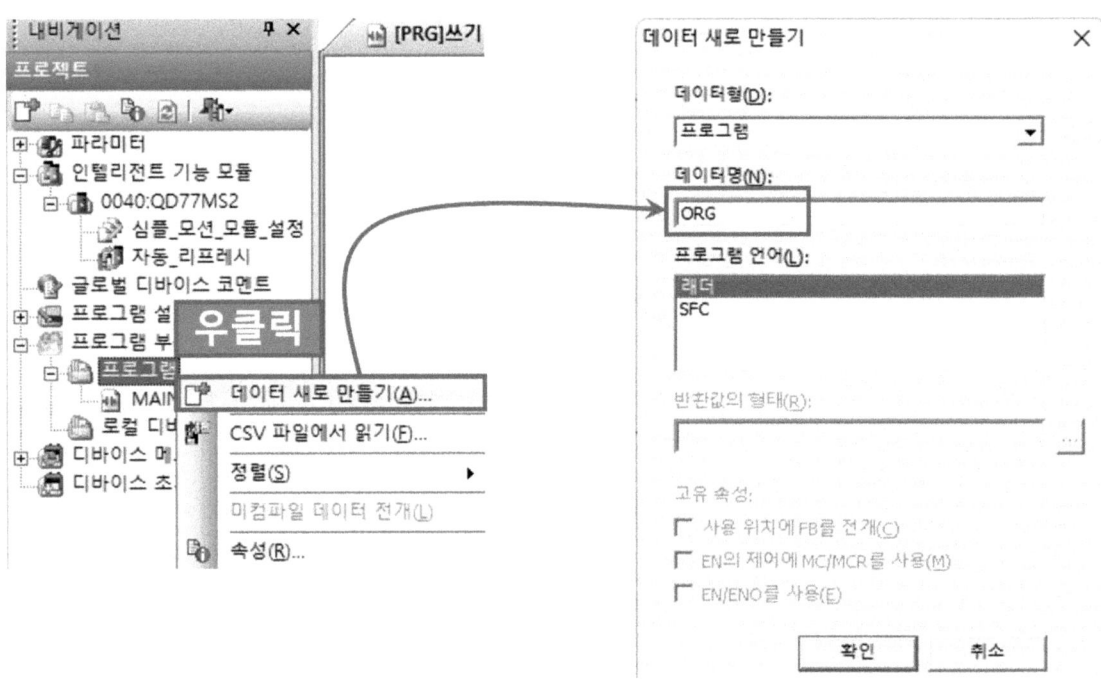

② PLC 파라미터 설정에서 [프로그램 설정] 탭 - [삽입] 버튼을 클릭해서 MAIN과 ORG 프로그램을 등록한 다음 [설정 종료] 버튼을 클릭한다.

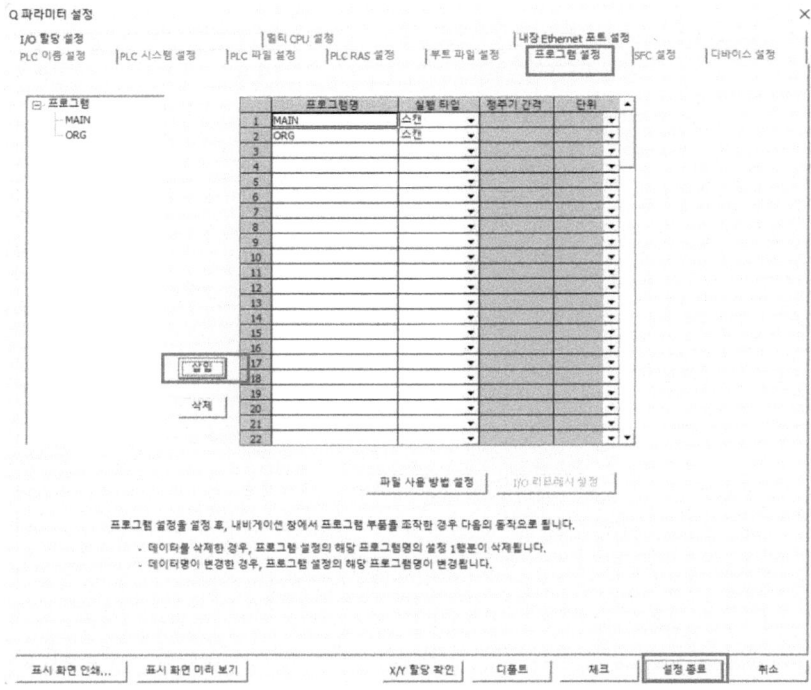

또는, 프로그램에서 프로그램명을 [스캔 프로그램]으로 드래그 & 드롭해도 된다.

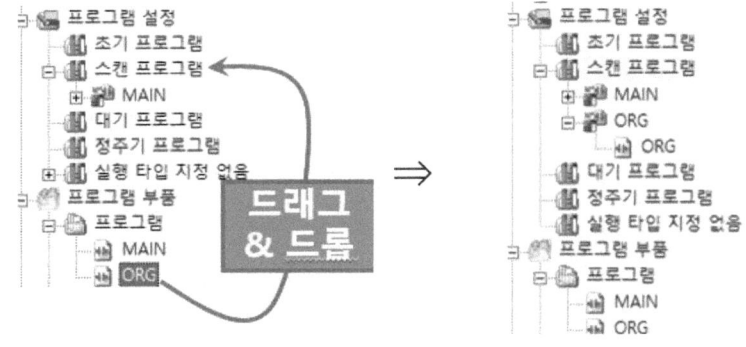

ORG 프로그램에 다음과 같은 래더 다이어그램을 작성한다.

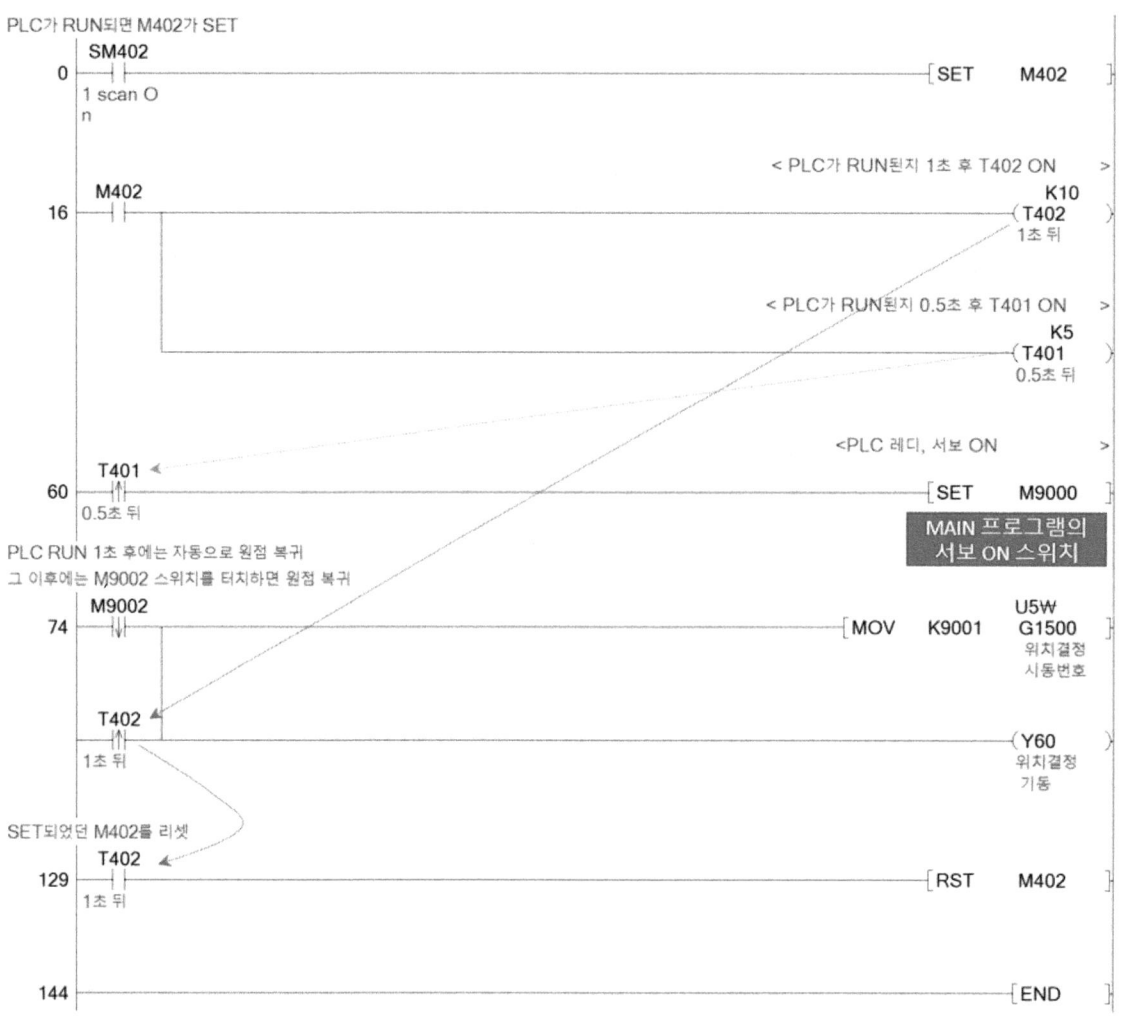

PLC가 RUN되면 M402가 SET

```
        SM402                                                    ┌ SET      M402 ┐
0       ┤ ├
        1 scan O
        n

                                        < PLC가 RUN된지 1초 후 T402 ON    >
        M402                                                              K10
16      ┤ ├                                                             ─( T402 )
                                                                         1초 뒤

                                        < PLC가 RUN된지 0.5초 후 T401 ON   >
                                                                          K5
                                                                        ─( T401 )
                                                                         0.5초 뒤

                                        <PLC 레디, 서보 ON              >
        T401                                                     ┌ SET      M9000 ┐
60      ┤↑├
        0.5초 뒤
```

MAIN 프로그램의
서보 ON 스위치

PLC RUN 1초 후에는 자동으로 원점 복귀
그 이후에는 M9002 스위치를 터치하면 원점 복귀

```
        M9002                                            ┌ MOV   K9001    U5₩
74      ┤↑├                                                               G1500
                                                                         위치결정
                                                                         시동번호

        T402                                                             ─( Y60 )
        ┤↑├                                                               위치결정
        1초 뒤                                                            기동
```

SET되었던 M402를 리셋

```
        T402                                                     ┌ RST      M402 ┐
129     ┤ ├
        1초 뒤

144                                                              ┌ END ┐
```

1. 터치 패널 작화

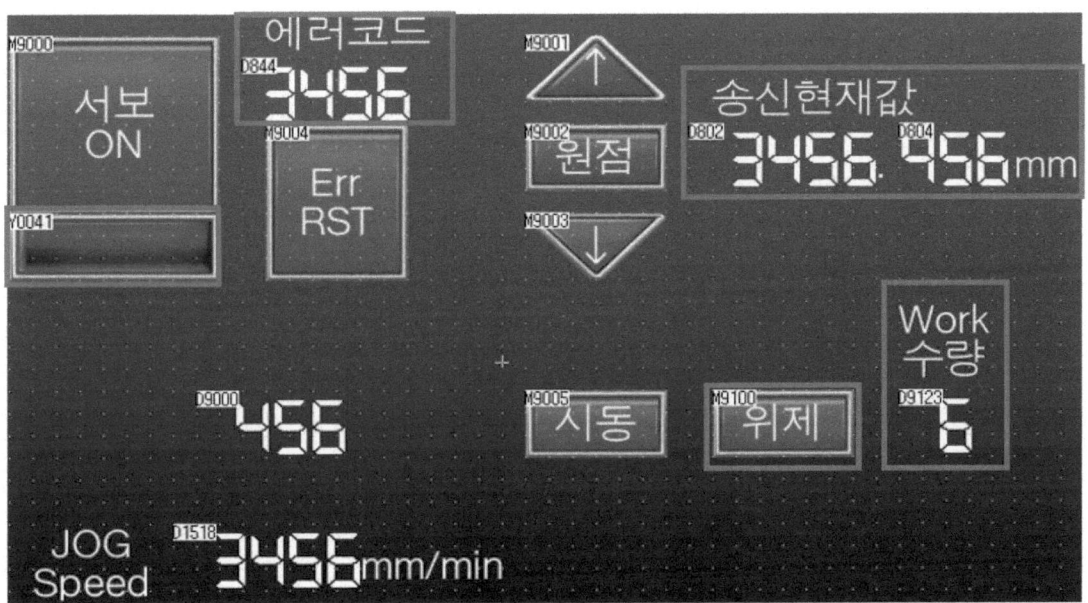

Device	Text	Object	Action
M9000	서보 ON	Bit Switch	Alternate
M9001	↑	Bit Switch	Momentary
M9002	원점	Bit Switch	Momentary
M9003	↓	Bit Switch	Momentary
M9004	Err RST	Bit Switch	Momentary
M9005	시동	Bit Switch	Momentary
D9000	위치 결정 데이터, **456**	Numerical Input	
D1518	JOG SPEED, **3456**	Numerical Input	
Y41		Bit Lamp	
D844	에러 코드, **3456**	Numerical Display	
D802	송신 현재값, 정수부 **3456**	Numerical Display	
D804	송신 현재값, 소수부 **456**	Numerical Display	
D9123	WORK 수량, **6**	Numerical Input	
M9100	위제	Bit Switch	Momentary

Numerical Input을 터치해서 나온 키패드를 이용해서 D9000(위치 결정 데이터 No.)의 값을 입력하고 D1518에는 JOG 속도를 mm/min 단위로 입력한다.

2. 동작 조건

▷ PLC run 한 지 0.5초 뒤에 서보 ON 되며, [서보 ON] 스위치를 홀수 번 터치하면 OFF 되고 짝수 번 터치하면 ON 된다.

▷ JOG SPEED D1518에는 JOG 속도를 mm/min 단위로 입력한다.

▷ [상승] 스위치를 터치하면 D1518에 입력한 속도로 상승한다.

▷ [하강] 스위치를 터치하면 D1518에 입력한 속도로 하강한다.

▷ PLC run 한 지 1초 뒤에 원점 복귀가 실행되며, [원점] 스위치를 터치한 다음 손가락을 떼면 원점 복귀가 실행된다.

▷ [Err RST] 스위치를 터치하면 현재 발생한 에러가 해제된다.

▷ Numerical Input을 터치해서 나온 키패드를 이용해서 D9000(위치 결정 데이터 No.)의 값을 입력한다.

▷ [시동] 스위치를 터치한 다음 손가락을 떼면 D9000을 터치해서 입력된 위치 결정 데이터 No.에 의해 위치 결정 동작이 실행된다.

▶ 서보 ON 되면 램프 Y51이 ON 된다.

▶ 에러 발생 시 에러 코드 D844에는 발생된 에러 코드가 출력된다.

▶ 송신 현재값 D802에는 리프트의 현재 위치(mm 단위)의 정수부가, D804에는 현재 위치의 소수부가 출력된다. [ex: 현재 위치가 12.3456mm라면 정수부에는 12, 소수부에는 345가 출력]

▶ Work 수량 D9123에는 투입되는 공작물의 수량을 입력한다.

▶ [위제] 스위치를 터치하면 위치 결정 데이터 No.11로 이동하며, 동시에 흡착이 ON 된다. 그다음 위치 결정 데이터 No.10로 이동한다. 그다음 위치 결정 데이터 No.12로 이동하며, 동시에 흡착이 OFF 된다.

3. 래더 다이어그램

서보 실전 과제 02의 MAIN 프로그램의 첫 행을 아래와 같이 수정한다.

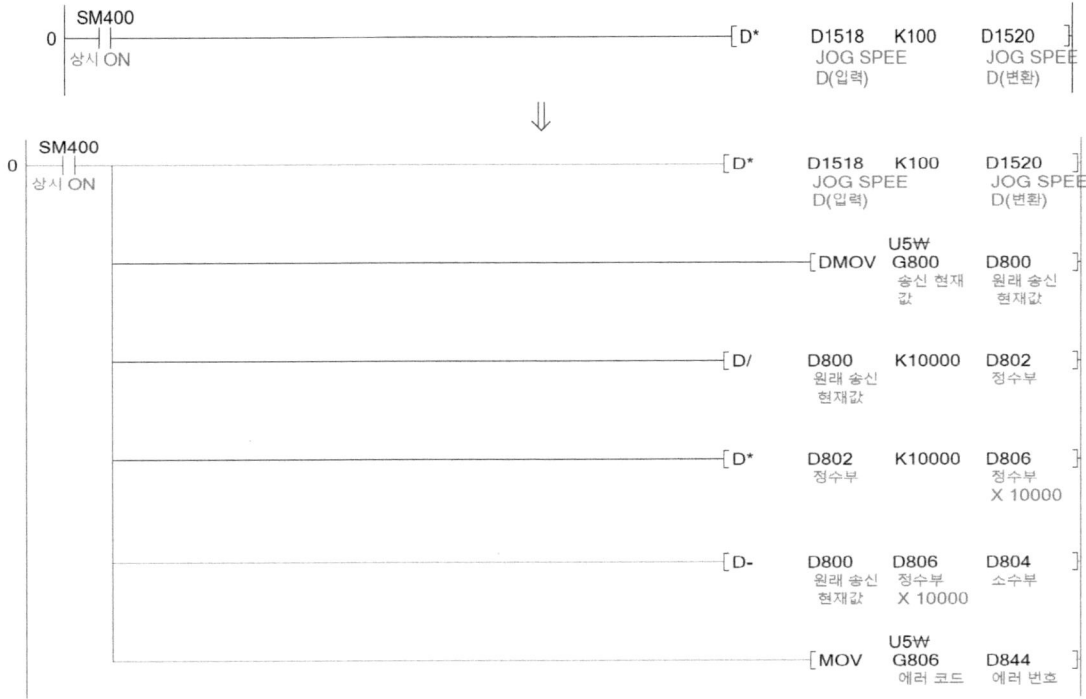

10번~14번 위치 결정 데이터의 위치 결정 어드레스가 설정되어 있는지 확인한다. 특히 14번 위치 결정 데이터의 위치 결정 어드레스가 0.0μm로 설정되어 있는지 확인한다.

ORG 프로그램은 서보 실전 과제 02의 내용 그대로 두고, POSNORND라는 이름의 프로그램을 추가해서 다음과 같은 회로를 작성한다.

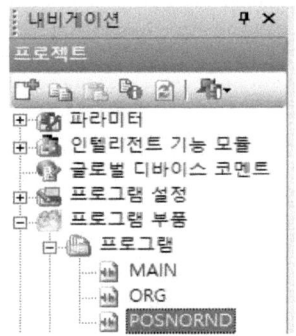

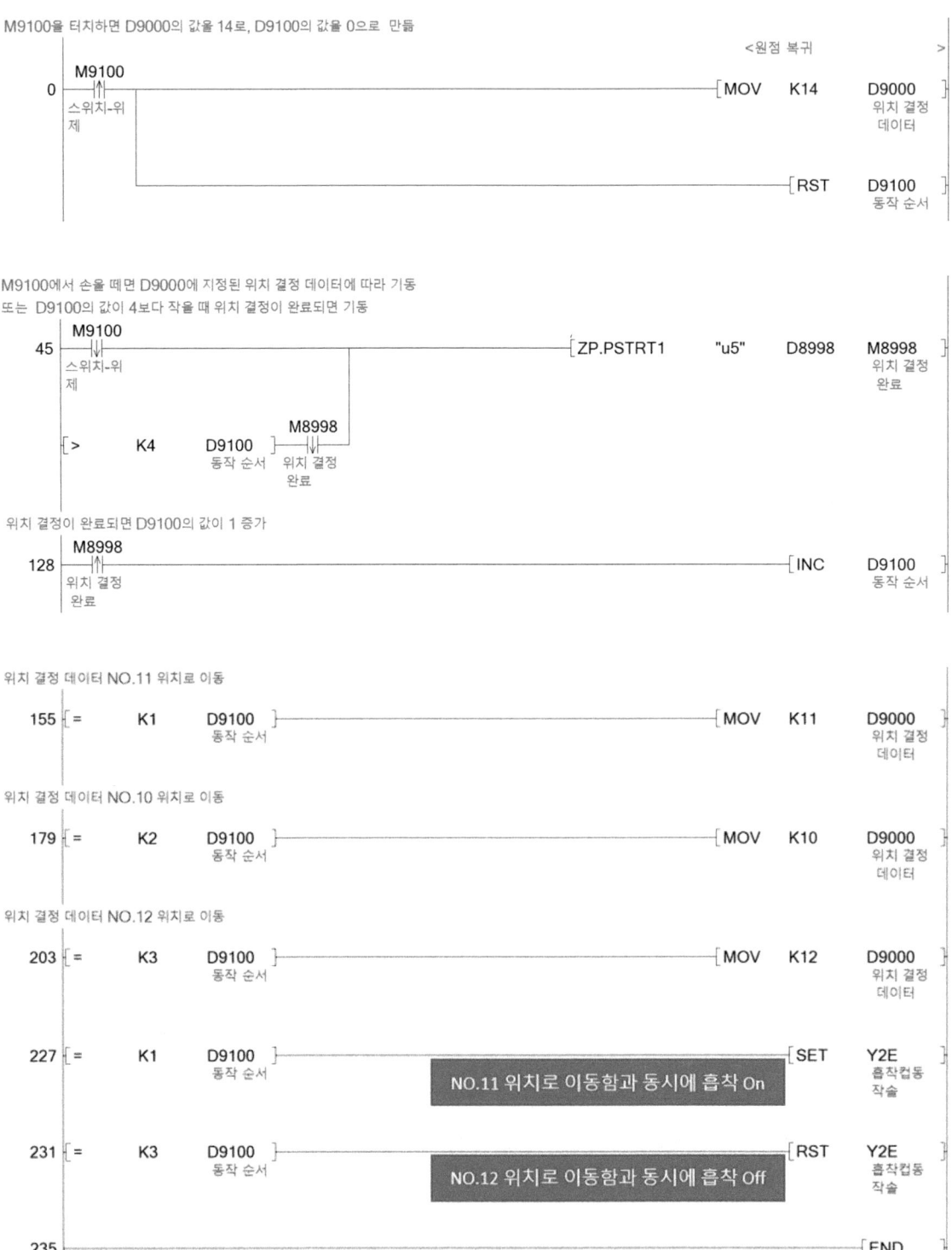

M9100을 터치하면 D9000의 값을 14로, D9100의 값을 0으로 만듦

<원점 복귀   >

```
       M9100
    0  ↑↑                                              ─[MOV  K14    D9000 ]
       스위치-위                                                       위치 결정
       제                                                             데이터

                                                      ─[RST         D9100 ]
                                                                    동작 순서
```

M9100에서 손을 떼면 D9000에 지정된 위치 결정 데이터에 따라 기동
또는 D9100의 값이 4보다 작을 때 위치 결정이 완료되면 기동

```
       M9100
   45  ↓↓                            ─[ZP.PSTRT1   "u5"   D8998   M8998 ]
       스위치-위                                                    위치 결정
       제                                                          완료

              M8998
      [>   K4    D9100   ┤↓├
                 동작 순서  위치 결정
                           완료
```

위치 결정이 완료되면 D9100의 값이 1 증가

```
       M8998
  128  ↑↑                                              ─[INC         D9100 ]
       위치 결정                                                      동작 순서
       완료
```

위치 결정 데이터 NO.11 위치로 이동

```
  155 [=   K1    D9100 ]                              ─[MOV  K11    D9000 ]
                 동작 순서                                            위치 결정
                                                                    데이터
```

위치 결정 데이터 NO.10 위치로 이동

```
  179 [=   K2    D9100 ]                              ─[MOV  K10    D9000 ]
                 동작 순서                                            위치 결정
                                                                    데이터
```

위치 결정 데이터 NO.12 위치로 이동

```
  203 [=   K3    D9100 ]                              ─[MOV  K12    D9000 ]
                 동작 순서                                            위치 결정
                                                                    데이터

  227 [=   K1    D9100 ]───────────────────────────── ─[SET         Y2E ]
                 동작 순서        NO.11 위치로 이동함과 동시에 흡착 On     흡착컵동
                                                                    작술

  231 [=   K3    D9100 ]───────────────────────────── ─[RST         Y2E ]
                 동작 순서        NO.12 위치로 이동함과 동시에 흡착 Off    흡착컵동
                                                                    작술

  235 ──────────────────────────────────────────────────────────[END ]
```

창고 적재

1. 터치 패널 작화

서보 실전 과제 03에서 사용했던 터치 패널 작화를 그대로 사용한다.

2. 동작 조건

▷ PLC run 한 지 0.5초 뒤에 서보 ON 되며, [서보 ON] 스위치를 홀수 번 터치하면 OFF 되고 짝수 번 터치하면 ON 된다.

▷ JOG SPEED D1518에는 JOG 속도를 mm/min 단위로 입력한다.

▷ [상승] 스위치를 터치하면 D1518에 입력한 속도로 상승한다.

▷ [하강] 스위치를 터치하면 D1518에 입력한 속도로 하강한다.

▷ PLC run 한 지 1초 뒤에 원점 복귀가 실행되며, [원점] 스위치를 터치한 다음 손가락을 떼면 원점 복귀가 실행된다.

▷ [Err RST] 스위치를 터치하면 현재 발생한 에러가 해제된다.

▷ Numerical Input을 터치해서 나온 키패드를 이용해서 D9000(위치 결정 데이터 No.)의 값을 입력한다.

▷ [시동] 스위치를 터치한 다음 손가락을 떼면 D9000을 터치해서 입력된 위치 결정 데이터 No.에 의해 위치 결정 동작이 실행된다.

▷ 서보 ON 되면 램프 Y51이 ON 된다.

▷ 에러 발생 시 에러 코드 D844에는 발생된 에러 코드가 출력된다.

▷ 송신 현재값 D802에는 리프트의 현재 위치(mm 단위)의 정수부가, D804에는 현재 위치의 소수부가 출력된다. [ex: 현재 위치가 12.3456mm라면 정수부에는 12, 소수부에는 345가 출력]

▷ Work 수량 D9123에는 투입되는 공작물의 수량을 입력한다.

▶ 스토퍼 센서에 의해 공작물이 검출되면 아래 순서도와 같이 동작한다.

3. 순서도

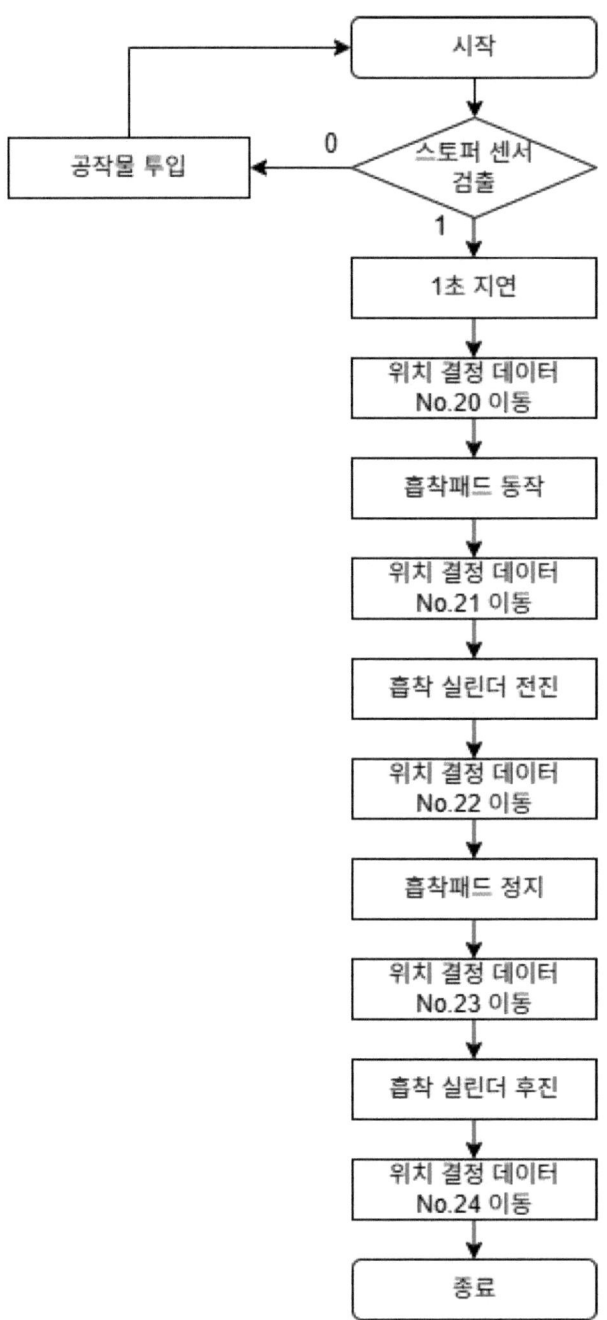

4. 래더 다이어그램

서보 실전 과제 03의 래더 다이어그램을 아래와 같이 수정한다.

MAIN 프로그램은 수정하지 않고, ORG 프로그램의 맨 아래에 아래 회로를 추가한다.

```
PLC RUN 0.5초 후
        T401
25      ─┤↑├──────┬──────────────────────────────────────[RST   Y2A  ]
                  │                                            흡착후진
                  │                                            솔
                  │
                  ├──────────────────────────────────[RST   Y2B  ]
                  │                                            흡착전진
                  │                                            솔
                  │
                  └──────────────────────────[RST   Y2E  ]
                                                           흡착컵동
                                                           작솔

40      ────────────────────────────────────────────[END  ]
```

POSNORND 프로그램을 아래와 같이 수정한다.

```
스토퍼 센서가 ON된지 1초 뒤 T13이 ON
        X11
0       ─┤↑├────────────────────────────────────────[SET   M13  ]
         스토퍼 센
         서

        M13                                                     K10
23      ─┤ ├────────────────────────────────────────────(T13  )
                                                           스토퍼ON
                                                           1초 뒤

        T13
28      ─┤ ├────────────────────────────────────────[RST   M13  ]
         스토퍼ON
         1초 뒤


T13이 ON되면
D9000의 값은 20, D9100의 값은 0으로 만듦
                                                   <No.20은 원점          >
        T13
30      ─┤↑├──────┬──────────────────────────[MOV   K20   D9000 ]
         스토퍼ON  │                                          위치결정
         1초 뒤    │                                          데이터
                  │
                  └──────────────────────────────[RST   D9100 ]
                                                           동작순서
```

위치 결정이 완료되거나
흡착되거나
흡착이 해제되거나
흡착 실린더의 전진이 완료되거나
흡착 실린더의 후진이 완료되면
다음 동작으로 넘어감

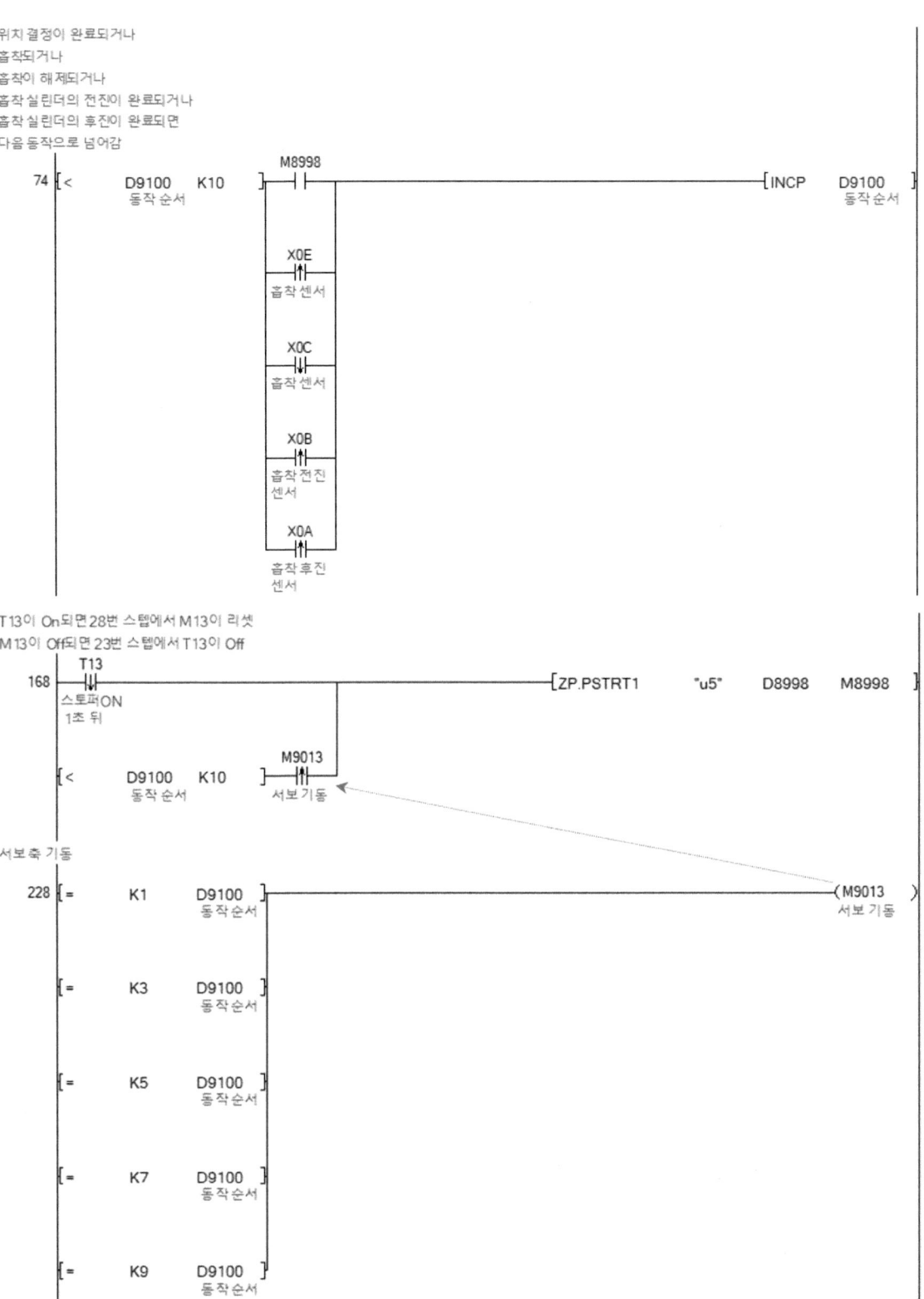

74 [< D9100   K10   M8998   [INCP   D9100
      동작 순서   동작 순서

                         X0E
                        흡착 센서

                         X0C
                        흡착 센서

                         X0B
                        흡착 전진
                        센서

                         X0A
                        흡착 후진
                        센서

T13이 On되면 28번 스텝에서 M13이 리셋
M13이 Off되면 23번 스텝에서 T13이 Off

168 T13   [ZP.PSTRT1   "u5"   D8998   M8998
     스토퍼 ON
     1초 뒤

     [< D9100   K10   M9013
         동작 순서   서보 기동

서보축 기동

228 [= K1   D9100]   (M9013)
            동작 순서   서보 기동

    [= K3   D9100]
            동작 순서

    [= K5   D9100]
            동작 순서

    [= K7   D9100]
            동작 순서

    [= K9   D9100]
            동작 순서

134 4장. 서보 실습

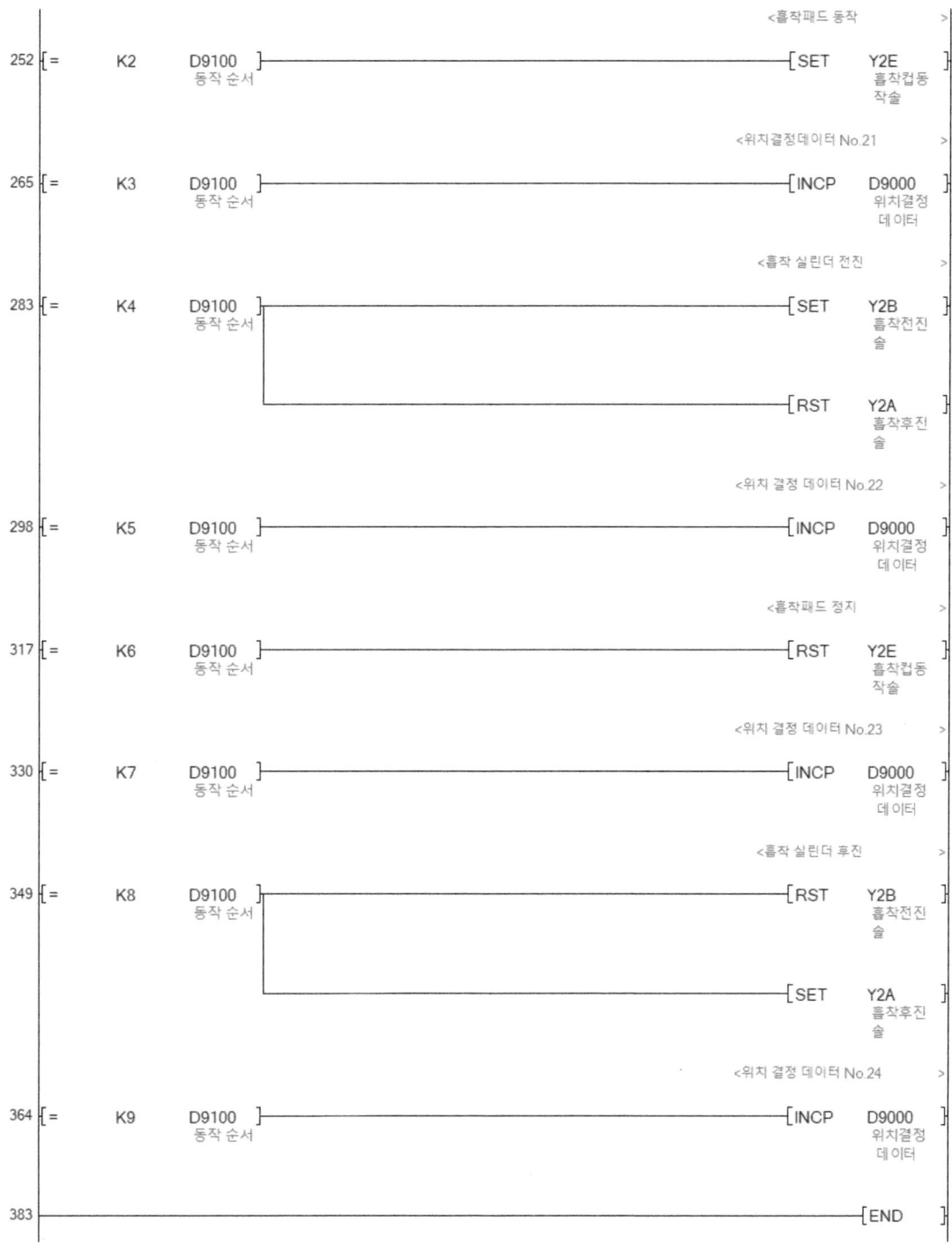

<흡착패드 동작   >

252 [= K2 D9100]─────────────────────────────[SET Y2E]
         동작 순서   흡착컵동
                                                     작솔

<위치결정데이터 No.21   >

265 [= K3 D9100]─────────────────────────────[INCP D9000]
         동작 순서   위치결정
                                                     데이터

<흡착 실린더 전진   >

283 [= K4 D9100]─────────────────────────────[SET Y2B]
         동작 순서   흡착전진
                                                     솔
                                          ────────[RST Y2A]
                                                     흡착후진
                                                     솔

<위치 결정 데이터 No.22   >

298 [= K5 D9100]─────────────────────────────[INCP D9000]
         동작 순서   위치결정
                                                     데이터

<흡착패드 정지   >

317 [= K6 D9100]─────────────────────────────[RST Y2E]
         동작 순서   흡착컵동
                                                     작솔

<위치 결정 데이터 No.23   >

330 [= K7 D9100]─────────────────────────────[INCP D9000]
         동작 순서   위치결정
                                                     데이터

<흡착 실린더 후진   >

349 [= K8 D9100]─────────────────────────────[RST Y2B]
         동작 순서   흡착전진
                                                     솔
                                          ────────[SET Y2A]
                                                     흡착후진
                                                     솔

<위치 결정 데이터 No.24   >

364 [= K9 D9100]─────────────────────────────[INCP D9000]
         동작 순서   위치결정
                                                     데이터

383 ──[END]

창고 순차 적재

1. 터치 패널 작화

서보 실전 과제 03, 04에서 사용했던 터치 패널 작화를 그대로 사용한다.

2. 동작 순서

▷ PLC run 한 지 0.5초 뒤에 서보 ON 되며, [서보 ON] 스위치를 홀수 번 터치하면 OFF 되고 짝수 번 터치하면 ON 된다.

▷ JOG SPEED D1518에는 JOG 속도를 mm/min 단위로 입력한다.

▷ [상승] 스위치를 터치하면 D1518에 입력한 속도로 상승한다.

▷ [하강] 스위치를 터치하면 D1518에 입력한 속도로 하강한다.

▷ PLC run 한 지 1초 뒤에 원점 복귀가 실행되며, [원점] 스위치를 터치한 다음 손가락을 떼면 원점 복귀가 실행된다.

▷ [Err RST] 스위치를 터치하면 현재 발생한 에러가 해제된다.

▷ Numerical Input을 터치해서 나온 키패드를 이용해서 D9000(위치 결정 데이터 No.)의 값을 입력한다.

▷ [시동] 스위치를 터치한 다음 손가락을 떼면 D9000을 터치해서 입력된 위치 결정 데이터 No.에 의해 위치 결정 동작이 실행된다.

▷ 서보 ON 되면 램프 Y51이 ON 된다.

▷ 에러 발생 시 에러 코드 D844에는 발생된 에러 코드가 출력된다.

▷ 송신 현재값 D802에는 리프트의 현재 위치(mm 단위)의 정수부가, D804에는 현재 위치의 소수부가 출력된다. [ex: 현재 위치가 12.3456mm라면 정수부에는 12, 소수부에는 345가 출력]

▷ Work 수량 D9123에는 투입되는 공작물의 수량을 입력한다.

▶ 스토퍼 센서에 의해 공작물이 검출되면 아래 순서도와 같이 동작한다. Work 수량이 1일 때는 창고의 3번 위치, Work 수량이 2일 때는 창고의 2번 위치, Work 수량이 3일 때는 6번 위치에 적재한다.

3. 순서도

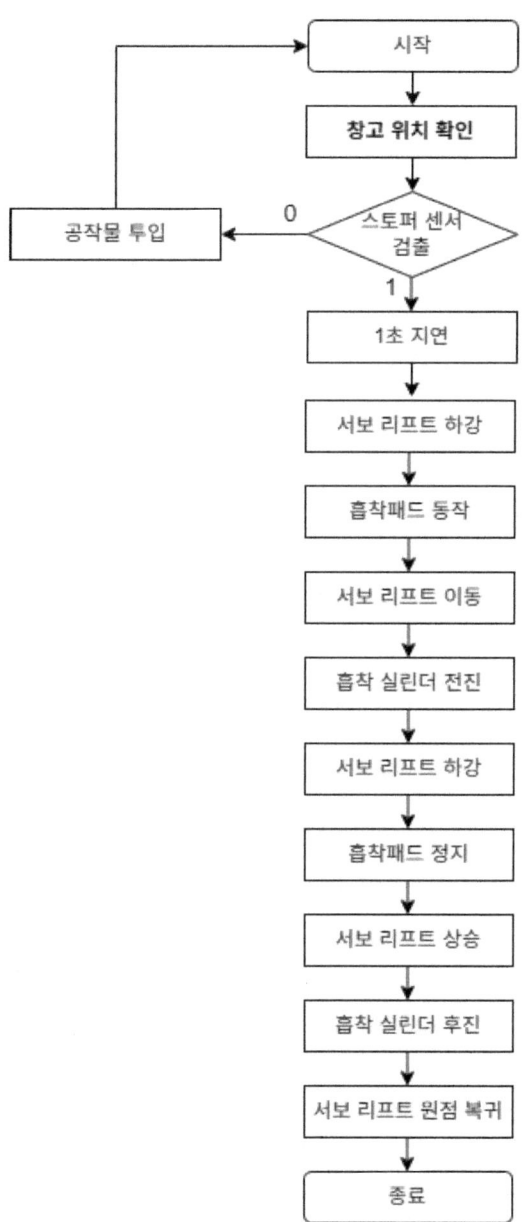

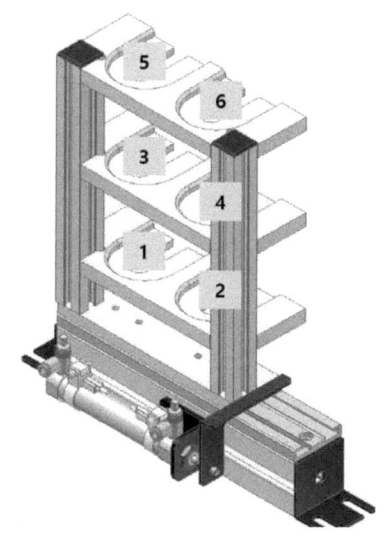

4. 래더 다이어그램

서보 실전 과제 04의 래더 다이어그램에서 POSNORND 프로그램의 맨 위에 아래 회로를 추가한다.

아랫부분을 수정한다. 서보 실전 과제 04에서는 위치 결정 데이터가 20에서 시작해서 동작 순서 D9100의 값에 따라 21, 22, 23, 24로 변경되었지만, 위치 결정 데이터가 WORK 수량에 따라 20, 10, 30에서 시작할 수 있게 된다.

1. 터치 패널 작화

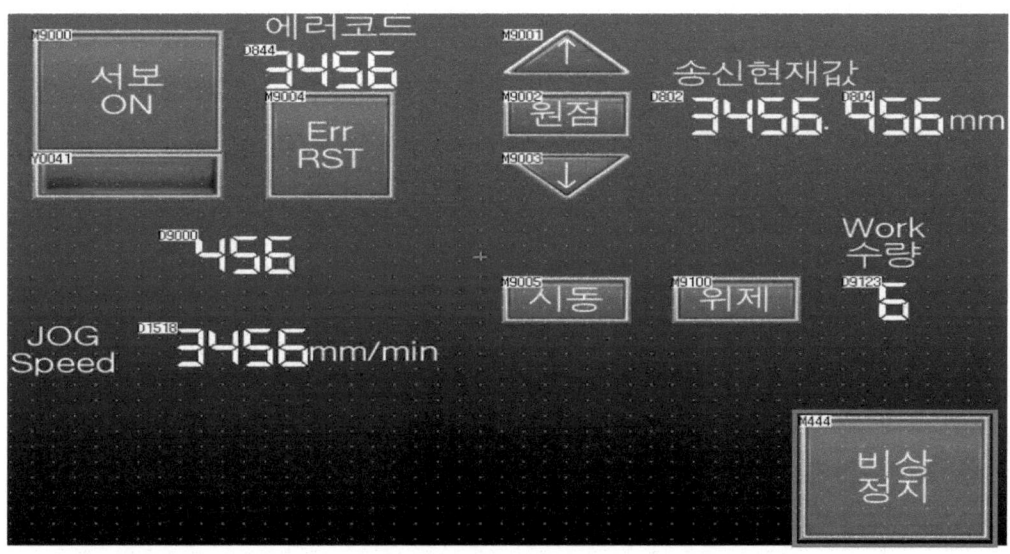

Device	Text	Object	Action
M9000	서보 ON	Bit Switch	Alternate
M9001	↑	Bit Switch	Momentary
M9002	원점	Bit Switch	Momentary
M9003	↓	Bit Switch	Momentary
M9004	Err RST	Bit Switch	Momentary
M9005	시동	Bit Switch	Momentary
D9000	위치 결정 데이터, 456	Numerical Input	
D1518	JOG SPEED, 3456	Numerical Input	
Y41		Bit Lamp	
D844	에러 코드, 3456	Numerical Display	
D802	송신 현재값, 정수부 3456	Numerical Display	
D804	송신 현재값, 소수부 456	Numerical Display	
D9123	WORK 수량, 5	Numerical Input	
M9100	위제	Bit Switch	Momentary
M444	비상 정지	Bit Switch	Alternate

2. 동작 조건

▷ PLC run 한 지 0.5초 뒤에 서보 ON 되며, [서보 ON] 스위치를 홀수 번 터치하면 OFF 되고 짝수 번 터치하면 ON 된다.

▷ JOG SPEED D1518에는 JOG 속도를 mm/min 단위로 입력한다.

▷ [상승] 스위치를 터치하면 D1518에 입력한 속도로 상승한다.

▷ [하강] 스위치를 터치하면 D1518에 입력한 속도로 하강한다.

▷ PLC run 한 지 1초 뒤에 원점 복귀가 실행되며, [원점] 스위치를 터치한 다음 손가락을 떼면 원점 복귀가 실행된다.

▷ [Err RST] 스위치를 터치하면 현재 발생한 에러가 해제된다.

▷ Numerical Input을 터치해서 나온 키패드를 이용해서 D9000(위치 결정 데이터 No.)의 값을 입력한다.

▷ [시동] 스위치를 터치한 다음 손가락을 떼면 D9000을 터치해서 입력된 위치 결정 데이터 No.에 의해 위치 결정 동작이 실행된다.

▷ 서보 ON 되면 램프 Y51이 ON 된다.

▷ 에러 발생 시 에러 코드 D844에는 발생된 에러 코드가 출력된다.

▷ 송신 현재값 D802에는 리프트의 현재 위치(mm 단위)의 정수부가, D804에는 현재 위치의 소수부가 출력된다. [ex: 현재 위치가 12.3456mm라면 정수부에는 12, 소수부에는 345가 출력]

▷ Work 수량 D9123에는 투입되는 공작물의 수량을 입력한다.

▷ 서보 실전 과제 05의 순서도와 같이 동작한다. Work 수량이 1일 때는 창고의 3번 위치, Work 수량이 2일 때는 창고의 2번 위치, Work 수량이 3일 때는 6번 위치에 적재한다.

▶ [비상 정지] 스위치를 홀수 번 터치하면 응용 명령 PSTOP에 의해 프로그램의 동작이 STOP 되고, 짝수 번 터치하면 응용 명령 PSCAN에 의해 프로그램의 동작이 다시 SCAN 된다.

3. 래더 다이어그램

서보 실전 과제 05의 "MAIN" 프로그램을 우클릭해서 '데이터명 변경'을 선택한 다음 데이터명을 "INITIAL"로 변경한다.

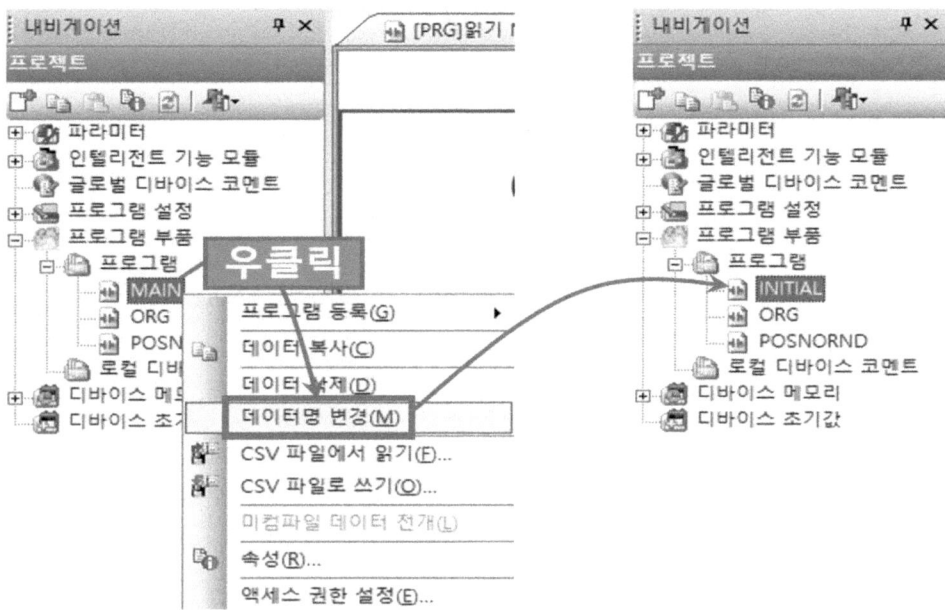

서보 실전 과제 02에서 설명한 대로 프로그램 등록 기능을 이용해서 "MAIN"이라는 데이터명의 프로그램을 등록한다.

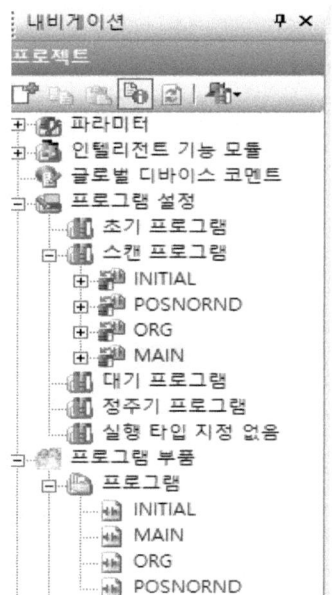

"MAIN" 프로그램을 아래와 같이 작성한다.

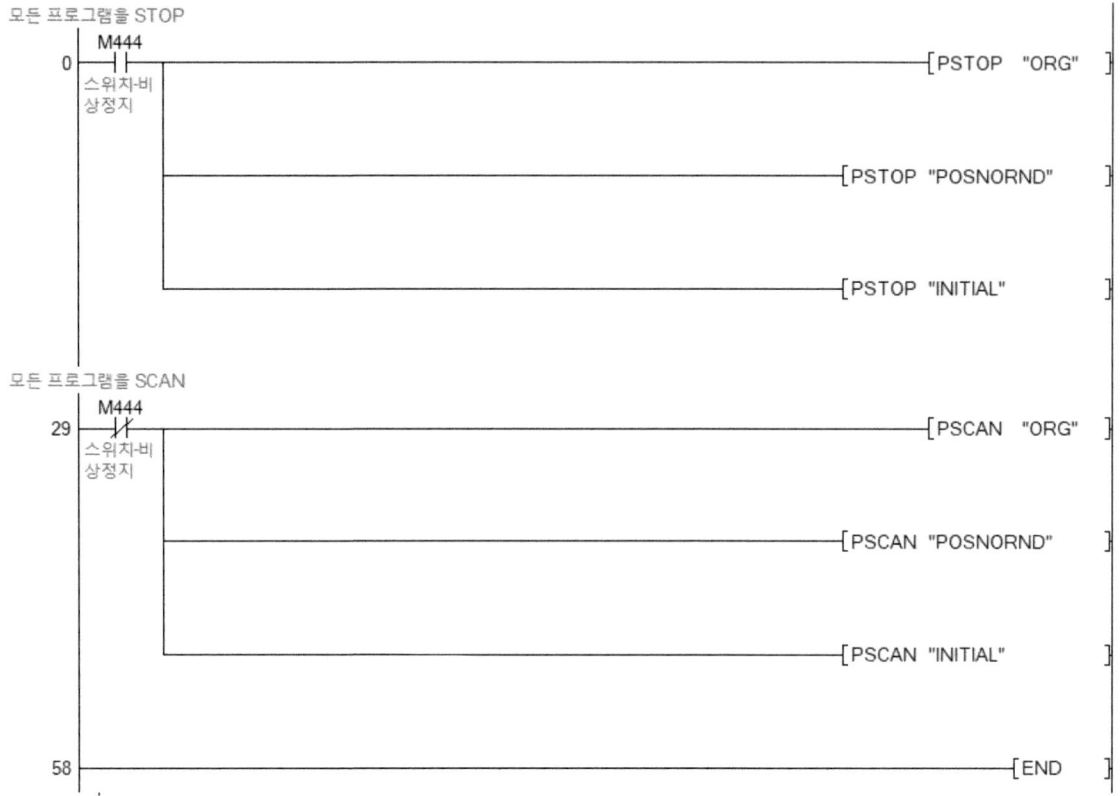

1. 터치 패널 작화

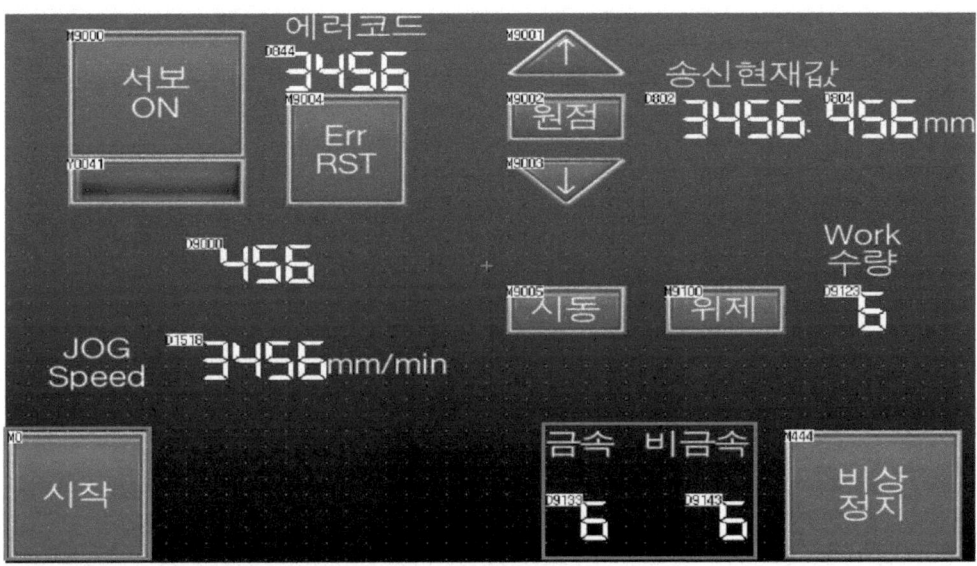

Device	Text	Object	Action
M9000	서보 ON	Bit Switch	Alternate
M9001	↑	Bit Switch	Momentary
M9002	원점	Bit Switch	Momentary
M9003	↓	Bit Switch	Momentary
M9004	Err RST	Bit Switch	Momentary
M9005	시동	Bit Switch	Momentary
D9000	위치 결정 데이터, 456	Numerical Input	
D1518	JOG SPEED, 3456	Numerical Input	
Y41		Bit Lamp	
D844	에러 코드, 3456	Numerical Display	
D802	송신 현재값, 정수부 3456	Numerical Display	
D804	송신 현재값, 소수부 456	Numerical Display	
D9123	WORK 수량, 6	Numerical Input	
M9100	위제	Bit Switch	Momentary
M444	비상 정지	Bit Switch	Alternate
M0	시작	Bit Switch	Momentary
D9133	금속 수량, 6	Numerical Display	
D9143	비금속 수량, 6	Numerical Display	

2. 동작 조건

▷ PLC run 한 지 0.5초 뒤에 서보 ON 되며, [서보 ON] 스위치를 홀수 번 터치하면 OFF 되고 짝수 번 터치하면 ON 된다.

▷ JOG SPEED D1518에는 JOG 속도를 mm/min 단위로 입력한다.

▷ [상승] 스위치를 터치하면 D1518에 입력한 속도로 상승한다.

▷ [하강] 스위치를 터치하면 D1518에 입력한 속도로 하강한다.

▷ PLC run 한 지 1초 뒤에 원점 복귀가 실행되며, [원점] 스위치를 터치한 다음 손가락을 떼면 원점 복귀가 실행된다.

▷ [Err RST] 스위치를 터치하면 현재 발생한 에러가 해제된다.

▷ Numerical Input을 터치해서 나온 키패드를 이용해서 D9000(위치 결정 데이터 No.)의 값을 입력한다.

▷ [시동] 스위치를 터치한 다음 손가락을 떼면 D9000을 터치해서 입력된 위치 결정 데이터 No.에 의해 위치 결정 동작이 실행된다.

▷ 서보 ON 되면 램프 Y51이 ON 된다.

▷ 에러 발생 시 에러 코드 D844에는 발생된 에러 코드가 출력된다.

▷ 송신 현재값 D802에는 리프트의 현재 위치(mm 단위)의 정수부가, D804에는 현재 위치의 소수부가 출력된다. [ex: 현재 위치가 12.3456mm라면 정수부에는 12, 소수부에는 345가 출력]

▶ Work 수량 D9123에는 현재 투입된 공작물의 수량이 출력된다. 또한, 수량을 임의로 입력할 수도 있다.

▶ [시작] 스위치를 터치하면 아래 순서도와 같이 동작한다.

▶ Work 수량이 1일 때는 창고의 3번 위치, Work 수량이 2일 때는 창고의 2번 위치, Work 수량이 3일 때는 6번 위치에 적재한다.

▷ 동작 도중 [비상 정지] 스위치를 터치하면 동작을 정지하고 다시 터치하면 동작이 다시 실행될 수 있다.

▶ 금속 수량 D9133에는 검출된 금속 공작물의 수량이, 비금속 수량 D9143에는 검출된 비금속 공작물의 수량이 출력된다.

3. 순서도

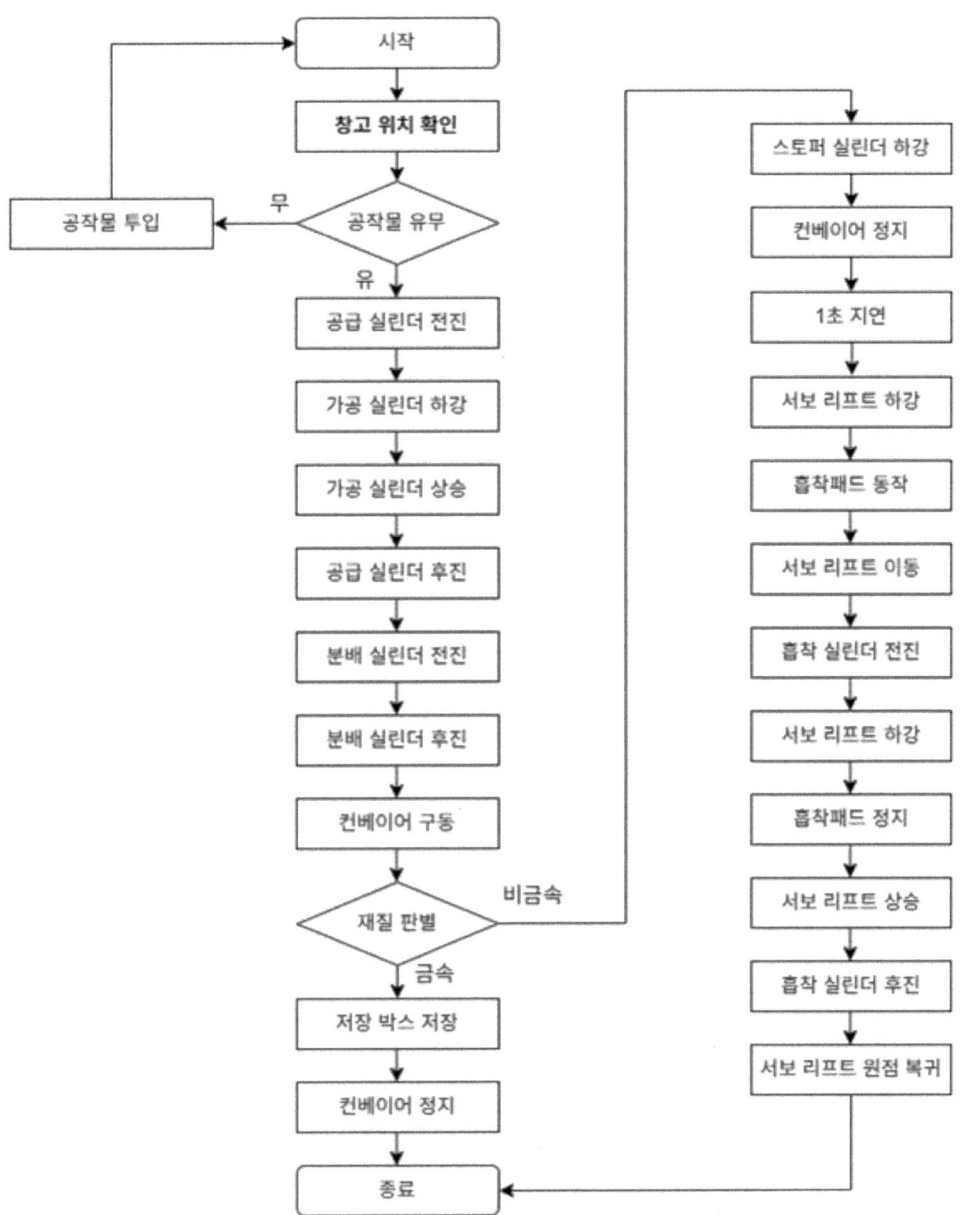

4. 래더 다이어그램

"BASE" 프로그램을 등록한 후 아래와 같이 작성한다.

아래와 같이 회로를 작성하면 순서도의 각 행은 **초기 상태 → 공급 실린더 전진 → 가공 실린더 하강 → 가공 실린더 상승 → 공급 실린더 후진 → 분배 실린더 전진** 동작이 실행되어 완료된 상태를 의미한다.

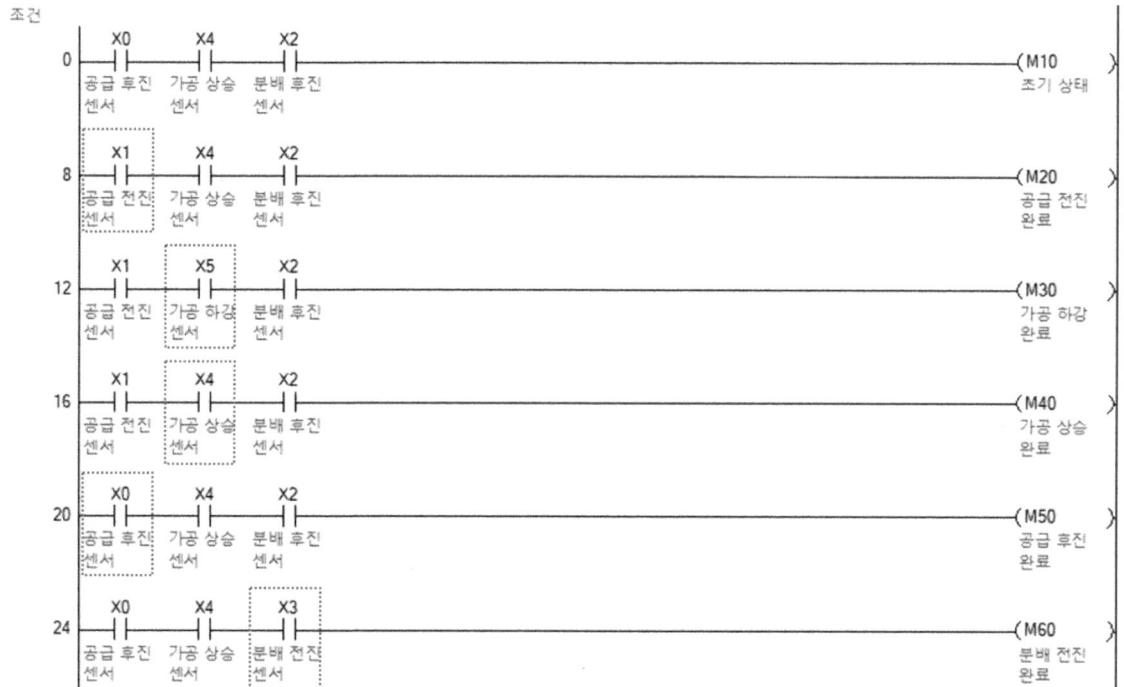

위에서 작성한, 완료된 상태를 의미하는 릴레이(M10 ~ M60)를 이용하여 시작 스위치 M0을 눌렀다가 뗐을 때 순차 동작을 실행하도록 회로를 작성한다.

```
          M5       M60      M7                                          (M6  )
 61  ─┤├──────┤├──────┤/├──────────────────────────────────────────────(     )
     분배 전진   분배 전진   컨베이어                                        분배 후진
              완료      on

          M6
     ─┤├──
     분배 후진

마지막 행정
          M6       M10                                                  (M7  )
 66  ─┤├──────┤├───────────────────────────────────────────────────────(     )
     분배 후진   초기 상태                                                  컨베이어
                                                                         on
```

M1 ~ M7의 릴레이를 각 출력 디바이스에 연결한다.

```
공급실린더
          M1                                                    ┌SET   Y23  ┐
 77  ─┤├──┬──────────────────────────────────────────────────┤        공급전진 │
     공급 전진 │                                                              솔    │
              │                                                ┌RST   Y22  ┐
              └──────────────────────────────────────────────┤        공급후진 │
                                                                       솔    │

          M4                                                    ┌RST   Y23  ┐
 87  ─┤├──┬──────────────────────────────────────────────────┤        공급전진 │
     공급 후진 │                                                              솔    │
              │                                                ┌SET   Y22  ┐
              └──────────────────────────────────────────────┤        공급후진 │
                                                                       솔    │

가공실린더
          M2                                                    ┌SET   Y26  ┐
 90  ─┤├──────────────────────────────────────────────────────┤        가공 하강 │
     가공 하강                                                                솔    │

          M3                                                    ┌RST   Y26  ┐
 99  ─┤├──────────────────────────────────────────────────────┤        가공 하강 │
     가공 상승                                                                솔    │

분배실린더
          M5                                                    ┌SET   Y25  ┐
101  ─┤├──┬──────────────────────────────────────────────────┤        분배 전진 │
     분배 전진 │                                                              솔    │
              │                                                ┌RST   Y24  ┐
              └──────────────────────────────────────────────┤        분배 후진 │
                                                                       솔    │
```

```
        M6
111    ─┤├───────────────────────────────────────[RST   Y25  ]
        분배 후진                                          분배전진
                                                          솔
        │
        └──────────────────────────────────────[SET   Y24  ]
                                                          분배후진
                                                          솔

컨베이어모터
        M7
114    ─┤├───────────────────────────────────────[SET   Y21  ]
        컨베이어                                          컨베이어
        on                                               모터

        Y21                                                    K50
124    ─┤├───────────────────────────────────────────────(T214  )
        컨베이어                                          컨베이어
        모터                                              작동시간

금속 검출되면 컨베이어 작동 5초 후 컨베이어 Off
비금속 검출되면 스토퍼 센서가 On됐을 때 컨베이어 Of
        T214
129    ─┤├───────────────────────────────────────[RST   Y21  ]
        컨베이어                                          컨베이어
        작동시간                                          모터
        X11
       ─┤├─
        스토퍼 센
        서
```

소재가 컨베이어로 이송되어 검출부를 통과할 때 금속/비금속을 판별하도록 아래와 같이 작성한다.

```
소재 판단
        Y21    X13
186    ─┤├────┤／├──────────────────────────────[SET   M13   ]
        컨베이어 유도형 센                                유도형 센
        모터    서                                       서 검출
               X12    M13
              ─┤├────┤├───────────────────────[SET   M9133 ]
               용량형 센 유도형 센                       금속 판별
               서     서 검출
                      M13
                     ─┤／├──────────────────────[SET   M9143 ]
                      유도형 센                          비금속 판
                      서 검출                            별
```

서보 실전 과제 07. 금속/비금속 판별 및 디스플레이 149

다음 소재가 공급될 때, 판별 과정에서 SET된 릴레이들을 모두 초기화하고 소재의 수량인 D9123의 값을 1 증가시킨다.

소재 공급시에 리셋

```
         M1
207     ─┤ ├────────────────────────────────────[RST    M13        ]
        공급 전진                                         유도형 센
                                                        서 검출

                ────────────────────────────────[RST    M9133      ]
                                                        금속 판별

                ────────────────────────────────[RST    M9143      ]
                                                        비금속 판
                                                        별

                ────────────────────────────────[INCP   D9123      ]
                                                        합계 수량
```

금속 판별, 또는 비금속 판별이 되었을 때 금속 수량과 비금속 수량을 1 증가시킨다.

금속 수량

```
         M9133
225     ─┤ ├────────────────────────────────────[INCP   D9133      ]
        금속 판별                                         금속 수량
```

비금속 수량

```
         M9143
236     ─┤ ├────────────────────────────────────[INCP   D9143      ]
        비금속 판                                         비금속 수
        별                                              량
```

원점 복귀 스위치를 터치하면 FMOV 명령어에 의해 D9100~D9149까지 총 50개의 데이터 레지스터값을 0으로 만들고, 흡착을 해제한다.

원점복귀 터치하면 초기화

```
                                                       <수량 초기화          >
         M9002
248     ─┤ ├──────────────────────[FMOV   K0    D9100    K50   ]
        스위치-원                                 동작 순서
        점
                ────────────────────────────────[RST    Y2E        ]
                                                        흡착 컵동
                                                        작술
```

스토퍼 실린더는 비금속 판별이 되면 하강하고, 적재가 완료되거나(동작 순서 D9100이 9가 되거나) 원점 스위치를 터치하면 상승하도록 아래와 같이 작성한다.

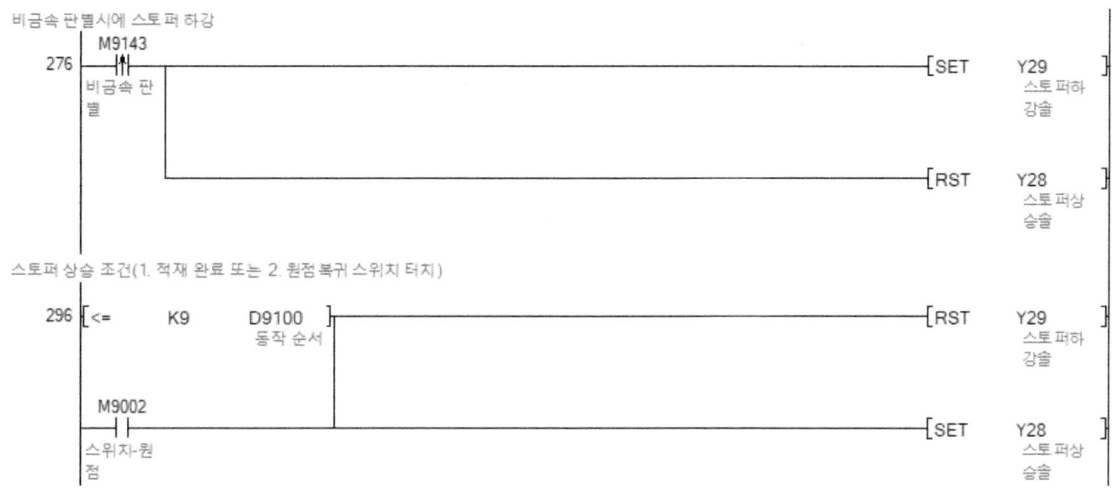

D9100이 0으로 초기화될 조건을 지정한다. 반드시 컨베이어가 ON 됐을 때 D9100을 초기화해야 하는 것은 아니며, 한 번의 사이클이 완료된 후를 의미하는 조건이면 된다.

```
기본 실린더 공정 완료 후 D9100 클리어
          M7                                                    ┌RST    D9100  ┐
334     ──┤ ├──────────────────────────────────────────────────             
          컨베이어                                                       동작 순서
          on
```

금속 적재가 완료되거나 비금속 적재가 완료됐을 때 M19가 ON 되며 M19는 28번 스텝에 OR 회로로 연결되어 있다. 그럼으로써 다시 처음부터 동작을 순차적으로 실행할 수 있다.

```
공정 반복(1. 금속 → 5초 후 2. 비금속 → 저장 완료 후)
          M9133     T214                                               ⟨M19  ⟩
358     ──┤ ├──────┤ ├────────────────────┬──────────────────────────       
          금속 판별  컨베이어                │                               공정 완료
                    작동시간                │
          M9143                            │
        ──┤ ├──┤<=    K9    D9100 ┐────────┘
          비금속 판                    동작 순서
          별

395     ──────────────────────────────────────────────────────────────[END  ]
```

"MAIN" 프로그램을 다음과 같이 수정한다.

```
        M444
  0 ─────┤ ├──────┬──────────────────────────────────[PSTOP    "ORG"    ]
       스위치-비   │
       상정지     │
                  ├──────────────────────────────────[PSTOP    "POSNORND" ]
                  │
                  ├──────────────────────────────────[PSTOP    "INITIAL"  ]
                  │
                  └──────────────────────────────────[PSTOP    "BASE"    ]

        M444
 21 ─────┤/├──────┬──────────────────────────────────[PSCAN    "ORG"    ]
       스위치-비   │
       상정지     │
                  ├──────────────────────────────────[PSCAN    "POSNORND" ]
                  │
                  ├──────────────────────────────────[PSCAN    "INITIAL"  ]
                  │
                  └──────────────────────────────────[PSCAN    "BASE"    ]
```

M1~M6까지는 POSNORND 프로그램이 STOP되어 있다가
컨베이어가 작동한 이후 POSNORND 프로그램이 SCAN

```
        M1
 42 ─────┤↑├─────────────────────────────────────────[PSTOP    "POSNORND" ]
       공급 전진

        M7
102 ─────┤↑├─────────────────────────────────────────[PSCAN    "POSNORND" ]
       컨베이어
       on

110 ─────────────────────────────────────────────────[END      ]
```

INITIAL, ORG, POSNORND 프로그램은 그대로 사용하면 된다.

1. 터치 패널 작화

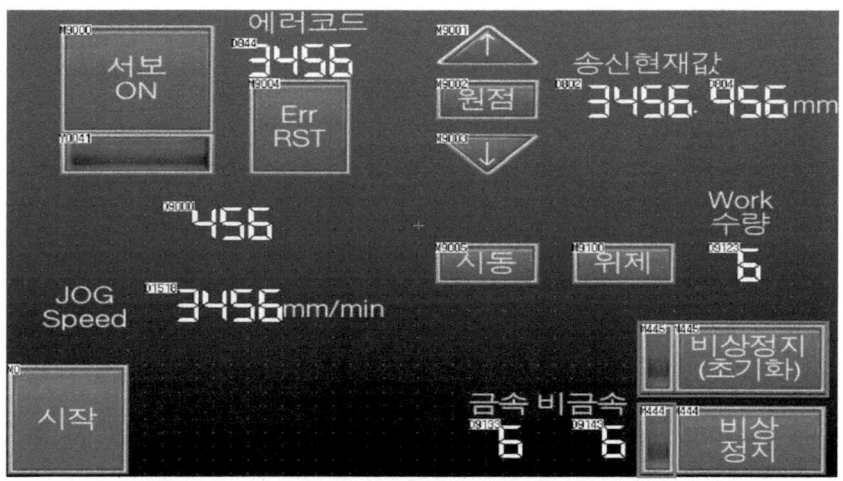

Device	Text	Object	Action
M9000	서보 ON	Bit Switch	Alternate
M9001	↑	Bit Switch	Momentary
M9002	원점	Bit Switch	Momentary
M9003	↓	Bit Switch	Momentary
M9004	Err RST	Bit Switch	Momentary
M9005	시동	Bit Switch	Momentary
D9000	위치 결정 데이터, ▓▓	Numerical Input	
D1518	JOG SPEED, ▓▓▓	Numerical Input	
Y41		Bit Lamp	
D844	에러 코드, ▓▓▓	Numerical Display	
D802	송신 현재값, 정수부 ▓▓▓	Numerical Display	
D804	송신 현재값, 소수부 ▓▓	Numerical Display	
D9123	WORK 수량, ▓	Numerical Input	
M9100	위제	Bit Switch	Momentary
M444	비상 정지	Bit Switch	Alternate
M0	시작	Bit Switch	Momentary
D9133	금속 수량, ▓	Numerical Display	
D9143	비금속 수량, ▓	Numerical Display	
M445	비상 정지 (초기화)	Bit Switch	Alternate
M445		Bit Lamp	
M444		Bit Lamp	

2. 동작 조건

▷ PLC run 한 지 0.5초 뒤에 서보 ON 되며, [서보 ON] 스위치를 홀수 번 터치하면 OFF 되고 짝수 번 터치하면 ON 된다.

▷ JOG SPEED D1518에는 JOG 속도를 mm/min 단위로 입력한다.

▷ [상승] 스위치를 터치하면 D1518에 입력한 속도로 상승한다.

▷ [하강] 스위치를 터치하면 D1518에 입력한 속도로 하강한다.

▷ PLC run 한 지 1초 뒤에 원점 복귀가 실행되며, [원점] 스위치를 터치한 다음 손가락을 떼면 원점 복귀가 실행된다.

▷ [Err RST] 스위치를 터치하면 현재 발생한 에러가 해제된다.

▷ Numerical Input을 터치해서 나온 키패드를 이용해서 D9000(위치 결정 데이터 No.)의 값을 입력한다.

▷ [시동] 스위치를 터치한 다음 손가락을 떼면 D9000을 터치해서 입력된 위치 결정 데이터 No.에 의해 위치 결정 동작이 실행된다.

▷ 서보 ON 되면 램프 Y51이 ON 된다.

▷ 에러 발생 시 에러 코드 D844에는 발생된 에러 코드가 출력된다.

▷ 송신 현재값 D802에는 리프트의 현재 위치(mm 단위)의 정수부가, D804에는 현재 위치의 소수부가 출력된다. [ex: 현재 위치가 12.3456mm라면 정수부에는 12, 소수부에는 345가 출력]

▷ Work 수량 D9123에는 투입되는 공작물의 수량을 입력한다.

▷ [시작] 스위치를 터치하면 서보 실전 과제 07의 순서도와 같이 동작한다.

▷ 금속 수량 D9133에는 검출된 금속 공작물의 수량이, 비금속 수량 D9143에는 검출된 비금속 공작물의 수량이 출력된다.

▷ 동작 도중 [비상 정지] 스위치를 터치하면 동작을 정지하고 다시 터치하면 동작이 다시 실행될 수 있다.

▶ [비상 정지] 스위치를 홀수 번 터치하면 램프 M444가 ON 되고, 짝수 번 터치하면 램프 M444가 OFF 된다.

▶ [비상 정지 (초기화)] 스위치를 터치하면 동작이 정지되고, 다시 터치해서 비상 정지를 해제하면 시스템이 초기화된다. (각종 실린더는 후진/상승하고 컨베이어 모터도 정지)

▶ [비상 정지 (초기화)] 스위치를 홀수 번 터치하면 램프 M445가 ON 되고, 짝수 번 터치하면 램프 M445가 OFF 된다.

3. 래더 다이어그램

"MAIN" 프로그램의 맨 위에 다음 내용을 추가한다.

[비상 정지]를 실행했을 때 컨베이어 모터가 작동하고 있다면 컨베이어 모터가 정지되고, 비상 정지 해제 시 다시 컨베이어 모터가 작동할 수 있게 된다.

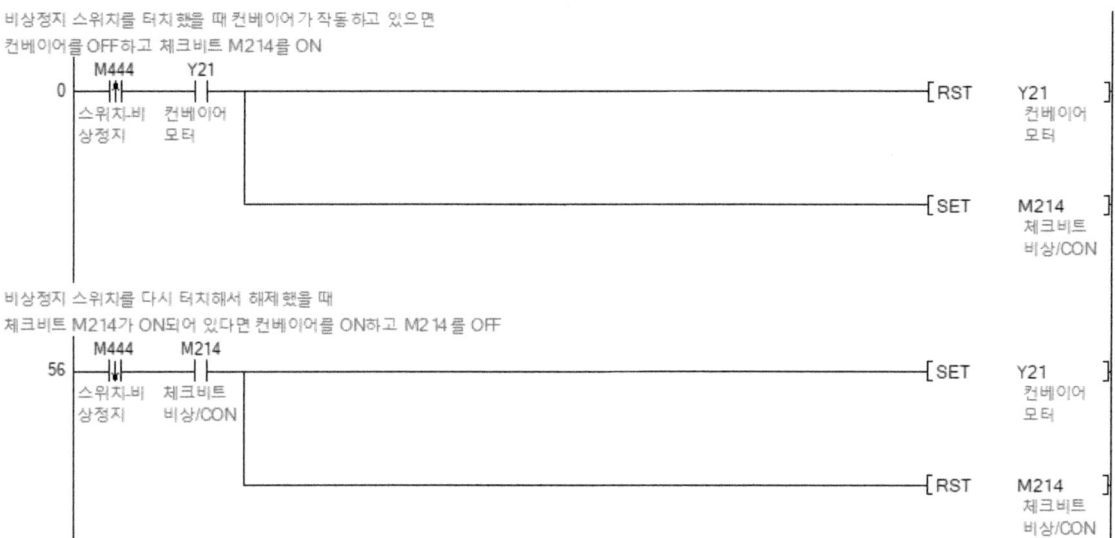

"MAIN2" 프로그램을 추가한 다음 아래와 같이 작성한다. [초기화] 스위치를 터치하면 동작이 정지되고, 다시 터치하면 각종 실린더는 후진/상승하고 드릴 가공 모터와 컨베이어 모터가 정지되도록 만든다.

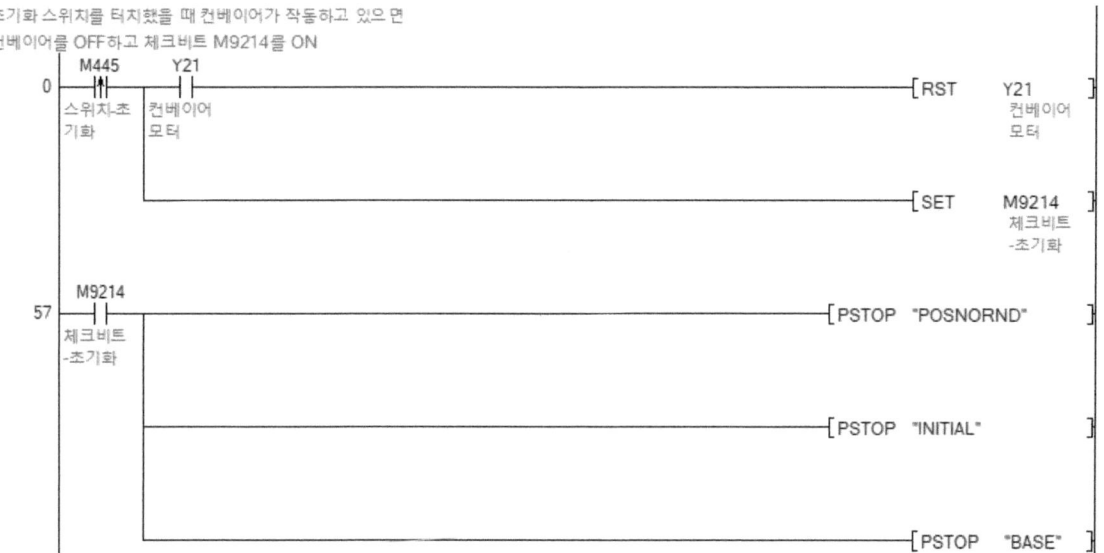

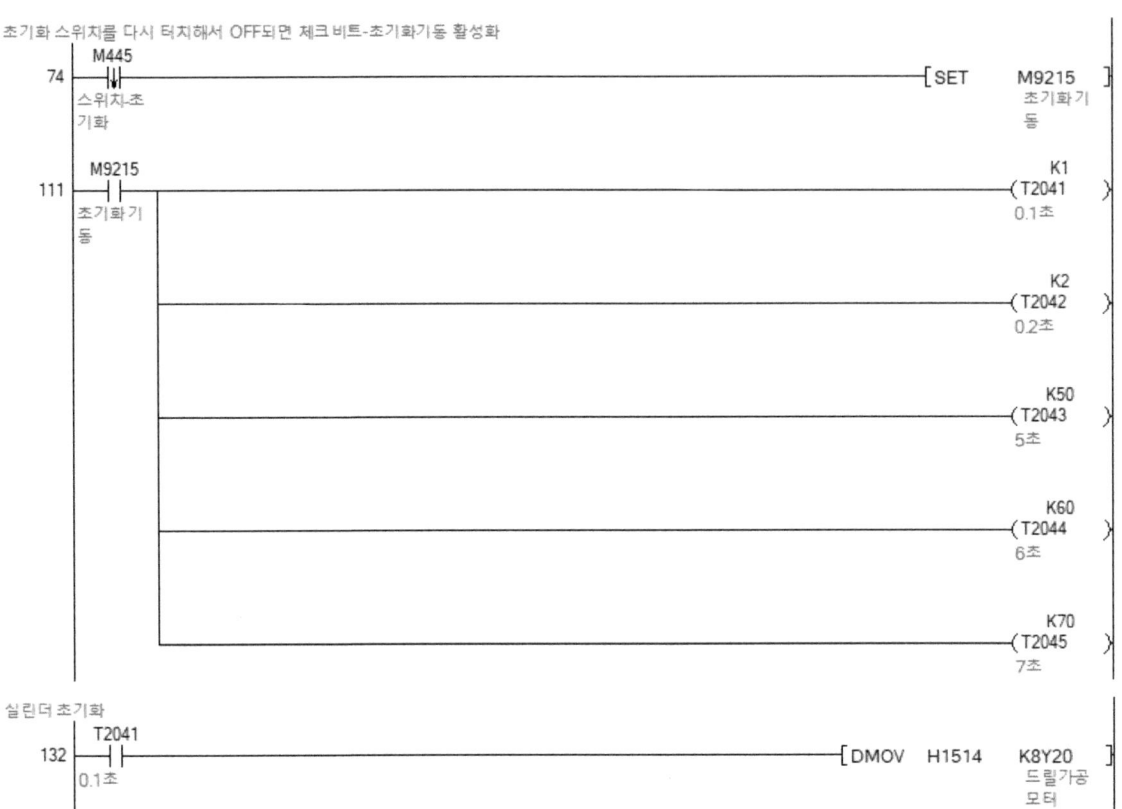

【DMOV H1514 K8Y20 】는 다음과 같이 출력 디바이스의 값을 변경시킨다. H1514 대신 K5396으로 입력해도 동일한 동작을 실행한다.

디바이스	Y2F	Y2E	Y2D	Y2C	Y2B	Y2A	Y29	Y28	Y27	Y26	Y25	Y24	Y23	Y22	Y21	Y20	16진수	10진수
BIN	0	0	0	1	0	1	0	1	0	0	0	1	0	1	0	0	1514	5396
HEX	1				5				1				4					

Y20부터 8 Nibble(=32 bit) 사이즈의 디바이스에 16진수 1514를 전송하면 위 표와 같이 편솔인 Y26(가공 하강솔), Y27(취출 전진솔), Y2E(흡착컵 동작솔)은 OFF 되어 상승/후진 또는 흡착해제된다. 또한, Y22(공급 후진솔), Y24(분배 후진솔), Y28(스토퍼 상승솔), Y2A(흡착 후진솔), Y2C(저장 후진솔)이 ON 되고 Y23(공급 전진솔), Y25(분배 전진솔), Y29(스토퍼 하강솔), Y2B(흡착 전진솔), Y2D(저장 전진솔)이 OFF 되어 양솔로 구성되어 있는 실린더는 모두 후진하게 되며, DC 모터인 Y20(드릴 가공 모터), Y21(컨베이어 모터)는 OFF 된다. 8 Nibble로 지정했으므로 솔레노이드나 모터에 지정되어 있지는 않은 Y30~Y3F의 출력 디바이스도 모두 OFF 된다.

만약 I/O MAP이 위 조건과 다른 환경이라면 스스로 계산해서 초기화에 필요한 값을 찾아보도록 한다.

이어서 아래와 같은 내용을 추가한다. 실린더 후진/상승과 모터 정지 동작을 위에서 작성했으므로 이제 모든 출력 디바이스(Y20~Y3F)와 모든 데이터 레지스터(D0~D13311), 모든 내부 릴레이(M0~M9215)의 값을 0으로 초기화한다.

서보 원점 복귀 (프로그램 ORG에서 T2042 상승)
Devices Clear (Yn, Dn, Mn 순으로)

```
        T2043
145      ┤├                                          ─[DMOV   H0      K8Y20  ]
        5초                                                           드릴가공
                                                                     모터

        T2044
192      ┤├                                          ─[FMOV   K0      D0      K13312 ]
        6초

        T2045
197      ┤├                                          ─[BKRST  M0      K9216  ]
        7초                                                           스위차시
                                                                     작

201                                                                  ─[END    ]
```

"ORG" 프로그램의 첫 행에 다음과 같이 T2042를 추가한다.

초기화 스위치를 OFF한지 0.2초 후 T2042가 ON되면

```
        SM402
0        ┤├                                          ─[SET    M402   ]
     ┌ ─ ─ ─ ─ ┐
     │  T2042  │
     │  ┤↑├    │
     └ ─ ─ ─ ─ ┘
       0.2초
```

1. 터치 패널 작화

서보 실전 과제 08의 터치 패널 작화에서 아래와 같이 에러 코드의 아래에 Bit Lamp를 삽입한 다음 Device를 M844로 설정한다. 그다음 Shape 버튼을 클릭하고 램프의 모양을 사각형으로 설정한다.

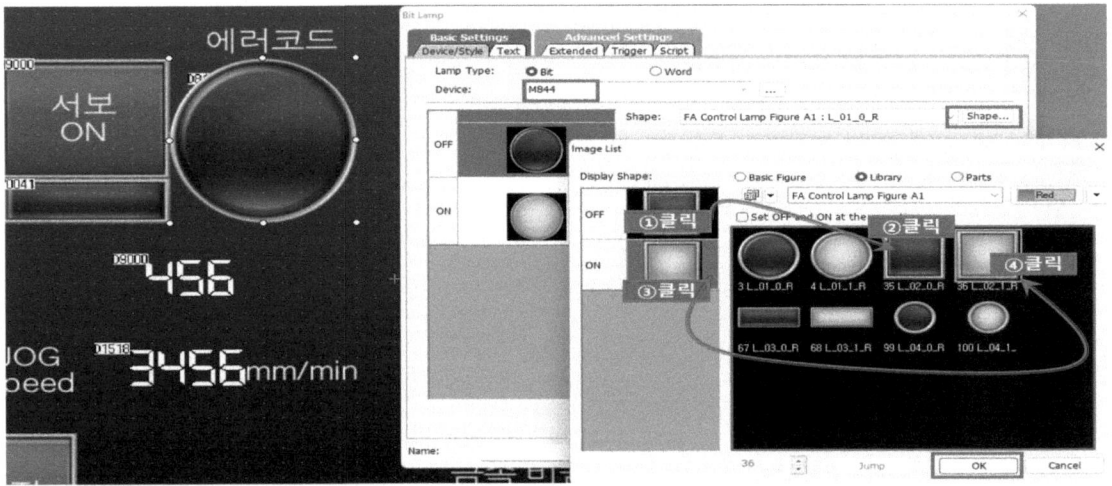

Bit Lamp를 우클릭한 다음 Stacking Order → Move to the Back of Layer를 클릭해서 램프를 오브젝트 중 맨 뒤로 보낸다.

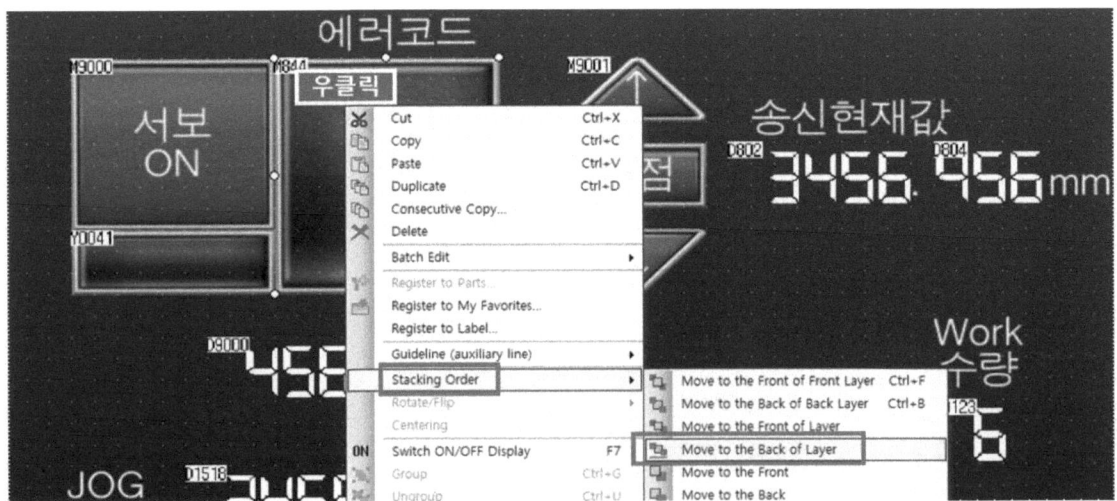

아래와 같이 램프 M844가 다른 오브젝트들의 뒤로 배치된다.

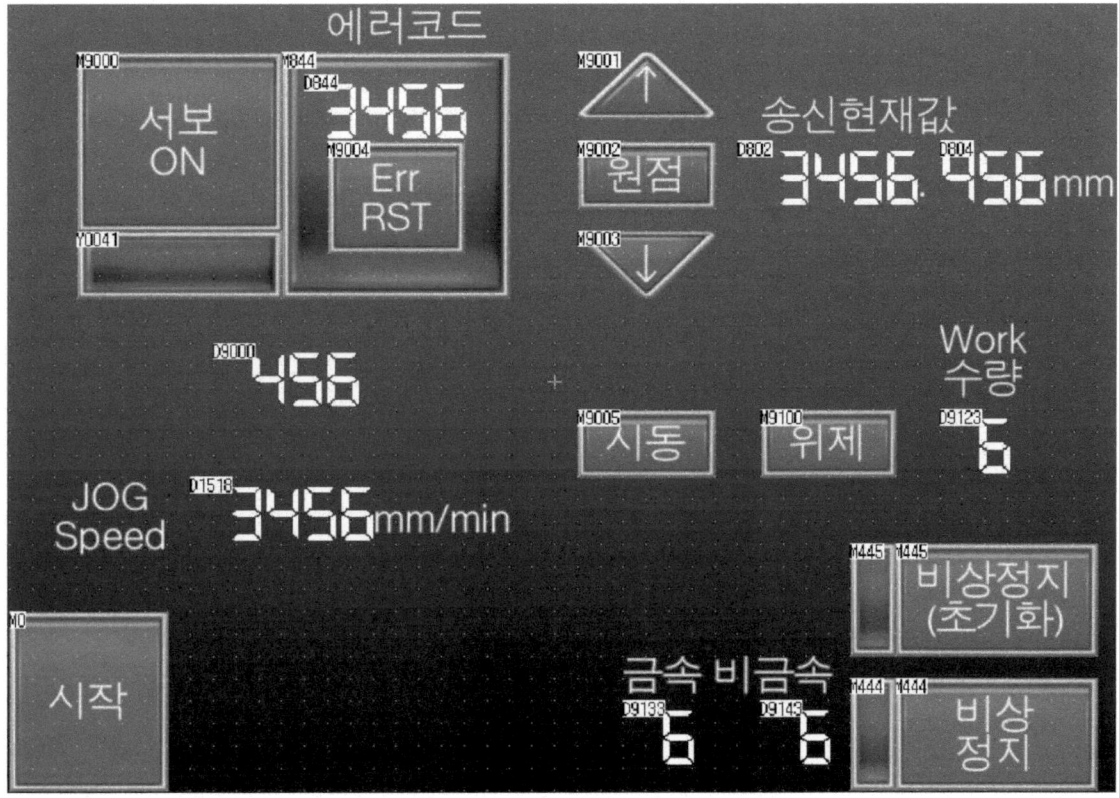

스위치의 종류를 Switch로 변경한 다음 베이스 화면의 오른쪽 위에 삽입한다.

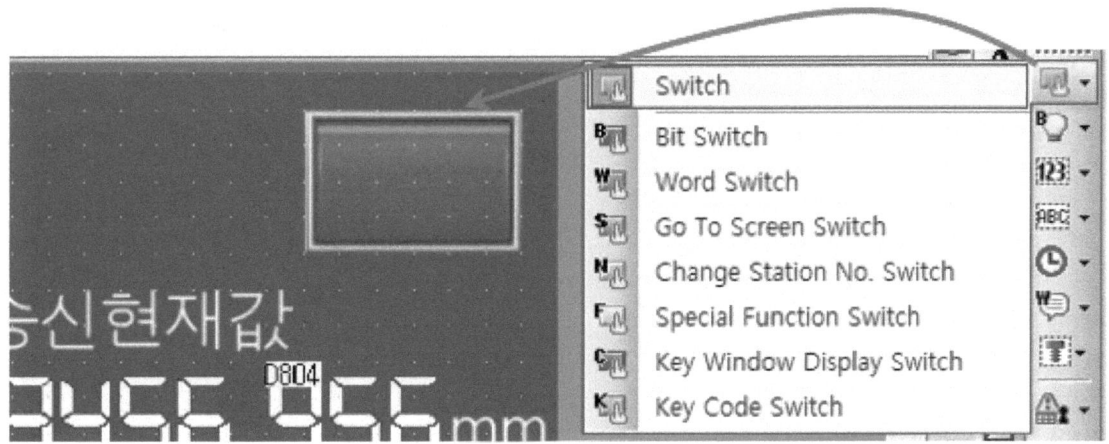

Add Action에서 [Bit]를 클릭한 다음 Device에 M7000을 입력하고 [OK] 버튼을 클릭한다.

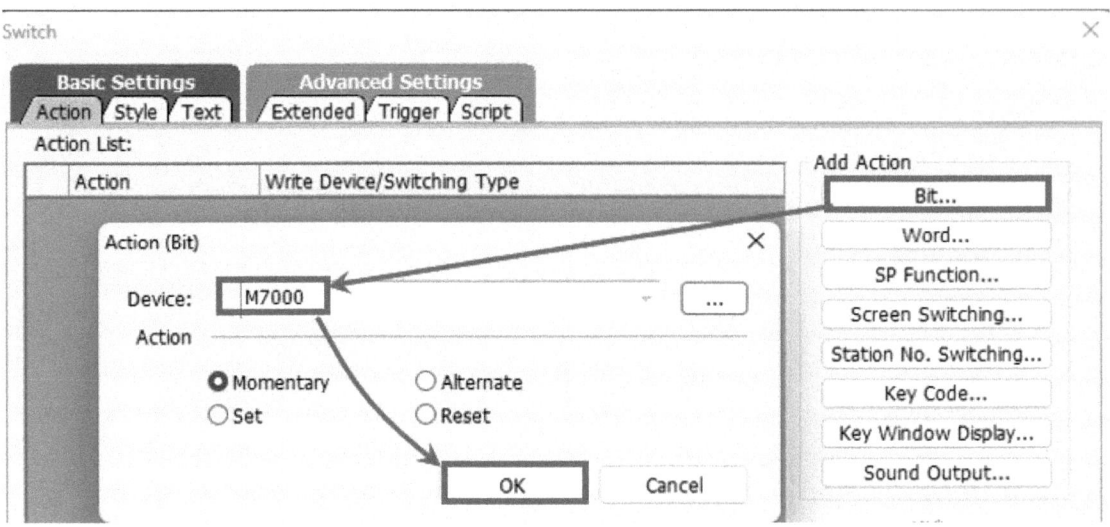

Add Action에서 [Screen Switching]를 클릭한 다음 Screen No.에 2를 입력하고 [OK] 버튼을 클릭한다.

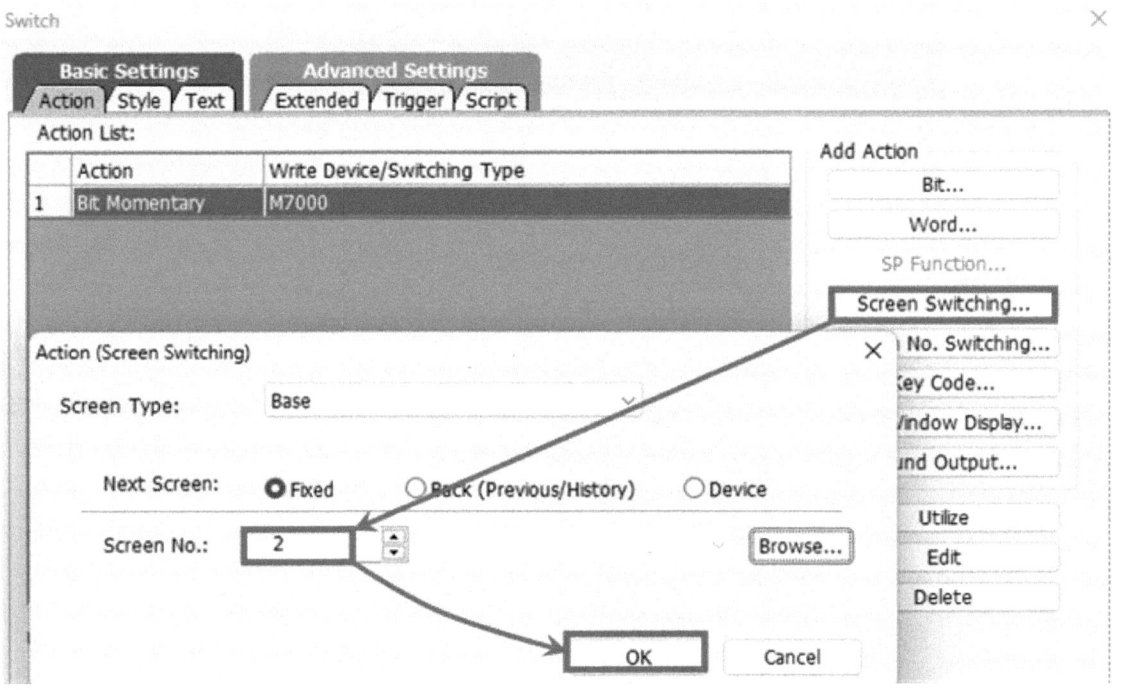

이로써 스위치를 터치하면 M7000이 ON 되고 2번 베이스로 화면 전환하는 2가지 기능을 가진 스위치로 설정된다.

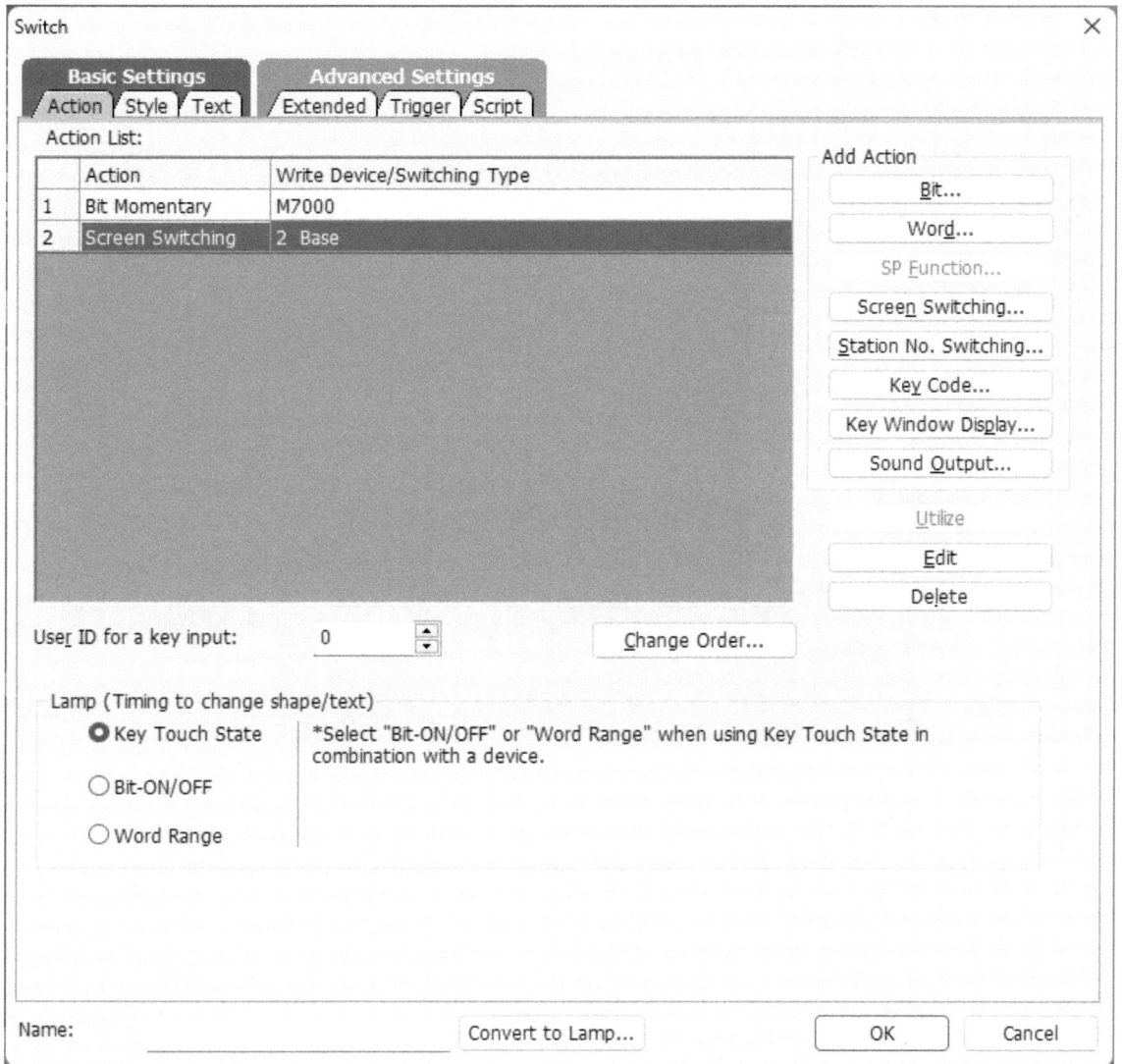

Text에 "테스트"를 입력하면 아래와 같이 1번 베이스가 완성된다.

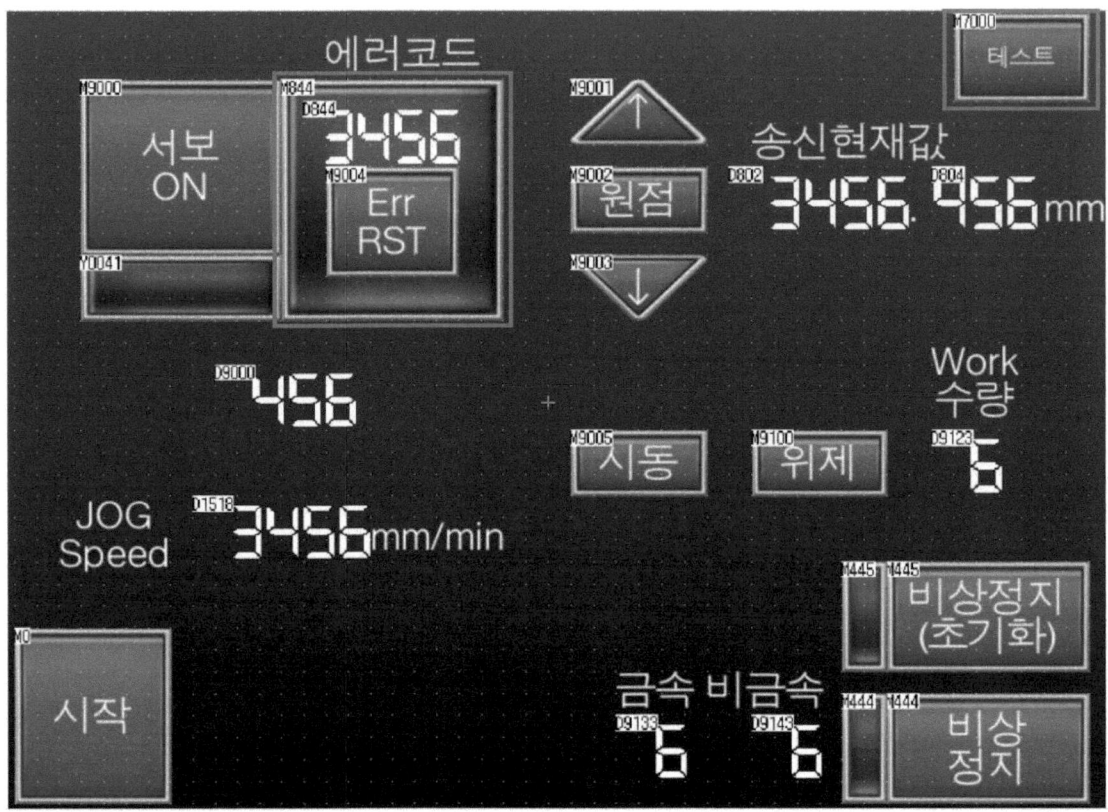

왼쪽의 Docking Window - "Screen" 트리에서 Base Screen - "New"를 더블클릭한다.
Screen No.가 2로 설정되어 있는데, [OK] 버튼을 클릭하면 기존의 1번 Base(B-1)의 옆에 2번
Base(B-2)가 생성된다.

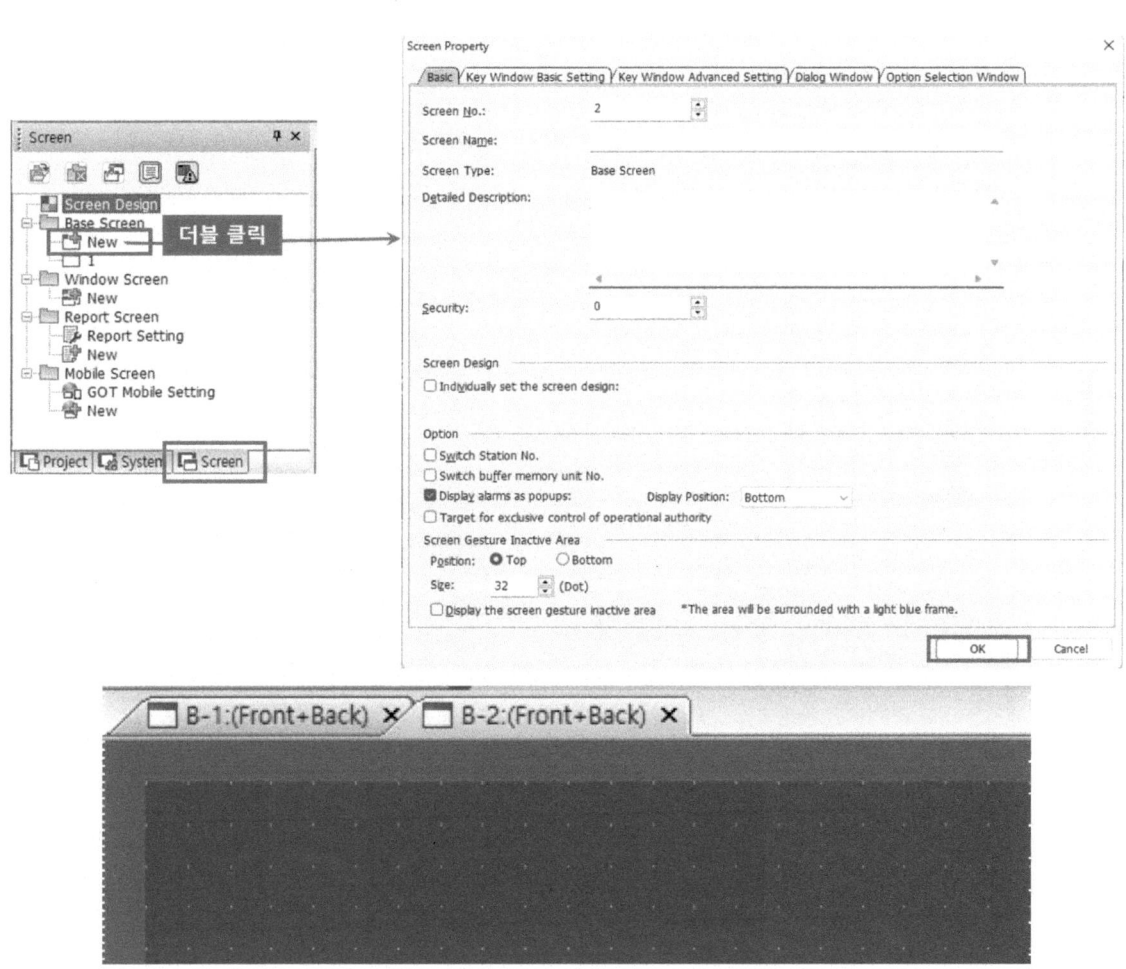

2번 베이스에는 아래와 같이 작화한다. "공정 제어" 스위치는 스위치를 터치하면 M7999가 ON 되고 1번 베이스로 화면 전환하는 2가지 기능을 가진 스위치로 설정된다.

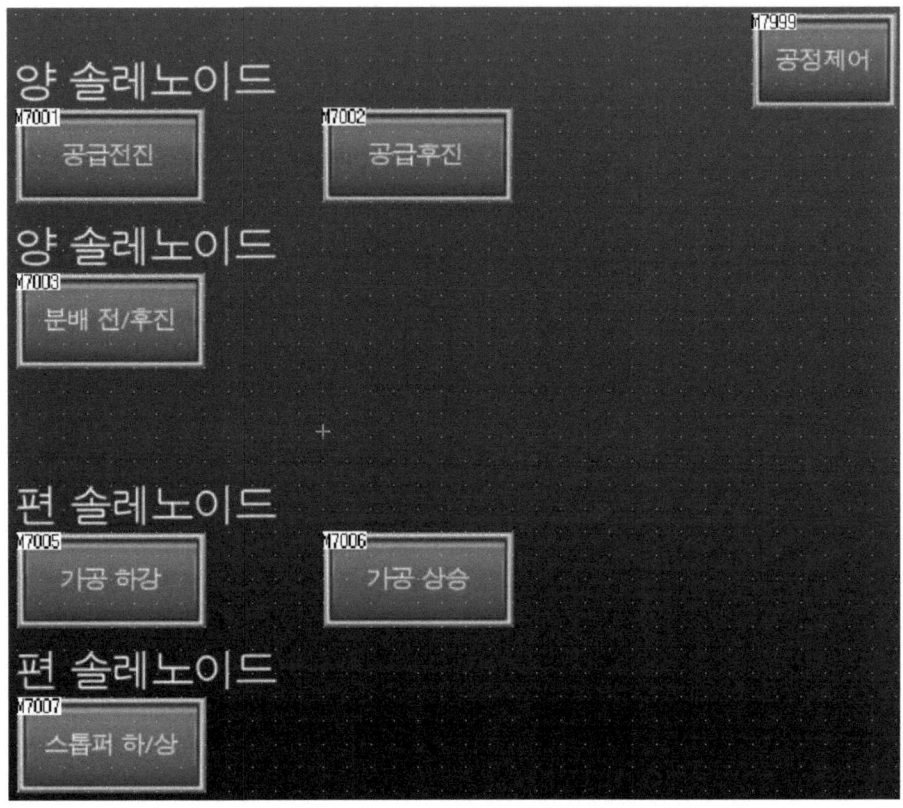

1번 베이스

Device	Text	Object	Action
M9000	서보 ON	Bit Switch	Alternate
M9001	↑	Bit Switch	Momentary
M9002	원점	Bit Switch	Momentary
M9003	↓	Bit Switch	Momentary
M9004	Err RST	Bit Switch	Momentary
M9005	시동	Bit Switch	Momentary
D9000	위치 결정 데이터, ▨▨	Numerical Input	
D1518	JOG SPEED, ▨▨▨	Numerical Input	
Y41		Bit Lamp	
D844	에러 코드, ▨▨▨	Numerical Display	
D802	송신 현재값, 정수부 ▨▨▨	Numerical Display	
D804	송신 현재값, 소수부 ▨▨	Numerical Display	
D9123	WORK 수량, ▨	Numerical Input	
M9100	위제	Bit Switch	Momentary
M444	비상 정지	Bit Switch	Alternate
M0	시작	Bit Switch	Momentary
D9133	금속 수량, ▨	Numerical Display	
D9143	비금속 수량, ▨	Numerical Display	
M445	비상 정지 초기화	Bit Switch	Alternate
M445		Bit Lamp	
M444		Bit Lamp	
M844		Bit Lamp	
M7000	테스트	Bit Switch	Momentary
		Screen Switching	2 Base

2번 베이스

Device	Text / 의미	Object	Action
M7001	공급 전진	Bit Switch	Momentary
M7002	공급 후진	Bit Switch	Momentary
M7003	분배 전/후진	Bit Switch	Alternate
M7005	가공 하강	Bit Switch	Momentary
M7006	가공 상승	Bit Switch	Momentary
M7007	스톱퍼 하/상	Bit Switch	Alternate
M7999	공정제어	Bit Switch	Momentary
		Screen Switching	1 Base

2. 동작 조건

- BASE-1 -

▷ PLC run 한 지 0.5초 뒤에 서보 ON 되며, [서보 ON] 스위치를 홀수 번 터치하면 OFF 되고, 짝수 번 터치하면 ON 된다.

▷ JOG SPEED D1518에는 JOG 속도를 mm/min 단위로 입력한다.

▷ [상승] 스위치를 터치하면 D1518에 입력한 속도로 상승한다.

▷ [하강] 스위치를 터치하면 D1518에 입력한 속도로 하강한다.

▷ PLC run 한 지 1초 뒤에 원점 복귀가 실행되며, [원점] 스위치를 터치한 다음 손가락을 떼면 원점 복귀가 실행된다.

▷ [Err RST] 스위치를 터치하면 현재 발생한 에러가 해제된다.

▷ Numerical Input을 터치해서 나온 키패드를 이용해서 D9000(위치 결정 데이터 No.)의 값을 입력한다.

▷ [시동] 스위치를 터치한 다음 손가락을 떼면 D9000을 터치해서 입력된 위치 결정 데이터 No.에 의해 위치 결정 동작이 실행된다.

▷ 서보 ON 되면 램프 Y51이 ON 된다.

▷ 에러 발생 시 에러 코드 D844에는 발생된 에러 코드가 출력된다.

▷ 송신 현재값 D802에는 리프트의 현재 위치(mm 단위)의 정수부가, D804에는 현재 위치의 소수부가 출력된다. [ex: 현재 위치가 12.3456mm라면 정수부에는 12, 소수부에는 345가 출력]

▷ Work 수량 D9123에는 투입되는 공작물의 수량을 입력한다.

▷ [시작] 스위치를 터치하면 서보 실전 과제 07의 순서도와 같이 동작한다.

▷ 금속 수량 D9133에는 검출된 금속 공작물의 수량이, 비금속 수량 D9143에는 검출된 비금속 공작물의 수량이 출력된다.

▷ 동작 도중 [비상 정지] 스위치를 터치하면 동작을 정지하고 다시 터치하면 동작이 다시 실행될 수 있다.

▷ [비상 정지 (초기화)] 스위치를 터치하면 동작이 정지되고, 다시 터치해서 비상 정지를 해제하면 시스템이 초기화된다. (각종 실린더는 후진/상승하고 컨베이어 모터도 정지)

▷ [비상 정지] 스위치를 홀수 번 터치하면 램프 M444가 ON 되고, 짝수 번 터치하면 램프 M444가 OFF 된다.

▷ [비상 정지 (초기화)] 스위치를 홀수 번 터치하면 램프 M445가 ON 되고, 짝수 번 터치하면 램프 M445가 OFF 된다.

▶ 에러 발생 시 M844가 ON 된다.

▶ [테스트] 스위치를 터치하면 2번 베이스 화면으로 이동한다.

- BASE-2 -

▶ [공급 전진] 스위치를 터치하면 공급 실린더가 전진한다.

▶ [공급 후진] 스위치를 터치하면 공급 실린더가 후진한다.

▶ [분배 전/후진] 스위치를 홀수 번 터치하면 분배 실린더가 전진하고, 짝수 번 터치하면 분배 실린더가 후진한다.

▶ [가공 하강] 스위치를 터치하면 가공 실린더가 하강한다.

▶ [가공 상승] 스위치를 터치하면 가공 실린더가 상승한다.

▶ [스톱퍼 하/상] 스위치를 홀수 번 터치하면 스토퍼 실린더가 하강하고, 짝수 번 터치하면 스토퍼 실린더가 상승한다.

▶ [공정 제어] 스위치를 터치하면 1번 베이스 화면으로 이동한다.

3. 래더 다이어그램

"MAIN" 프로그램의 맨 아래에 다음과 같이 2행을 추가해서 [테스트] 스위치를 터치하면 TESTBASE 프로그램이 SCAN 되고, [공정제어] 스위치를 터치하면 TESTBASE 프로그램이 STOP 되도록 한다.

"TESTBASE" 프로그램을 추가한 다음 아래와 같이 작성한다. [테스트] 스위치를 터치하면
ORG, POSNORND, INITIAL, BASE 프로그램이 STOP 된다.

```
        M7000
0       ┤├────────────────────────────────────────────[SET      M7100  ]
        스위차테
        스트

        M7100
2       ┤├──┬───────────────────────────────────────────[PSTOP   "ORG"    ]
            │
            │
            ├───────────────────────────────────────────[PSTOP   "POSNORND" ]
            │
            │
            ├───────────────────────────────────────────[PSTOP   "INITIAL"  ]
            │
            │
            └───────────────────────────────────────────[PSTOP   "BASE"   ]
```

[공정 제어] 스위치를 터치하면 다시 ORG, POSNORND, INITIAL, BASE 프로그램이 SCAN
된다.

```
        M7999
23      ┤├────────────────────────────────────────────[RST      M7100  ]
        스위차공
        정제어

        M7100
25      ┤/├─┬───────────────────────────────────────────[PSCAN   "ORG"    ]
            │
            │
            ├───────────────────────────────────────────[PSCAN   "POSNORND" ]
            │
            │
            ├───────────────────────────────────────────[PSCAN   "INITIAL"  ]
            │
            │
            └───────────────────────────────────────────[PSCAN    "BASE"  ]
```

스위치의 상태에 따라 솔레노이드의 상태가 결정되도록 다음과 같이 작성한다.

공급실린더 전진
```
        M7001
46  ─────┤ ├─────────────────────────────────[SET    Y23 ]
        스위자공                                        공급 전진
        급전진                                          솔
         │
         └───────────────────────────────────[RST    Y22 ]
                                                       공급 후진
                                                       솔
```

공급실린더 후진
```
        M7002
59  ─────┤ ├─────────────────────────────────[RST    Y23 ]
        스위자·공                                       공급 전진
        급후진                                          솔
         │
         └───────────────────────────────────[SET    Y22 ]
                                                       공급 후진
                                                       솔
```

(반전)분배실린더 전진
```
        M7003
72  ─────┤ ├─────────────────────────────────[SET    Y25 ]
        스위차·분                                       분배 전진
        배전/후진                                       솔
         │
         └───────────────────────────────────[RST    Y24 ]
                                                       분배 후진
                                                       솔
```

(반전)분배실린더 후진
```
        M7003
88  ─────┤/├─────────────────────────────────[RST    Y25 ]
        스위차·분                                       분배 전진
        배전/후진                                       솔
         │
         └───────────────────────────────────[SET    Y24 ]
                                                       분배 후진
                                                       솔
```

가공실린더 하강
```
         M7005
104  ─────┤ ├────────────────────────────────[SET    Y26 ]
         스위차·가                                      가공 하강
         공하강                                         솔
```

가공실린더 상승
```
         M7006
116  ─────┤ ├────────────────────────────────[RST    Y26 ]
         스위차·가                                      가공 하강
         공상승                                         솔
```

(반전)스톱퍼 하강
```
         M7007
128  ─────┤ ├────────────────────────────────[SET    Y29 ]
         스위차·스                                      스토 퍼하
         톱퍼하/상                                      강솔
          │
          └──────────────────────────────────[RST    Y28 ]
                                                       스토 퍼상
                                                       승솔
```

(반전)스톱퍼 상승
```
         M7007
142  ─────┤/├────────────────────────────────[RST    Y29 ]
         스위차·스                                      스토 퍼하
         톱퍼하/상                                      강솔
          │
          └──────────────────────────────────[SET    Y28 ]
                                                       스토 퍼상
                                                       승솔

156  ─────────────────────────────────────────[END ]
```

1. 터치 패널 작화

서보 실전 과제 09에서 사용했던 터치 패널 작화를 그대로 사용한다.

2. 동작 조건

- BASE-1 -

▷ PLC run 한 지 0.5초 뒤에 서보 ON 되며, [서보 ON] 스위치를 홀수 번 터치하면 OFF 되고, 짝수 번 터치하면 ON 된다.

▷ JOG SPEED D1518에는 JOG 속도를 mm/min 단위로 입력한다.

▷ [상승] 스위치를 터치하면 D1518에 입력한 속도로 상승한다.

▷ [하강] 스위치를 터치하면 D1518에 입력한 속도로 하강한다.

▷ PLC run 한 지 1초 뒤에 원점 복귀가 실행되며, [원점] 스위치를 터치한 다음 손가락을 떼면 원점 복귀가 실행된다.

▷ [Err RST] 스위치를 터치하면 현재 발생한 에러가 해제된다.

▷ Numerical Input을 터치해서 나온 키패드를 이용해서 D9000(위치 결정 데이터 No.)의 값을 입력한다.

▷ [시동] 스위치를 터치한 다음 손가락을 떼면 D9000을 터치해서 입력된 위치 결정 데이터 No.에 의해 위치 결정 동작이 실행된다.

▷ 서보 ON 되면 램프 Y51이 ON 된다.

▷ 에러 발생 시 에러 코드 D844에는 발생된 에러 코드가 출력된다.

▷ 송신 현재값 D802에는 리프트의 현재 위치(mm 단위)의 정수부가, D804에는 현재 위치의 소수부가 출력된다. [ex: 현재 위치가 12.3456mm라면 정수부에는 12, 소수부에는 345가 출력]

▷ Work 수량 D9123에는 투입되는 공작물의 수량을 입력한다.

▷ [시작] 스위치를 터치하면 서보 실전 과제 07의 순서도와 같이 동작한다.

▷ 금속 수량 D9133에는 검출된 금속 공작물의 수량이, 비금속 수량 D9143에는 검출된 비금속 공작물의 수량이 출력된다.

▶ 동작 도중 [비상 정지] 스위치를 터치하면 동작을 정지하고 다시 터치하면 동작이 다시 실행될 수 있다. 서보 모터 동작 중에도 동작의 정지와 재개가 이루어진다.

▷ [비상 정지 (초기화)] 스위치를 터치하면 동작이 정지되고, 다시 터치해서 비상 정지를 해제하면 시스템이 초기화된다. (각종 실린더는 후진/상승하고 컨베이어 모터도 정지)

▷ [비상 정지] 스위치를 홀수 번 터치하면 램프 M444가 ON 되고, 짝수 번 터치하면 램프 M444가 OFF 된다.

▷ [비상 정지 (초기화)] 스위치를 홀수 번 터치하면 램프 M445가 ON 되고, 짝수 번 터치하면 램프 M445가 OFF 된다.

▷ 에러 발생 시 M844가 ON 된다.

▷ [테스트] 스위치를 터치하면 2번 베이스 화면으로 이동한다.

- BASE-2 -

▷ [공급 전진] 스위치를 터치하면 공급 실린더가 전진한다.

▷ [공급 후진] 스위치를 터치하면 공급 실린더가 후진한다.

▷ [분배 전/후진] 스위치를 홀수 번 터치하면 분배 실린더가 전진하고 짝수 번 터치하면 분배 실린더가 후진한다.

▷ [가공 하강] 스위치를 터치하면 가공 실린더가 하강한다.

▷ [가공 상승] 스위치를 터치하면 가공 실린더가 상승한다.

▷ [스톱퍼 하/상] 스위치를 홀수 번 터치하면 스토퍼 실린더가 하강하고, 짝수 번 터치하면 스토퍼 실린더가 상승한다.

▷ [공정 제어] 스위치를 터치하면 1번 베이스 화면으로 이동한다.

3. 순서도

다음 순서도와 같이 동작 순서를 변경한다.

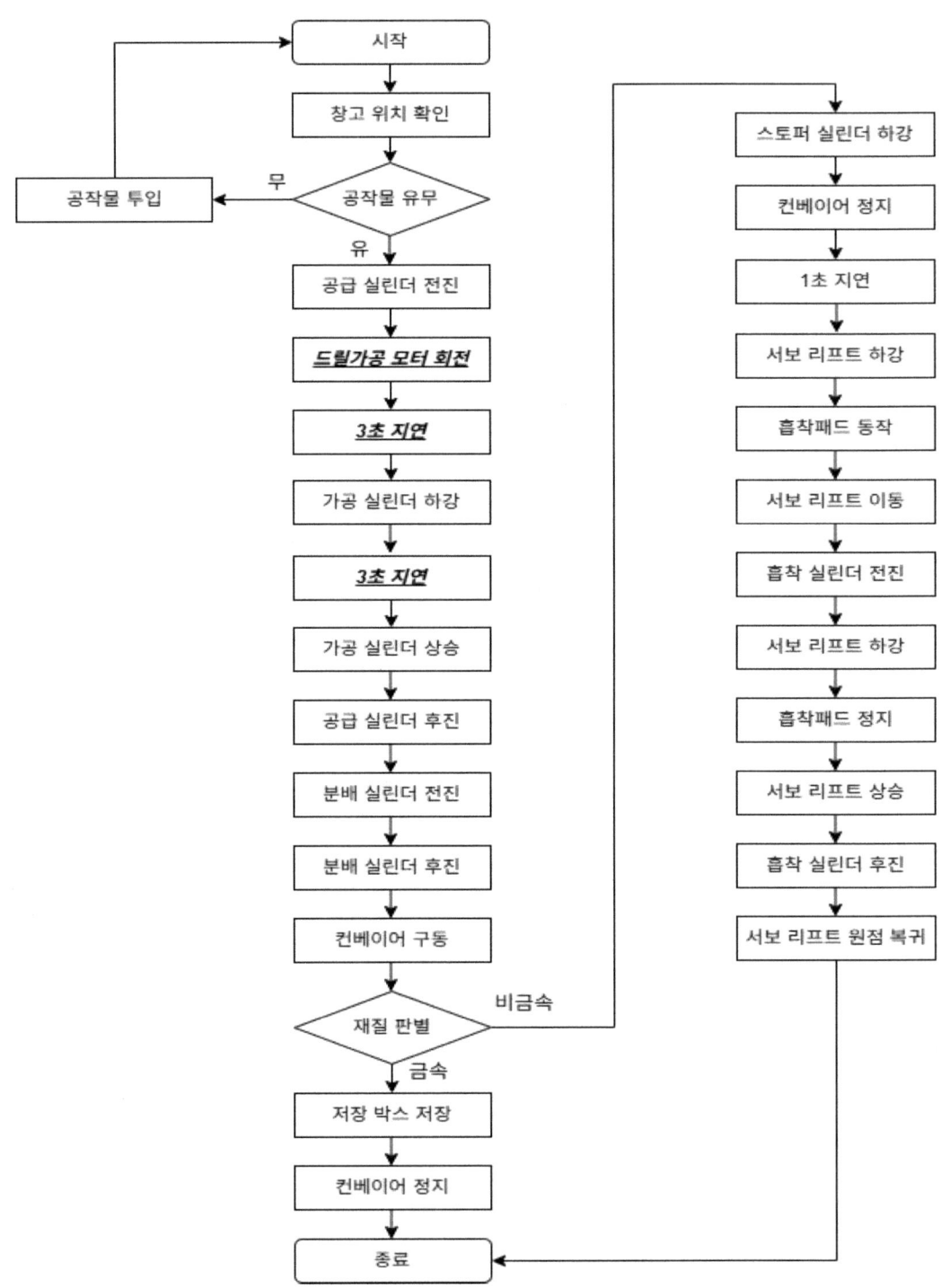

4. 래더 다이어그램

서보 실전 과제 08이나 09의 "MAIN" 프로그램의 맨 위에 아래와 같은 회로를 추가한다.

서보 실전 과제 08의 컨베이어 모터 비상 정지와 마찬가지로 [비상 정지]를 실행했을 때 드릴 가공 모터가 작동하고 있다면 드릴 가공 모터가 정지되고, [비상 정지] 해제 시 다시 드릴 가공 모터가 작동할 수 있게 된다.

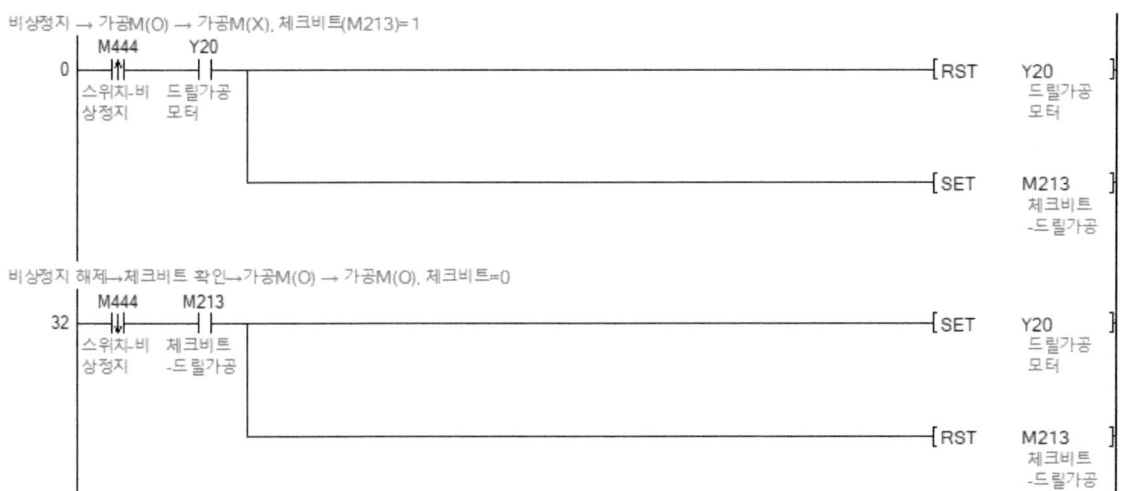

"MAIN" 프로그램의 맨 아래에 아래와 같은 회로를 추가한다. 다른 위치에 추가해도 동작에는 차이가 없다. Y54는 "축 정지" 출력 디바이스이므로 [비상 정지]가 실행됐을 때 서보 모터의 동작이 정지된다.

"POSNORND" 프로그램을 아래와 같이 수정한다. 비상 정지가 해제되면 서보 모터의 동작이 재개된다.

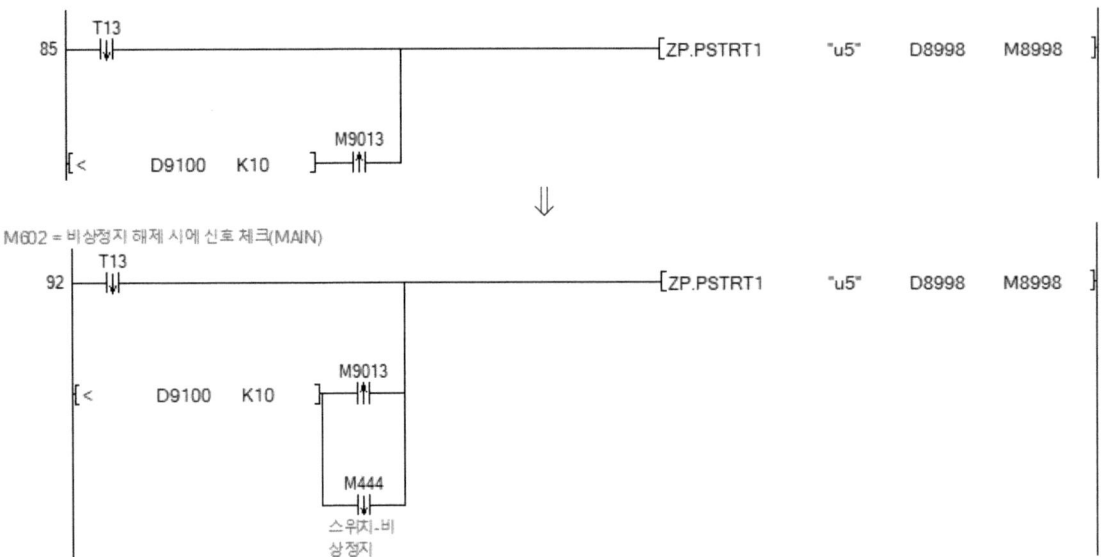

스토퍼 실린더가 하강 완료했을 때 흡착이 실행되도록 아래와 같이 수정한다.

서보 실전 과제 09의 "BASE" 프로그램을 아래와 같이 수정한다. 드릴가공 모터의 회전과 3초 지연, 가공 실린더 하강 후 3초 지연 동작을 구현한 것이다.

가공실린더

```
        M2                                          ┌SET   Y26    ┐
90     ─┤├─────────────────────────────────────────┤      가공하강 │
       가공 하강                                     └      솔     ┘

        M3                                          ┌RST   Y26    ┐
99     ─┤├─────────────────────────────────────────┤      가공하강 │
       가공 상승                                     └      솔     ┘
```

⇩

드릴M 회전 → 3초 지연 → 가공실린더 하강 ----> 추가1

```
        M2                                          ┌SET   Y20    ┐
90     ─┤├─────────────────────────────────────────┤      드릴가공 │
       가공 하강                                     └      모터    ┘

        Y20                                               K30
121    ─┤├───────────────────────────────────────────────(T213  )
       드릴가공
       모터

        M4                                          ┌RST   Y20    ┐
126    ─┤├─────────────────────────────────────────┤      드릴가공 │
       공급 후진                                     └      모터    ┘

        T213                                        ┌SET   Y26    ┐
128    ─┤↑├────────────────────────────────────────┤      가공하강 │
                                                    └      솔     ┘
```

가공실린더 하강 → 3초 지연 → 가공실린더 상승 ----> 추가2

```
        M3                                                 K30
131    ─┤├───────────────────────────────────────────────(T3    )
       가공 상승

        T3                                          ┌RST   Y26    ┐
167    ─┤├─────────────────────────────────────────┤      가공하강 │
                                                    └      솔     ┘
```

서보 실전 과제 09의 "INITIAL" 프로그램을 아래와 같이 수정해서 완료한다. M13은 POSNORND 프로그램에서 1초 동안 ON 되어 위치 결정 어드레스를 D9000에 전송하는 역할을 하는 릴레이이다.

```
        M9004                                       ┌MOV   K1    U5₩ ┐
42     ─┤├─────────────────────────────────────────┤            G1502│
                                                    └            ┘
```

⇩

추가- b접점 M13

```
        M9004                                       ┌MOV   K1    U5₩  ┐
42     ─┤├───┬─────────────────────────────────────┤            G1502 │
            │                                       └            위치결정 ┘
        M13 │                                                    시동번호
       ─┤↓├─┘
```

각종 플랜트나 공조 설비, 가전제품 등에서 흔히 사용되고 있는 인버터는 AC 모터의 속도를 제어하는 장치로써 공장 자동화에 있어 핵심 제품이라 할 수 있다. 인버터의 개발 이전에는 각종 설비에서 속도 제어가 필요할 때 동력원으로 주로 DC 모터가 사용되었으며, AC 모터는 주로 정속도 운전의 용도로 사용되었다.

인버터는 1950년대 미국의 GE에서 사이리스터(Thyristor) 방식으로 처음 개발되어 DC 모터 등 특정 가변속의 대체 수요로 일부 사용되다가 1980년대 이후 일본에서 트랜지스터를 이용한 범용 인버터를 상품화하여 보급함에 따라 그 수요가 급속히 늘어나기 시작했다.

국내에서도 1980년대에 인버터가 소개되기 시작하여 초기에는 주로 공장의 자동화 기기에서 생산성 및 품질 향상을 목적으로 사용되다가 점차 에너지 절약의 중요성이 대두되면서 에너지 절약을 목적으로 에어컨, 냉장고 등 AC 모터를 사용하는 가전제품에서도 폭넓게 사용되고 있다.

1. 인버터의 구성

사전적인 정의의 인버터(Inverter)란 DC(직류) 전력을 AC(교류) 전력으로 변환하는 장치를 뜻하며, 이와 반대되는 개념인 컨버터(Converter)는 AC(교류) 전력을 DC(직류) 전력으로 변환하는 장치를 뜻한다. 하지만 FA에서 정의하는 인버터는 보통 이 2가지 파트(인버터부와 컨버터부)가 결합된 시스템으로서 상용 AC 전원에서 전력을 공급받아 전압과 주파수를 변경해서 모터에 공급함으로써 AC 모터의 회전 속도를 고효율로 용이하게 제어하는 일련의 장치를 말한다.

즉 인버터는 전원에서 고정 주파수, 고정 전압의 AC 전력을 공급 받아 컨버터부에서 정류(Commutation)하여 DC로 변환한 다음 평활부를 거쳐 맥류(Ripple)를 줄여 평활(Smoothing)된 DC 전압을 인버터부에서 가변 주파수, 가변 전압의 AC 전력으로 변환하는 장치이며, 다음 그림과 같이 구성되어 있다.

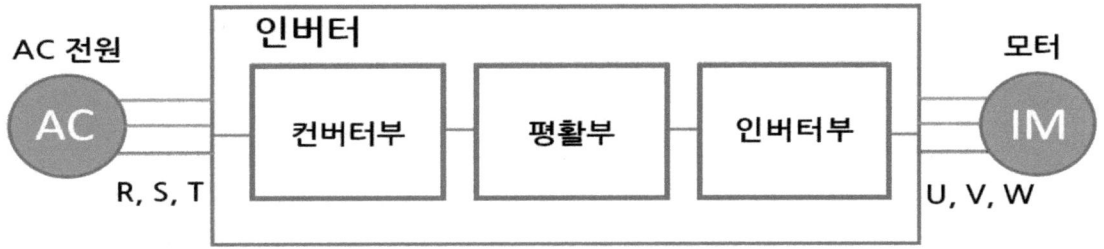

2. AC 모터의 속도 제어 원리

AC 모터가 구동될 때의 회전 속도(n)는 아래 수식에 의해 결정된다.

$$n = \frac{120 \times f}{P} \times (1 - s)$$

n : 회전 속도(rpm)

f : 주파수(Hz), AC 모터에 공급되는 AC 전력의 주파수

P : 극수(Number of poles), N극과 S극의 개수

s : 슬립(Slip), 회전 자계의 속도와 회전자의 실제 회전 속도 사이의 차

따라서 AC 모터의 회전 속도 제어는 주파수, 극수, 슬립 3가지 값을 변경함으로써 가능하다. 인버터의 속도 제어는 이 값들 중 사용자가 변경할 수 있는 주파수값을 변경함으로써 이루어지며, 수식에서 확인할 수 있듯이 주파수와 회전 속도는 정비례한다. 또한, 주파수에 의해 AC 모터의 회전 속도를 변경할 때는 전압도 주파수에 비례해서 조정되어야 토크(Torque)가 유지될 수 있다.

3. 미쓰비시 범용 인버터 FR-E800 시리즈

본 교재에서는 미쓰비시전기에서 생산한 FR-E800 시리즈 인버터가 장착된 FR-A8NC 키트에 의한 AC 모터의 회전 제어를 실습한다. 인버터와 키트의 설치나 배선 방법 등에 대해서는 따로 설명하지 않으며 해당 제품의 매뉴얼을 참조하도록 한다. E700 시리즈 인버터는 버튼의 위치가 다른 등 차이가 있기는 하지만, 기본적인 기능에는 차이가 없으니 참고하도록 한다.

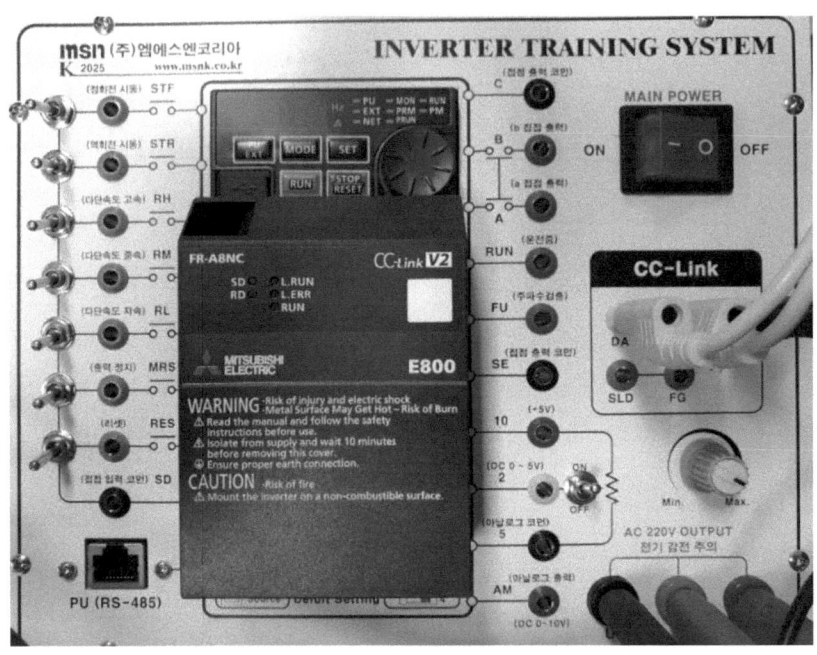

4. FR-E800 시리즈 인버터의 조작 패널

인버터는 조작 패널을 이용해서 모터의 운전에 필요한 각종 파라미터를 설정하거나 간단한 모터의 운전을 실행할 수 있다. 또는, USB 포트를 통해 PC와 연결한 다음 FR-Configurator를 이용할 수도 있다. 다음 그림은 인버터의 조작 패널의 외형을 표현하고 있다.

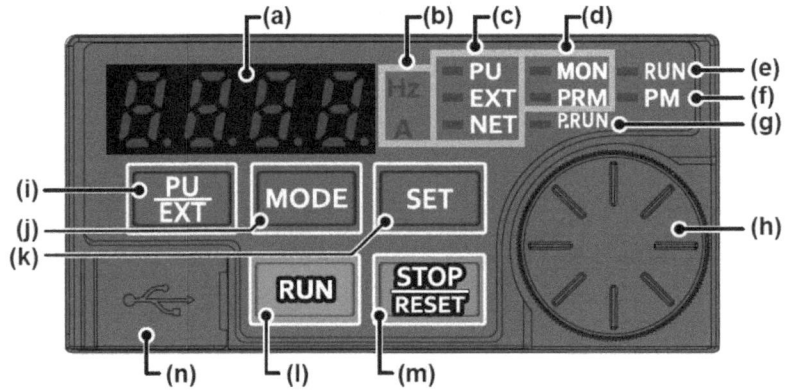

No.	조작부	명칭	내용
(a)	`8.8.8.8`	모니터	주파수, 파라미터 번호 등을 표시
(b)	Hz A	단위 표시	**Hz** : 모니터에 주파수가 표시될 때 점등 **A** : 모니터에 전류가 표시될 때 점등 (전압 표시할 때는 소등, 설정 주파수 표시될 때는 점멸)
(c)	PU EXT NET	운전 모드 표시	PU : Parameter Unit 모드 EXT : EXTernal 모드 NET : NETwork 모드
(d)	MON PRM	조작 패널 상태 표시	MON : 제1~3 모니터 표시 시 점등/점멸 PRM : 파라미터 설정 모드 시 점등. 간단 설정 모드 선택 시 점멸
(e)	RUN	운전 상태 표시	▶ 점등 – 정회전 중 ▶ **1.4s 사이클 점멸** - 역회전 중 ▶ **0.2s 사이클 점멸** - 운전 중이 아니고 시동 지령이 있을 경우 - 주파수 지령이 시동 주파수 미만일 때 시동 지령이 있을 경우
(f)	PM	제어 모터 표시	PM 센서리스 벡터 제어 설정 시, 또는 유도 모터 설정 시 점등 테스트 운전 선택 시 점멸
(g)	P.RUN	시퀀스 기능 유효 표시	시퀀스 기능 작동 시 점등 시퀀스 에러 발생 시 점멸
(h)	(M 다이얼)	M 다이얼	**회전시켜서 주파수 설정, 파라미터 설정치 등 변경 누르면 아래 값이 표시** ▶ 모니터 모드 시 설정 주파수 표시 ▶ 교정 시 현재 설정치 표시 ▶ 에러 이력 모드 시 순번 표시
(i)	PU EXT	PU/EXT 키	PU/EXT 모드를 설정 EXT 모드를 사용할 경우에는 "운전 모드 표시"에서 EXT가 점등된 상태에서 실행 [(J) MODE 키]와 동시에 누르면 운전 모드 간단 설정 모드로 이행
(j)	MODE	MODE 키	각 모드를 절환 [(i) PU/EXT] 키와 동시에 누르면 운전 모드 간단 설정 모드로 이행
(k)	SET	SET 키	설정 결정 운전 중에 누르면 모니터 내용이 우측의 순서와 같이 변경 운전 주파수 → 출력 전류 → 출력 전압 → (운전 주파수)

No.	조작부	명칭	내용
(l)	**RUN**	RUN 키	시동 지령 Pr.40의 설정에 의해 회전 방향 선택 가능
(m)	**STOP RESET**	STOP/RES ET 키	운전을 정지하고 알람을 리셋
(n)		USB 커넥터	USB 접속으로 FR-Configurator2를 사용 가능

5. FR-E800 시리즈 인버터의 파라미터

FR-E800 시리즈 인버터에는 수백 개의 파라미터가 있지만 앞으로 실습에서 설정을 변경하거나 확인할 파라미터는 다음과 같다.

파라 미터 번호	명 칭	단 위	초기치	범 위	설 명
4	3속 설정(고속, RH)	0.01Hz	60Hz	0~400Hz	3가지 주파수 값을 미리 설정한 다음 정/역회전 시동 가능. 2개 혹은 3개의 단자를 동시 ON 해서 7속 운전도 가능.
5	3속 설정(중속, RM)	0.01Hz	30Hz	0~400Hz	
6	3속 설정(저속, RL)	0.01Hz	10Hz	0~400Hz	
7	가속 시간	0.1s	5/10/15s	0~3600s	인버터 용량 3.5kW 이하는 5s, 5.5kW, 7.5kW는 10s, 11kW, 15kW는 15s
8	감속 시간	0.1s	5/10/15s	0~3600s	
10	직류 제동 동작 주파수	0.01Hz	3Hz	0~120Hz	감속 시에 직류 전압을 모터에 걸어 모터 축 정지
13	시동 주파수	0.01Hz	0.5Hz	0~60Hz	시동 신호를 ON 했을 때의 시동 주파수
20	가감속 기준 주파수	0.01Hz	60Hz	1~400Hz	가감속 시간의 기준이 되는 주파수
79	운전 모드 선택	1	0	0, 1, 2, 3, 4, 6, 7	시동 지령과 주파수 지령의 장소를 설정

6. 파라미터 클리어

실습용 인버터는 다른 학생이나 교육생이 자기 나름의 파라미터 설정을 해놓았을 수도 있으므로 파라미터를 초기화할 필요가 있다. '파라미터 클리어'나 '파라미터 올 클리어' 기능을 이용해서 각종 파라미터 설정을 초기화할 수 있는데, '파라미터 올 클리어'는 오토 튜닝, 각종 게인 등의 파라미터도 초기화하므로 '파라미터 클리어'를 실행한다.

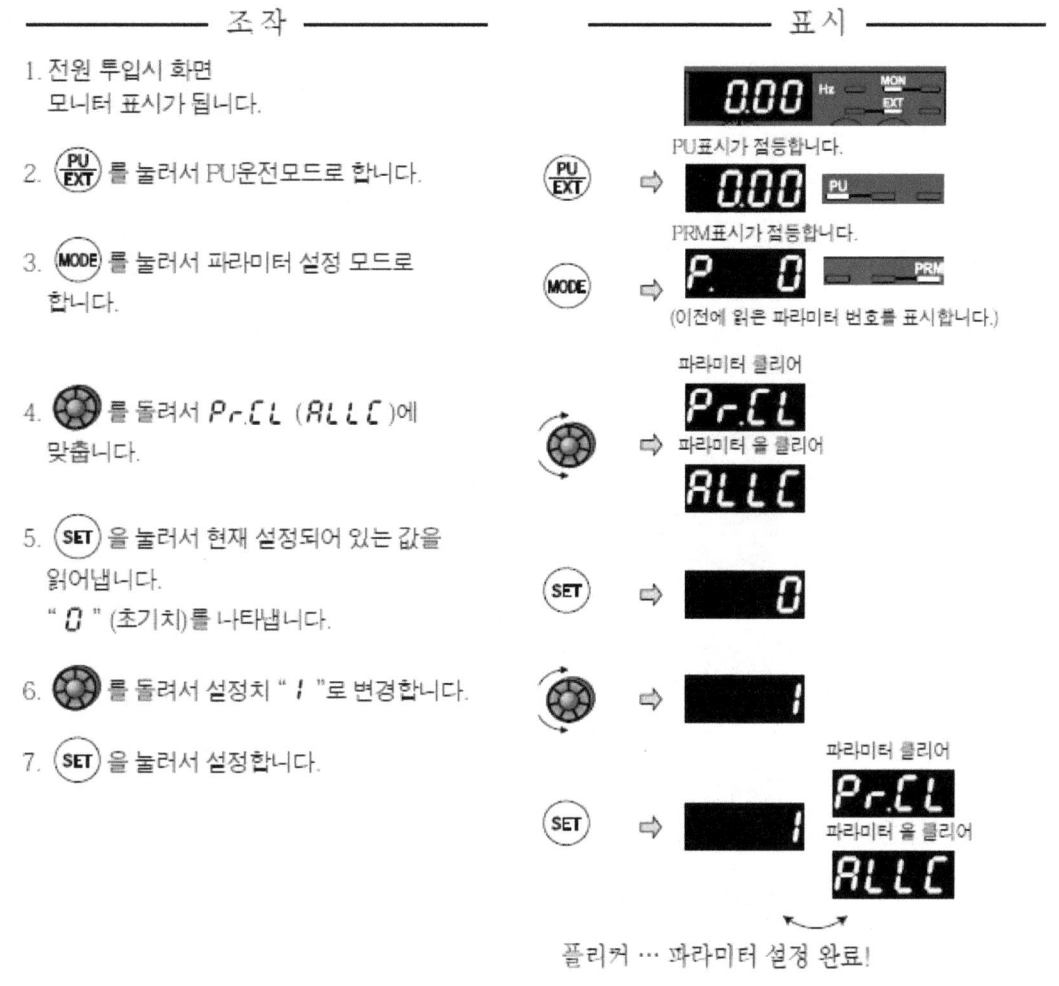

―――――――― 조작 ――――――――

1. 전원 투입시 화면
   모니터 표시가 됩니다.

2. (PU/EXT) 를 눌러서 PU운전모드로 합니다.

3. (MODE) 를 눌러서 파라미터 설정 모드로
   합니다.

4. (⚙) 를 돌려서 *Pr.CL* (*ALLC*)에
   맞춥니다.

5. (SET) 을 눌러서 현재 설정되어 있는 값을
   읽어냅니다.
   " *0* " (초기치)를 나타냅니다.

6. (⚙) 를 돌려서 설정치 " *1* "로 변경합니다.

7. (SET) 을 눌러서 설정합니다.

―――――――― 표시 ――――――――

PU표시가 점등합니다.

PRM표시가 점등합니다.
(이전에 읽은 파라미터 번호를 표시합니다.)

파라미터 클리어
파라미터 올 클리어

파라미터 클리어
파라미터 올 클리어

플리커 … 파라미터 설정 완료!

7. 운전 모드 설정(간단 설정 모드)

시동 지령과 속도 지령의 조합에 따른 Pr.79 운전 모드 선택의 설정을 간단한 조작으로 할 수 있다. 본 챕터에서는 PU(파라미터 유닛)에서 주파수를 설정하고, 외부(PLC)에서 시동 지령을 입력받아 인버터를 운전하는 PU/외부 병용 모드인 79-3 모드만 사용해서 실습을 진행할 수 있도록 한다.

―――――― 조 작 ――――――　　　　　　―――――― 표 시 ――――――

1. 전원 투입시 화면
   모니터가 표시됩니다.

2. (PU/EXT) 와 (MODE) 를 동시에 0.5s 누릅니다.

3. 를 돌려서 **79 - 3** 에 맞춥니다.
   그외의 설정은 아래표를 참조해 주십시오.

조작패널 표시	운전방법	
	시동 지령	주파수 지령
79 - 1 점멸	(RUN)	
79 - 2 점멸	외부 (STF, STR)	아날로그 전압 입력
79 - 3 점멸	외부 (STF, STR)	
79 - 4 점멸	(RUN)	아날로그 전압 입력

4. (SET) 을 눌러서 설정합니다.

(SET) ⇨ **79-3**　**79 - -**

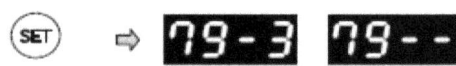

플리커 … 파라미터 설정 완료!
⬇ 3s후 모니터 표시가 됩니다.

8. 고속, 중속, 저속 주파수 설정

예를 들어, 고속 주파수를 50Hz, 중속 주파수를 40Hz, 저속 주파수를 30Hz로 변경하고 싶다면 다음 과정을 거쳐 설정할 수 있다.

고속 주파수 설정(P. 4)

1. Pr.79-3인 상태에서 **MODE** 버튼을 눌러 파라미터 설정 모드로 진입한다.

2. 🔆 를 회전시켜 P. 4로 변경한 다음 **SET** 버튼을 누르면 현재 설정값이 표시된다.

3. 🔆 를 회전시켜 50.00Hz로 변경한 다음 **SET** 버튼을 누르면 P. 4와 50.00Hz 표시가 플리커 된다.

중속 주파수 설정(P. 5)

4. 고속 주파수 설정을 완료했으면 파라미터 번호가 P. 5로 변경되어 있는데 다시 **SET** 버튼을 누르면 현재 설정값이 표시된다.

5. 🔆 를 회전시켜 40.00Hz로 변경한 다음 **SET** 버튼을 누르면 P. 5와 40.00Hz 표시가 플리커 된다.

저속 주파수 설정(P. 6)

6. 중속 주파수 설정을 완료했으면 파라미터 번호가 P. 6으로 변경되어 있는데 다시 **SET** 버튼을 누르면 현재 설정값이 표시된다.

7. 🔆 를 회전시켜 30.00Hz로 변경한 다음 **SET** 버튼을 누르면 P. 6와 30.00Hz 표시가 플리커 된다.

8. 파라미터 번호가 P. 7 가속 시간으로 변경되어 있는데, 본 교재에서는 가속 시간과 감속 시간을 초기치로 사용한다. 이제 **MODE** 버튼을 2회 눌러서 화면에 0.00Hz가 표시되고, **MON, PU, EXT**가 ON 되면 주파수 설정이 완료된 것이다.

9. 가/감속 시간

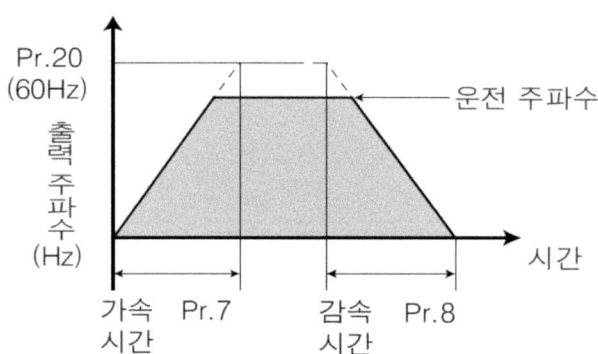

Pr. 7 가속 시간은 정지 상태부터 Pr.20 가감속 기준 주파수까지 가속하는 시간을 설정하며 다음 수식에 의해 설정한다.

$$Pr.7 = \frac{Pr.20}{최대 사용 주파수 - Pr.13} \times 정지 상태부터 최대 사용 주파수까지 가속하는 시간$$

Pr. 20의 초기치는 60Hz, Pr.13 시동 주파수의 초기치는 0.5Hz이며, 정지 상태부터 최대 사용 주파수 50Hz까지 가속하는 시간을 5s로 설정하고 싶다면

$$Pr.7 = \frac{60}{50 - 0.5} \times 5 ≒ 5.0 으로 설정하면 된다.$$

만약 Pr. 7이 5s로 설정되어 있고, Pr. 20은 60Hz, Pr.13은 0.5Hz일 때 정지 상태부터 최대 사용 주파수 50Hz까지 가속하는 시간은 $t_a = 5 \times \frac{50 - 0.5}{60} ≒ 4.1s$, 최대 사용 주파수 60Hz까지 가속하는 시간은 $t_a = 5 \times \frac{60 - 0.5}{60} ≒ 5.0s$이다.

Pr. 8 감속 시간은 Pr. 7과 반대로 Pr. 20 가감속 기준 주파수부터 정지 상태까지 감속하는 시간을 설정하며 다음 수식에 의해 설정한다.

$$Pr.8 = \frac{Pr.20}{최대 사용 주파수 - Pr.10} \times 최대 사용 주파수부터 정지 상태까지 감속하는 시간$$

Pr. 20의 초기치는 60Hz, Pr. 10 직류 제동 동작 주파수의 초기치는 3Hz이며, 최대 사용 주파수 50Hz부터 정지 상태까지 감속하는 시간을 5s로 설정하고 싶다면

$$Pr.8 = \frac{60}{50 - 3} \times 5 ≒ 5.3 으로 설정하면 된다.$$

만약 Pr. 8이 5s로 설정되어 있고, Pr. 20은 60Hz, Pr. 10은 3Hz일 때 최대 사용 주파수 50Hz 부터 정지 상태까지 감속하는 시간은 $t_d = 5 \times \dfrac{50-3}{60} \fallingdotseq 3.9\text{s}$, 최대 사용 주파수 60Hz부터 정지 상태까지 감속하는 시간은 $t_d = 5 \times \dfrac{60-3}{60} \fallingdotseq 4.8\text{s}$이다.

이 수식에 의해 가속 시간과 감속 시간을 5s로 했을 때 정지 상태부터 최대 사용 주파수까지 가속하는 시간과 최대 사용 주파수부터 정지 상태까지 감속하는 시간의 값을 구하면 다음과 같다. 실습 과제에서는 이 시간 값들을 사용하는데, 본인이 사용하는 인버터의 초기치가 다르거나 가/감속 시간 파라미터를 변경했다면 위 수식에 의해 다시 계산해서 사용하면 된다.

최대 사용 주파수(Hz)	정지 상태부터 최대 사용 주파수까지 가속하는 시간(s)	최대 사용 주파수부터 정지 상태까지 감속하는 시간(s)
60	5.0	4.8
50	4.1	3.9
40	3.3	3.1
30	2.5	2.3
20	1.6	1.4
10	0.8	0.6

10. 인버터의 지령

인버터에 의해 AC 모터를 회전시키기 위해서는 "주파수 지령"과 "시동 지령"이 모두 필요하다. 즉 주파수 지령(설정 주파수)에 의해 모터의 회전 속도가 결정되며, 시동 지령을 ON 하면 모터가 설정 주파수에 의해 회전하게 된다. 실습 과제에서 주파수 지령은 파라미터 유닛에서 미리 설정해 놓은 고속(RH), 중속(RM), 저속(RL) 3가지 주파수 설정 중 하나를 PLC에서 전송 받은 신호에 의해 ON 시킴으로써 선택되도록 하며, 시동 지령은 정회전 시동(STF), 역회전 시동(STR) 2가지 입력 신호 중 하나를 PLC에서 전송받은 신호에 의해 ON 시켜서 선택되도록 한다.

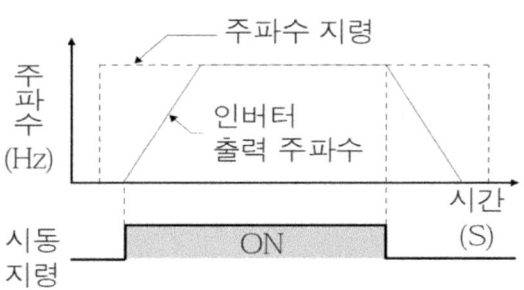

11. 인버터 - PLC 결선

인버터의 입력 신호 단자와 PLC 측의 단자를 다음과 같이 결선한다. 이렇게 하면 예를 들어 PLC의 출력 디바이스인 Y3A와 Y3C가 ON 되고 Y3B, Y3D, Y3E가 OFF 되면 AC 모터가 고속 정회전, Y3B와 Y3E가 ON 되고 Y3A, Y3C, Y3D가 OFF 되면 AC모터가 저속 역회전하는 등의 AC 모터 구동이 가능하게 된다.

06 인버터 실습

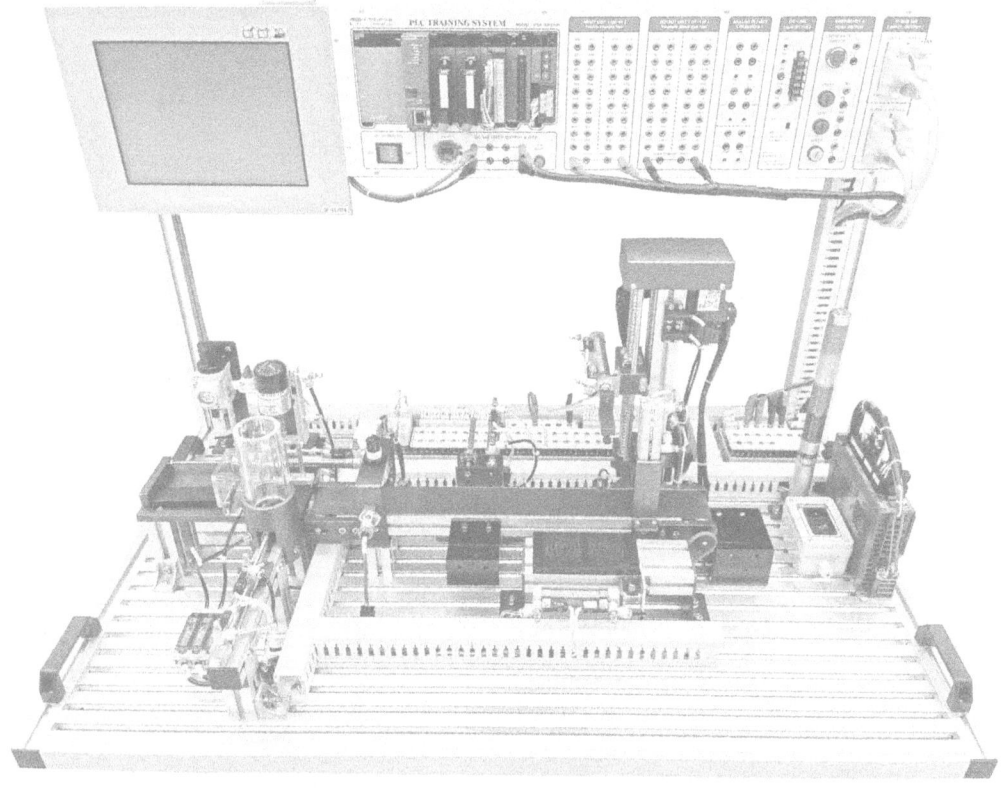

1. 터치 패널 작화

Device	Text	Object	Action
M600	정회전	Bit Switch	Momentary
M601	역회전	Bit Switch	Momentary
D5000	회전 주파수, 56	Numerical Display	
Y3A	램프1	Bit Lamp	
Y3B	램프2	Bit Lamp	
Y3C	램프3	Bit Lamp	
Y3E	램프4	Bit Lamp	

2. 동작 조건

▷ 인버터의 주파수는 아래 표에 의해 설정한다.

속 도	설정 주파수 (Hz)
저속(RL)	30
고속(RH)	50

▷ "정회전" 버튼을 터치하고 손을 떼면 3초간 고속으로 정회전 후 잠시 정지, 그리고 6초간 저속 정회전한 다음 정지한다.

▷ "역회전" 버튼을 터치하고 손을 떼면 6초간 저속으로 역회전 후 잠시 정지, 그리고 3초간 고속 역회전한 다음 정지한다.

　(정회전과 역회전의 시간 "6초"와 "3초"에는 가속 시간, 감속 시간은 포함되지 않는다)

▷ 모터가 회전하는 동안 모터의 "회전 주파수"를 30 또는 50으로 표시한다. 모터가 감속을 시작하거나 정지 상태면 0으로 표시한다.

▷ "램프1"은 정회전, "램프2"는 역회전, "램프3"은 고속 회전, "램프4"는 저속 회전 시 점등한다. (가속 또는 감속 중에도 각 램프가 점등한다)

3. 래더 다이어그램

데이터명 : MAIN

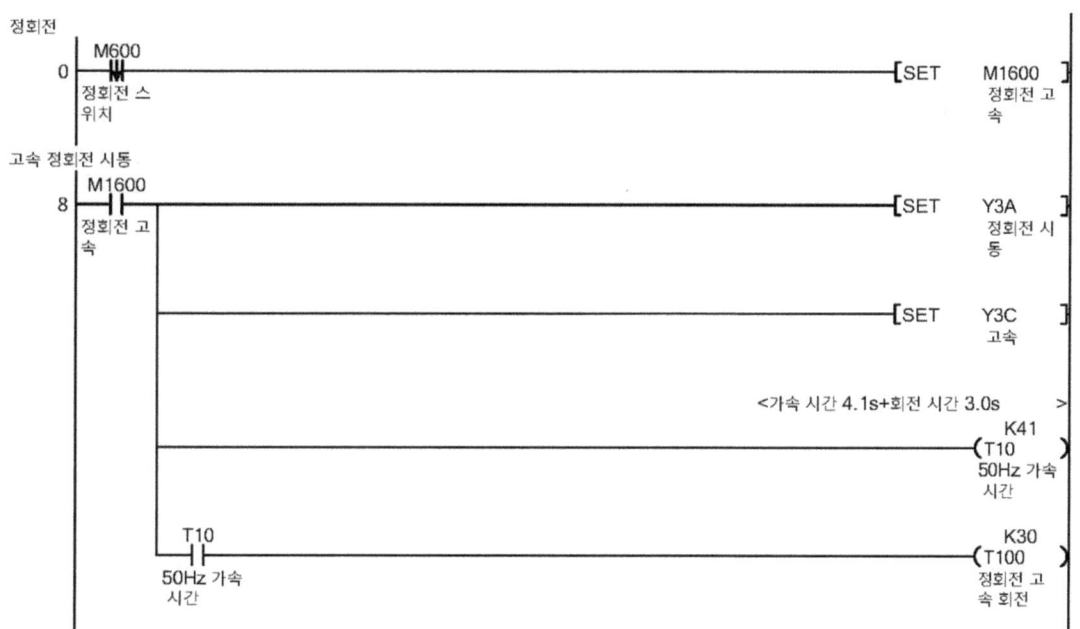

가속 시간과 회전 시간 동안 지연시키는 데 사용된 타이머 T10과 T100은 다음과 같이 하나
의 타이머로 변경해도 무방하다. T12와 T120, T20과 T200, T22와 T220도 마찬가지이다.

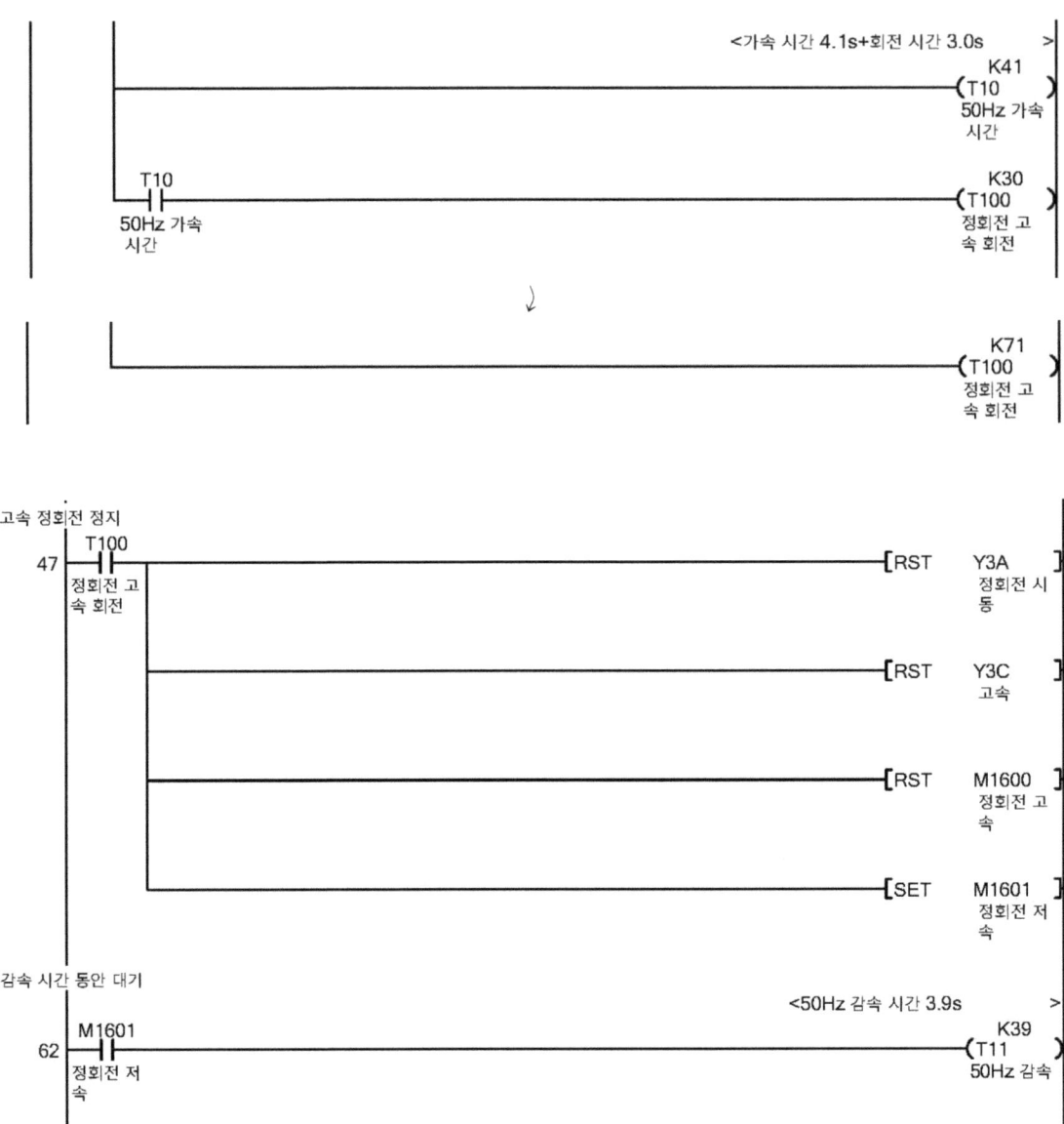

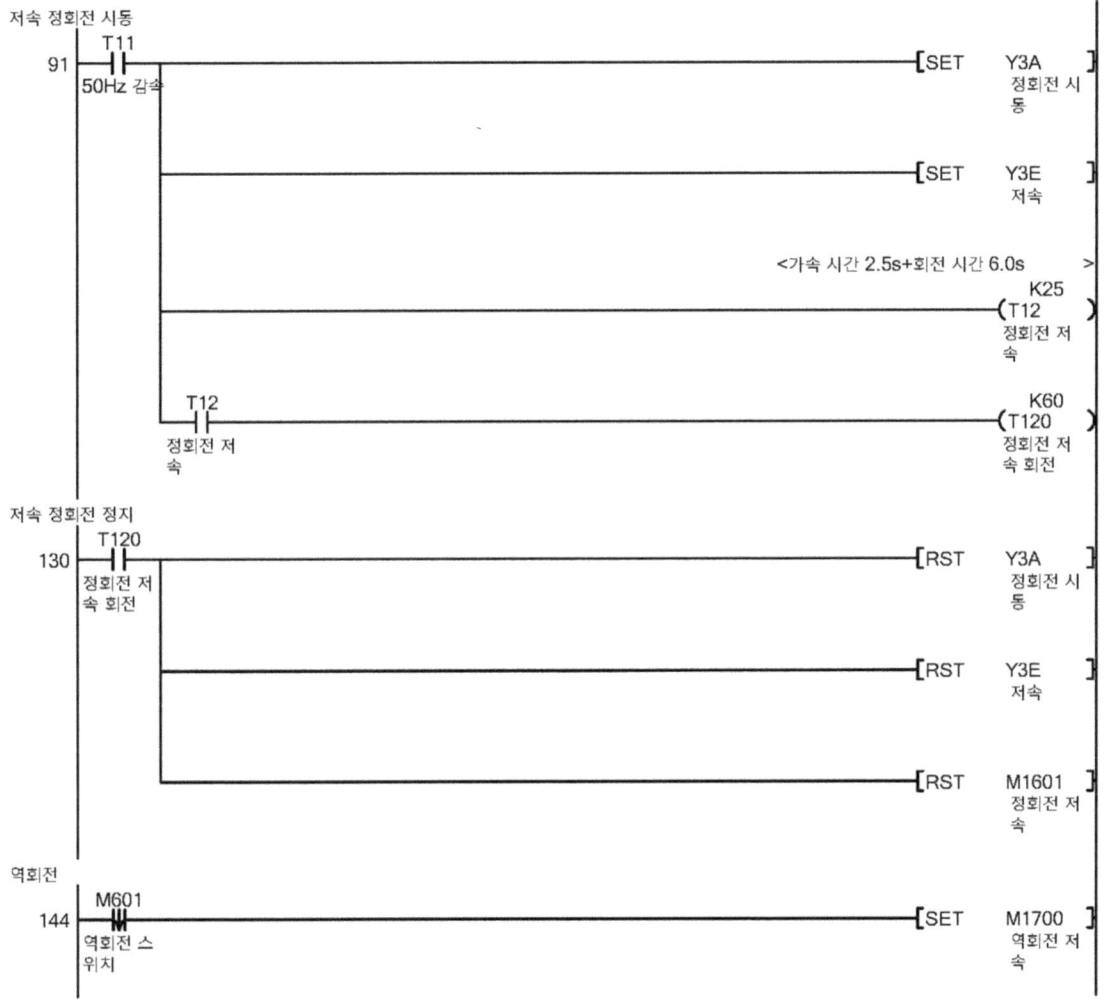

저속 정회전 시동
91   T11   [SET   Y3A]
    50Hz 감속   정회전 시동

                                                     [SET   Y3E]
                                               저속

<가속 시간 2.5s+회전 시간 6.0s>
K25
(T12)
정회전 저속

    T12   K60
    정회전 저속   (T120)
                                                정회전 저속 회전

저속 정회전 정지
130   T120   [RST   Y3A]
    정회전 저속 회전   정회전 시동

                                                   [RST   Y3E]
                                             저속

                                           [RST   M1601]
                                          정회전 저속

역회전
144   M601   [SET   M1700]
    역회전 스위치   역회전 저속

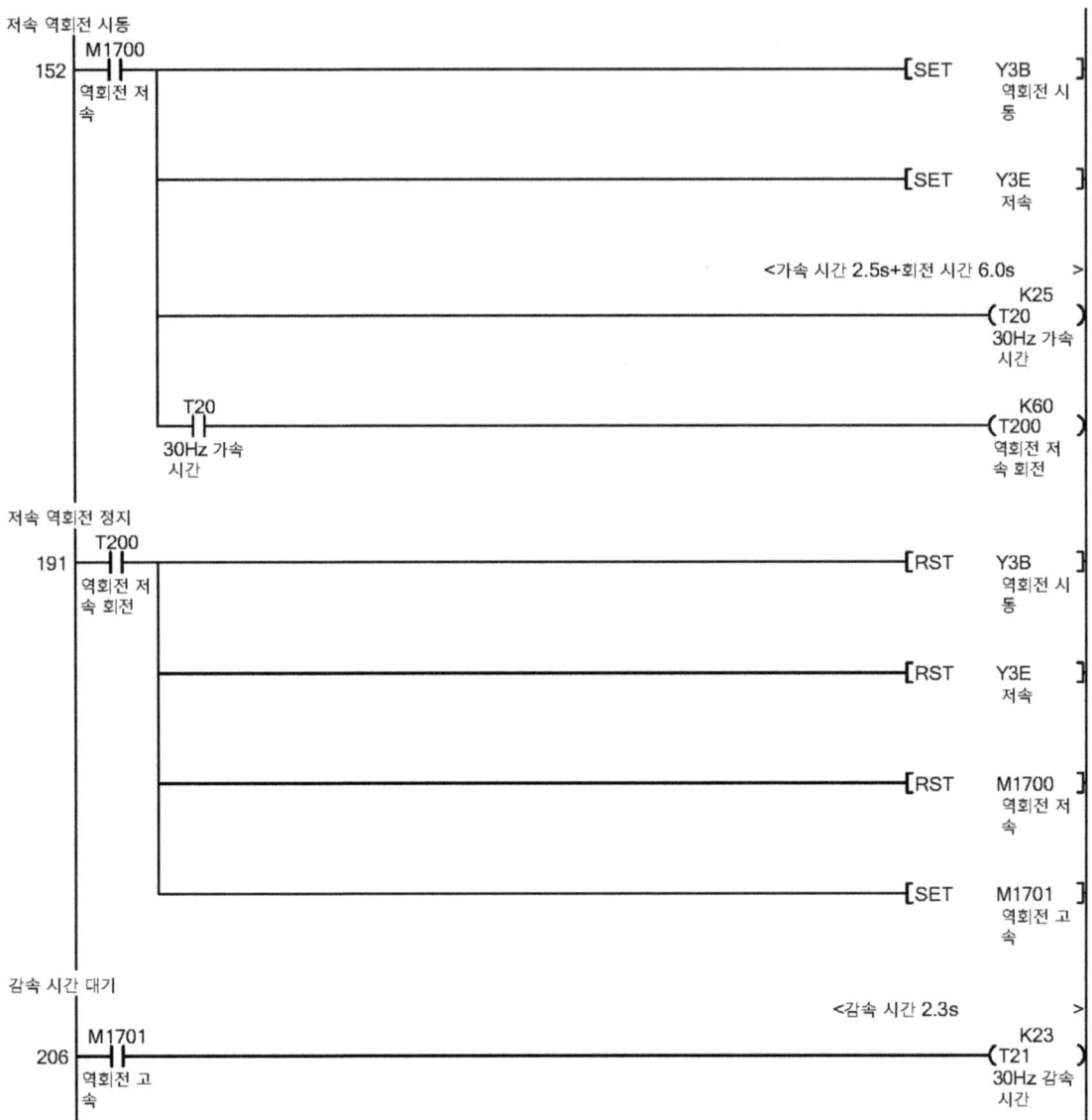

저속 역회전 시동

152   M1700
         역회전 저
         속
                                               [SET   Y3B
                                                       역회전 시
                                                       동

[SET   Y3E — 저속

<가속 시간 2.5s+회전 시간 6.0s >
K25
(T20) — 30Hz 가속 시간

T20   30Hz 가속 시간
K60
(T200) — 역회전 저속 회전

저속 역회전 정지

191   T200
         역회전 저
         속 회전

[RST   Y3B — 역회전 시동

[RST   Y3E — 저속

[RST   M1700 — 역회전 저속

[SET   M1701 — 역회전 고속

감속 시간 대기

<감속 시간 2.3s >
K23

206   M1701
         역회전 고
         속
(T21) — 30Hz 감속 시간

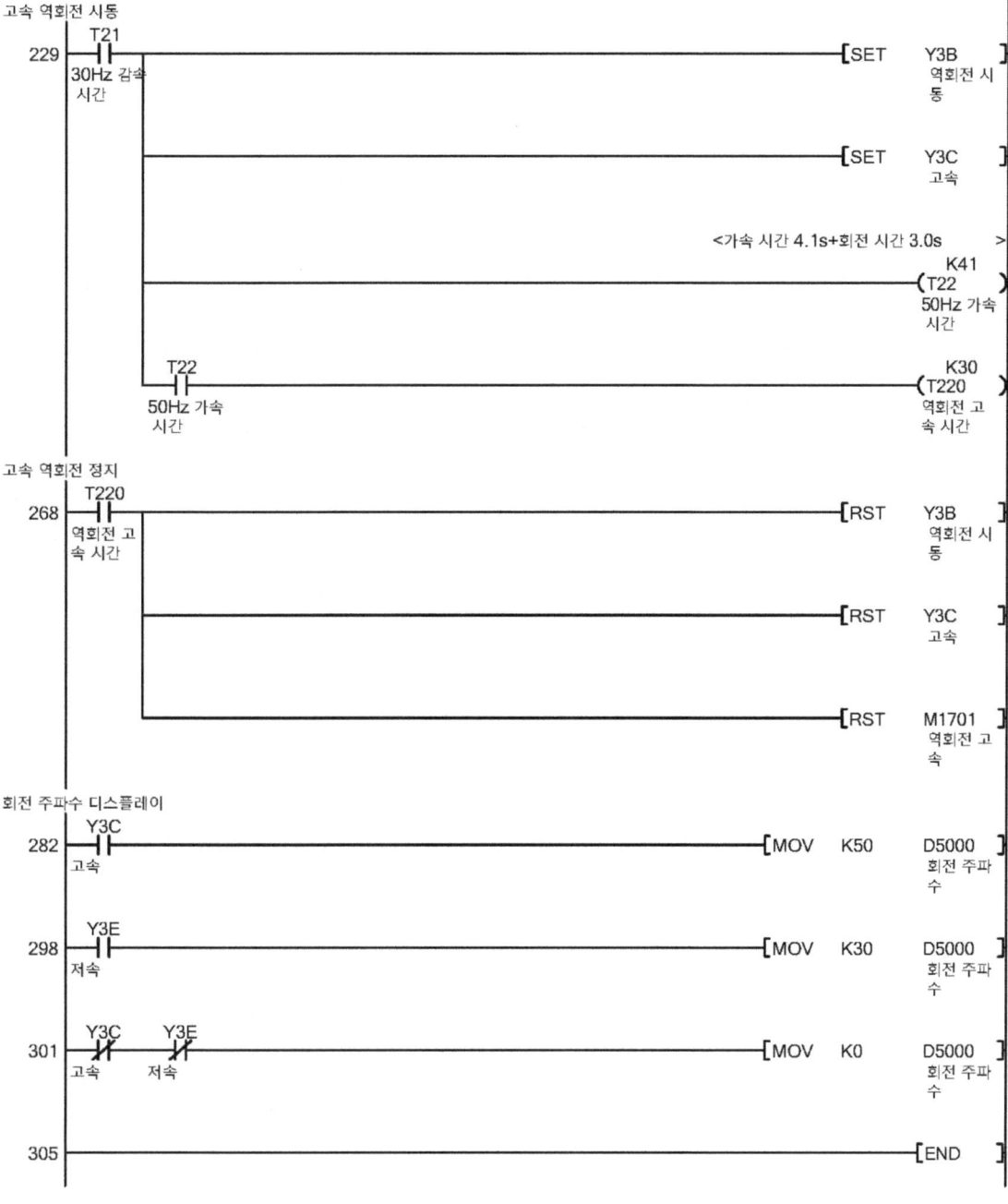

고속 역회전 시동

229 ├─ T21 ─┬──────────────────────────────────────[SET   Y3B   ]
        │ 30Hz 감속   역회전 시
        │   시간   동
        │
        ├──────────────────────────────────────[SET   Y3C   ]
        │   고속
        │
        │   <가속 시간 4.1s+회전 시간 3.0s   >
        │   K41
        ├───(T22   )
        │   50Hz 가속
        │   시간
        │
        └─ T22 ───────────────────────────────────────K30
           50Hz 가속   (T220   )
            시간   역회전 고
                                                         속 시간

고속 역회전 정지

268 ├─ T220 ─┬─────────────────────────────────────[RST   Y3B   ]
        │ 역회전 고   역회전 시
        │ 속 시간   동
        │
        ├──────────────────────────────────────[RST   Y3C   ]
        │   고속
        │
        └──────────────────────────────────────[RST   M1701]
                                                         역회전 고
                                                            속

회전 주파수 디스플레이

282 ├─ Y3C ──────────────────────────────────[MOV   K50   D5000]
        고속   회전 주파
                                                                    수

298 ├─ Y3E ──────────────────────────────────[MOV   K30   D5000]
        저속   회전 주파
                                                                    수

301 ├─/ Y3C ─/ Y3E ──────────────────────────[MOV   K0   D5000]
        고속   저속   회전 주파
                                                                    수

305 ├──[END   ]

1. 터치 패널 작화

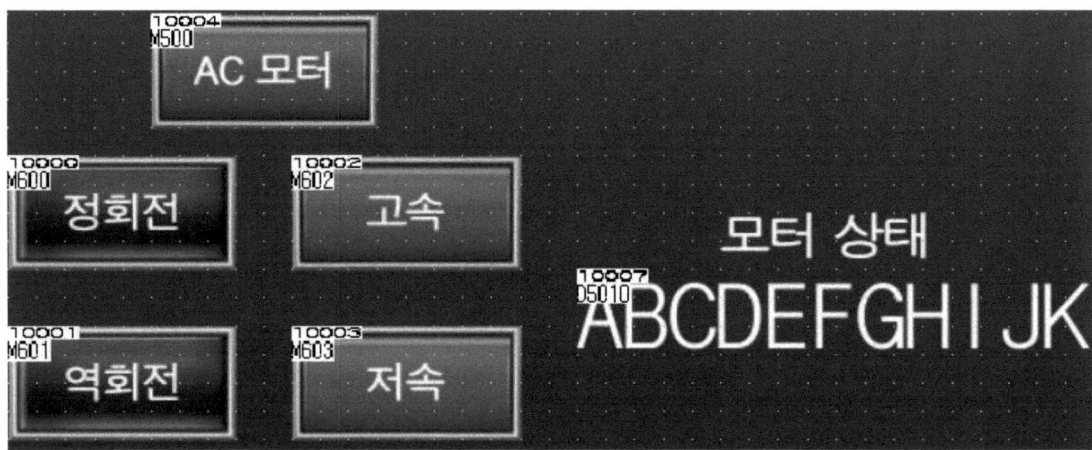

Device	Text	Object	Action
M500	AC모터	Bit Switch	Momentary
M600	정회전	Bit Switch	Momentary
M601	역회전	Bit Switch	Momentary
M602	고속	Bit Switch	Momentary
M603	저속	Bit Switch	Momentary
D5010	모터 상태 (Digits를 11 이상으로 설정)	Text Display	

    Bit Swtich M600은 Device 탭에서 다음과 같이 설정한다. Switch Action - Device를 "M600" 으로 입력한 다음 하단의 Lamp 기능은 초기 상태에서는 Key Touch State이 선택되어 있는데 Bit-ON/OFF로 변경하고 Bit-ON/OFF - Device를 "M1600"으로 설정한다. 이렇게 하면 스위치 를 터치하거나 터치하지 않고 있을 때 스위치의 형태가 변화하는 것이 아니라 비트 디바이스 M1600이 ON 또는 OFF 됐을 때 Style 탭에 설정된 대로 형태가 변화한다.

Bit Switch

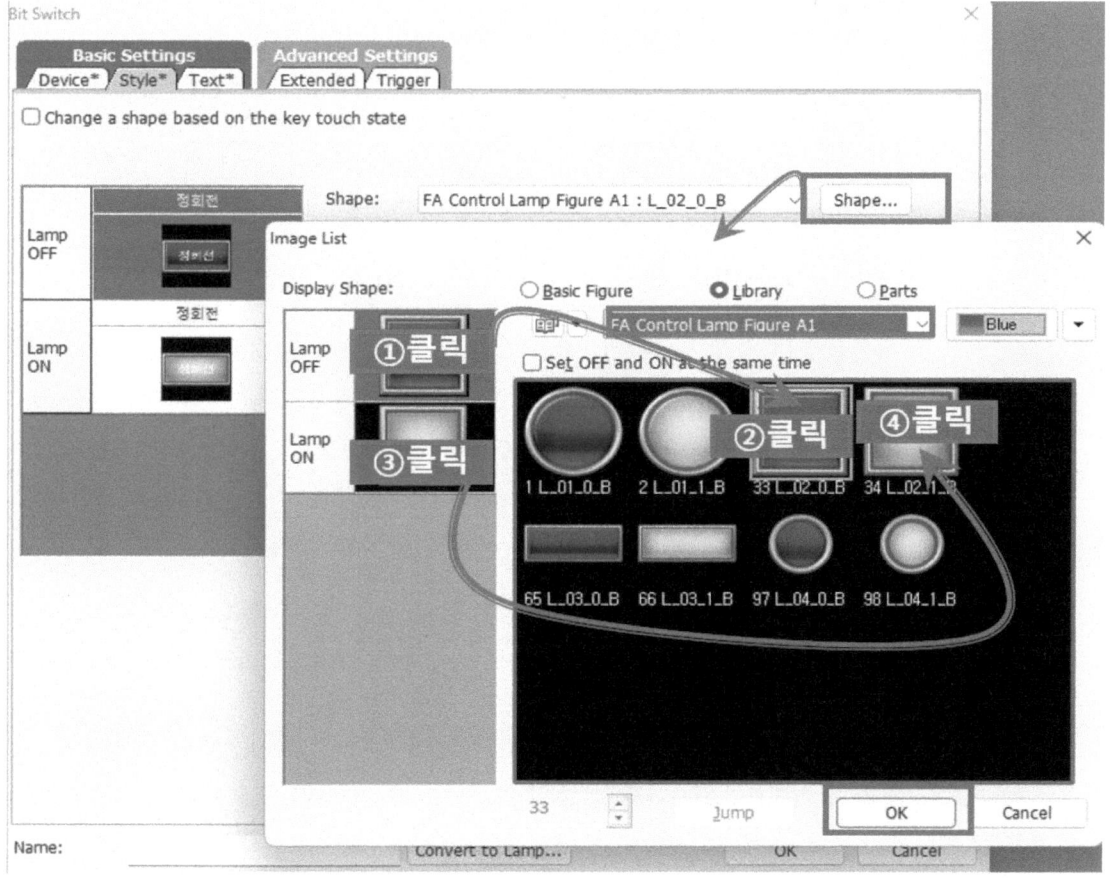

Style 탭에서는 다음과 같이 설정한다. Shape 버튼을 클릭하고 Library에서 Lamp Figure를 찾아 선택한 다음 램프의 모양을 사각형으로 설정한다.

역회전 스위치 M601은 정회전 스위치 M600을 복사-붙여넣기 한 다음 Switch Action - Device를 "M601", Lamp - Bit-ON/OFF의 Device를 "M1700", Text를 "역회전"으로 수정한다.

2. 동작 조건

▷ 인버터의 주파수는 아래 표에 의해 설정한다.

속 도	설정 주파수 (Hz)
저속(RL)	10
고속(RH)	60

▷ "AC 모터" 버튼을 터치하고 "정회전" 또는 "역회전" 버튼을 터치한 다음 "저속" 또는 "고속" 버튼을 터치하면 설정된 회전 방향과 주파수에 의해 4초 동안 회전한 다음 정지한다. ("AC 모터" 버튼을 미리 터치해야만 AC 모터가 회전한다. 정회전 및 역회전 시간 "4초"에는 가속 시간, 감속 시간은 포함되지 않는다. "정회전" 또는 "역회전" 중 하나의 버튼이 선택되면 해당 버튼을 다시 터치해서 선택을 해제할 때까지 다른 방향의 버튼은 선택되지 않는다)

▷ "정회전" 또는 "역회전" 버튼 선택 시 해당 버튼이 점등한다. 즉 "정회전" 및 "역회전" 버튼은 스위치이면서 램프 기능을 가진다.

▷ "모터 상태"에는 텍스트가 표시되며, 고속 정회전 중일 때는 "고속 정회전", 저속 정회전 중일 때는 "저속 정회전", 고속 역회전 중일 때는 "고속 역회전", 저속 역회전 중일 때는 "저속 역회전", 감속 중이거나 정지 상태일 때는 "정지 중"이 표시된다.

3. 래더 다이어그램

데이터명 : MAIN

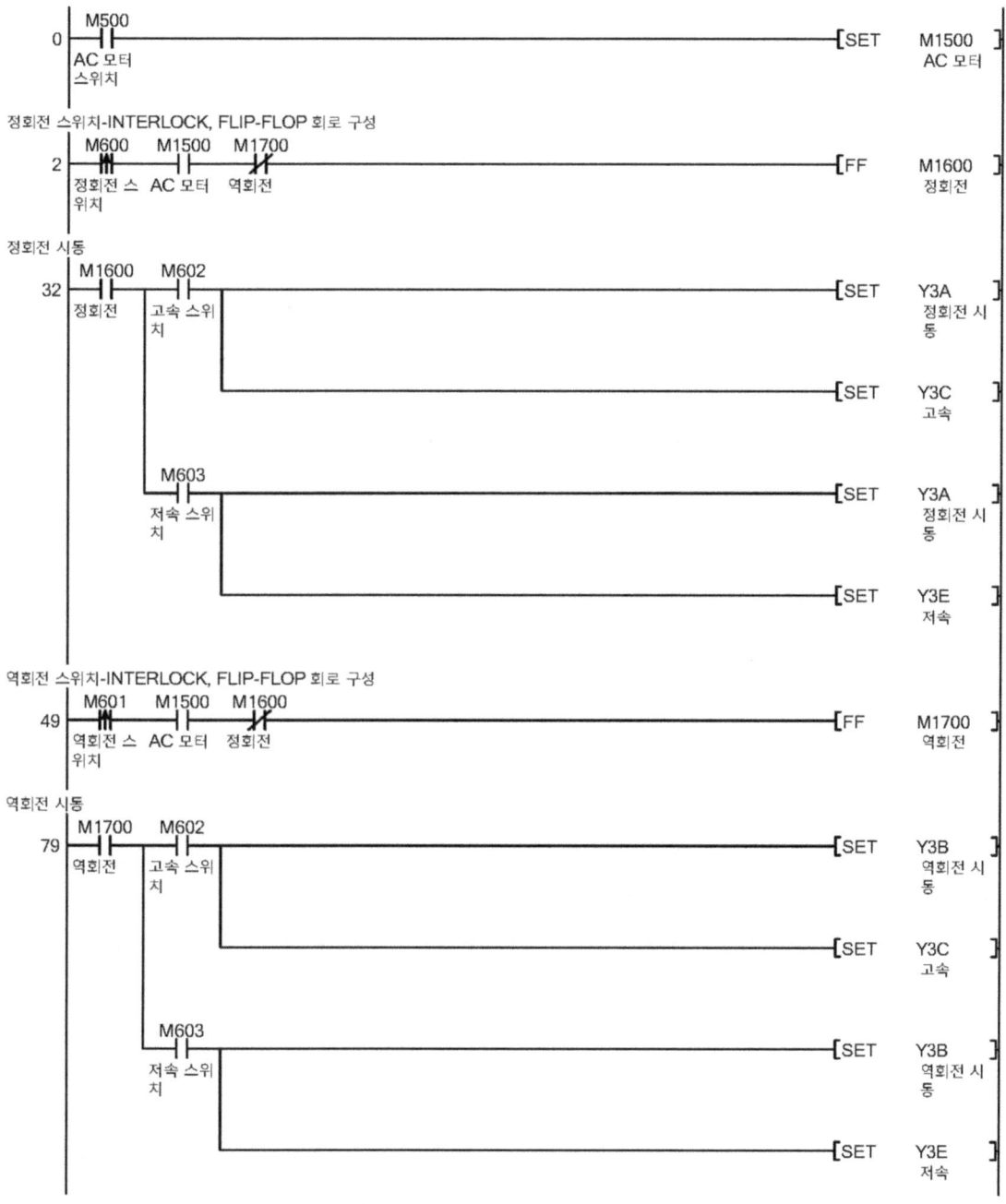

데이터명 : MAIN

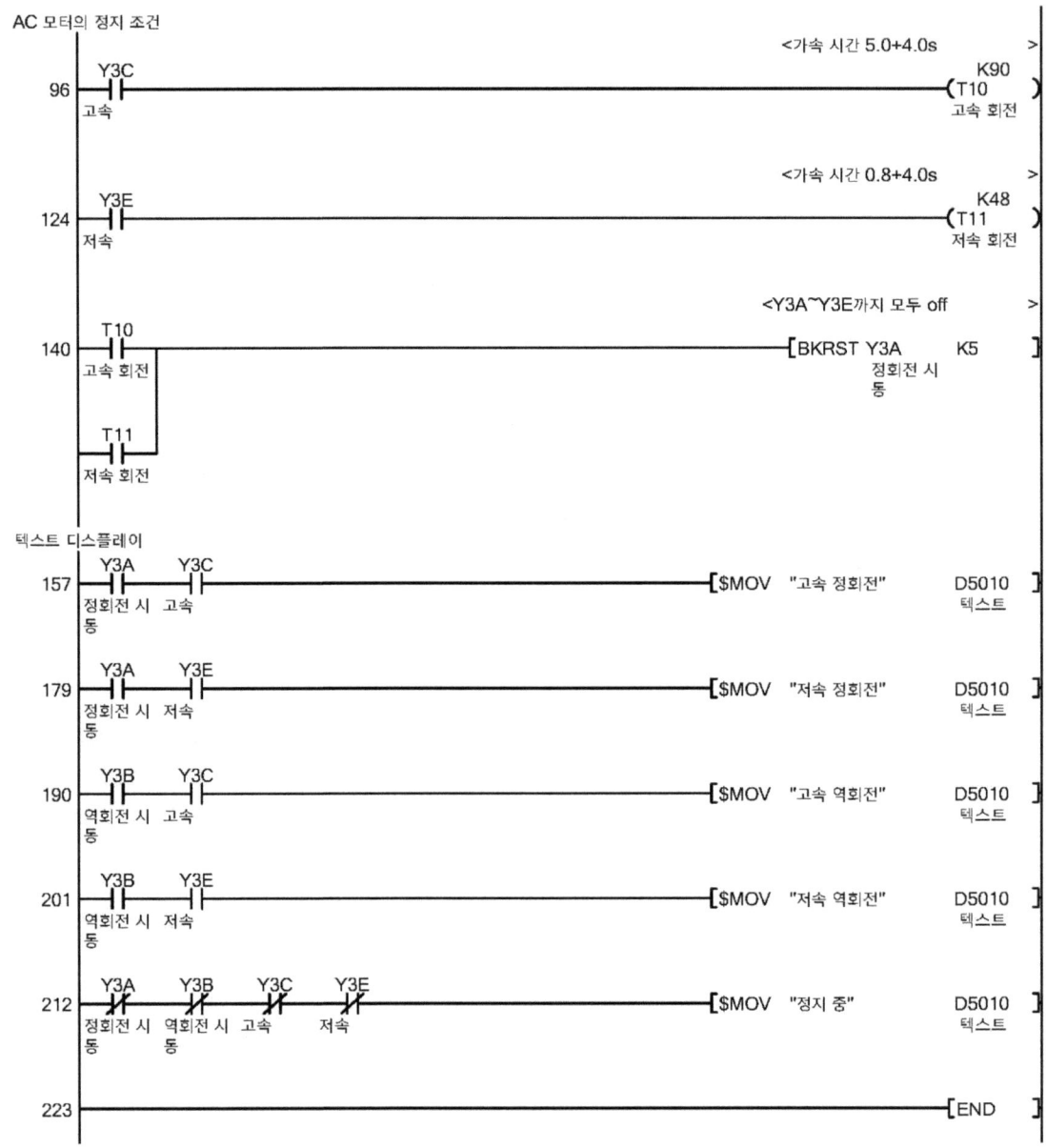

AC 모터의 정지 조건

```
                                                    <가속 시간 5.0+4.0s   >
      Y3C                                                          K90
96   ┤├                                                          (T10    )
     고속                                                          고속 회전

                                                    <가속 시간 0.8+4.0s   >
      Y3E                                                          K48
124  ┤├                                                          (T11    )
     저속                                                          저속 회전

                                                   <Y3A~Y3E까지 모두 off  >
      T10                                      ┌[BKRST Y3A         K5   ]
140  ┤├                                                정회전 시
     고속 회전                                          동

      T11
     ┤├
     저속 회전
```

텍스트 디스플레이

```
      Y3A   Y3C                                [$MOV  "고속 정회전"   D5010 ]
157  ┤├   ┤├                                                     텍스트
     정회전 시 고속
     동

      Y3A   Y3E                                [$MOV  "저속 정회전"   D5010 ]
179  ┤├   ┤├                                                     텍스트
     정회전 시 저속
     동

      Y3B   Y3C                                [$MOV  "고속 역회전"   D5010 ]
190  ┤├   ┤├                                                     텍스트
     역회전 시 고속
     동

      Y3B   Y3E                                [$MOV  "저속 역회전"   D5010 ]
201  ┤├   ┤├                                                     텍스트
     역회전 시 저속
     동

      Y3A   Y3B   Y3C   Y3E                    [$MOV  "정지 중"      D5010 ]
212  ┤╱├  ┤╱├  ┤╱├  ┤╱├                                          텍스트
     정회전 시 역회전 시 고속  저속
     동        동

223  ─────────────────────────────────────────────────────[END     ]
```

SECTION

07 CC-Link, DA/AD 모듈, 스텝 모터

1. CC-Link (QJ61BT11N)

필드 버스(Filed-Bus)란 산업 현장을 의미하는 필드(Field)와 통신을 의미하는 버스(Bus)의 합성어로서 PLC, DCS 등 제어 기기와 스위치, 센서, 액추에이터, 모터, 밸브 등의 필드 기기들과의 접속을 네트워크화한 것이다. FA에서 흔히 사용되는 필드버스는 Allen-Bradley의 DeviceNet, SIEMENS의 PROFIBUS-DP, Phoenix Contact의 Interbus, 미쓰비시전기의 CC-Link 등이 있다.

CC-Link(Control & Communication Link)는 미쓰비시에서 제안한 필드버스로서 분산 배치한 입출력 모듈, 인텔리전트 기능 모듈, 특수 기능 모듈 등 여러 모듈을 전용 케이블로 연결하고, PLC CPU에서 이들 모듈을 제어하기 위한 시스템이다.

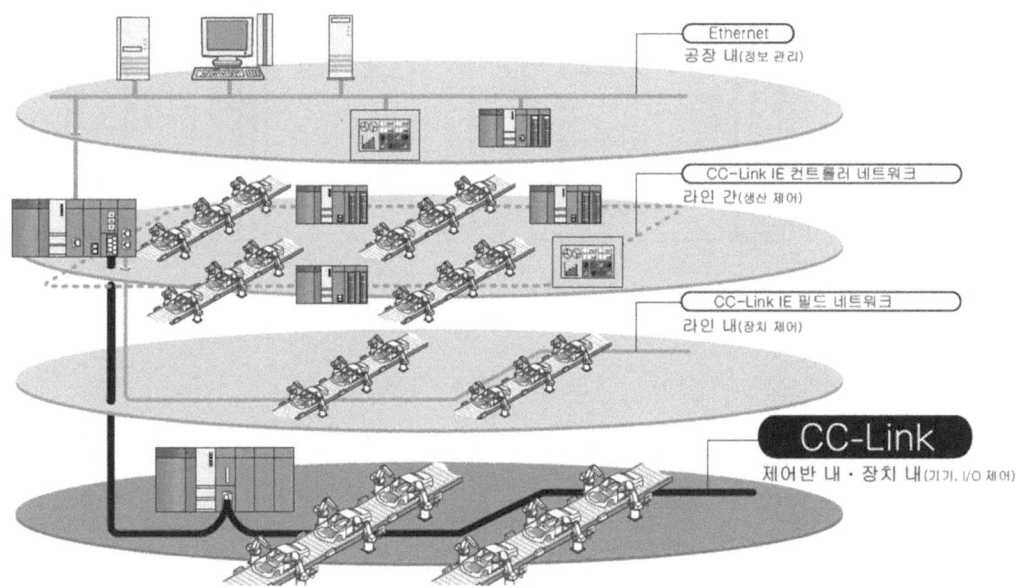

1) 각 부의 명칭 (CC-Link 모듈 QJ61BT11N)

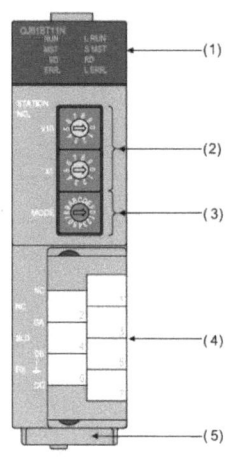

(1) **LED**

RUN(운전 상태), **L RUN**(데이터 링크 상태), **MST**(마스터국 동작 여부),
S MST(대기 마스터국 동작 여부), **SD**(송신 상태), **RD**(수신 상태),
ERR(에러 발생 여부), **L ERR**(링크 에러 발생 여부)

(2) 국번 설정 스위치

0 : 마스터국

1 ~ 64 : 로컬 또는 대기 마스터국

(3) 전송 속도, 모드 설정 스위치

(4) 단자대 : 케이블 접속

(5) 시리얼 No.

2) 기능 블록도

PLC CPU와 CC-Link − 인버터 사이에서 입출력 데이터의 흐름을 기능 블록으로 설명하면 다음과 같다.

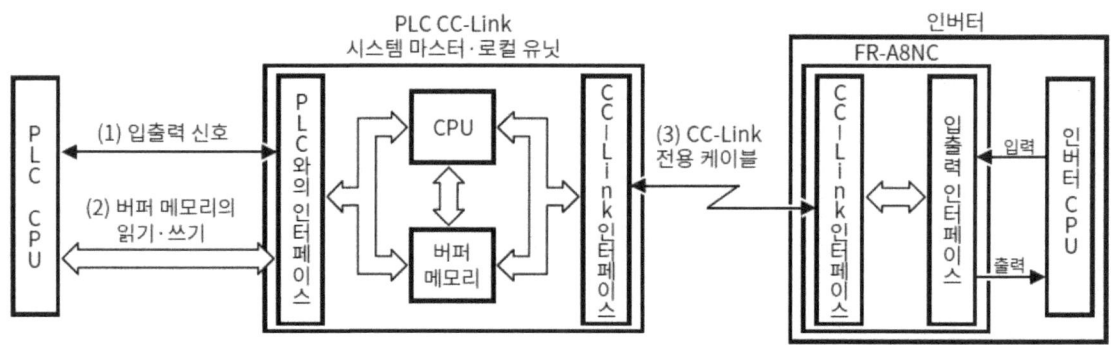

디폴트값이 0인 Pr.340(통신 기동 모드 선택)을 1로 설정하고, Pr.79(운전 모드 선택)를 2로 설정해서 **NET 운전 모드**로 변경한 다음 인버터를 리셋해 준다.

내비게이션 바에서 네트워크 파라미터 - CC-Link를 더블클릭한다.

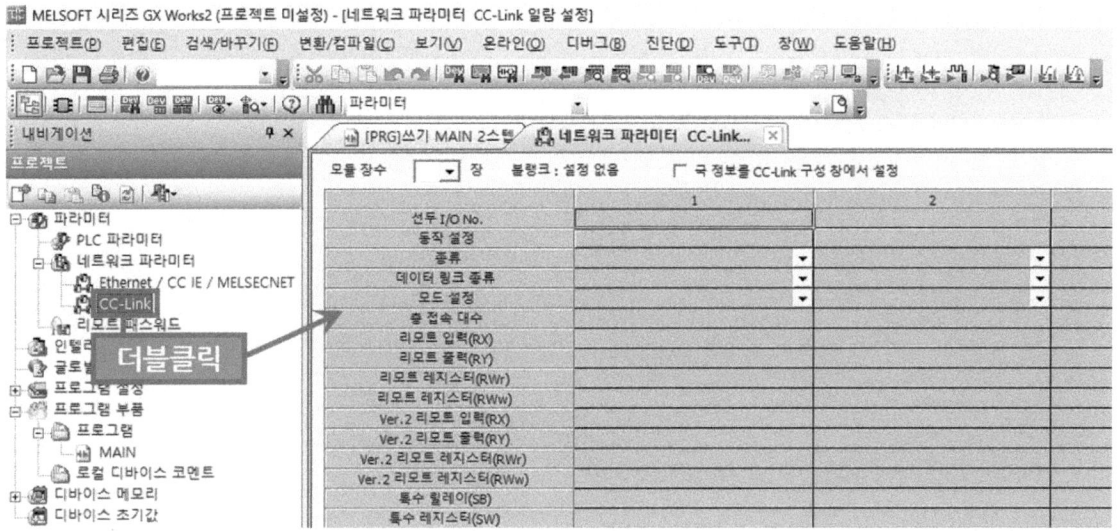

모듈 장수를 "1"로 선택, 선두 I/O No.에 70을 입력하고, "국 정보를 CC-Link 구성 창에서
설정" 버튼을 체크한 다음 "예"를 클릭한다.

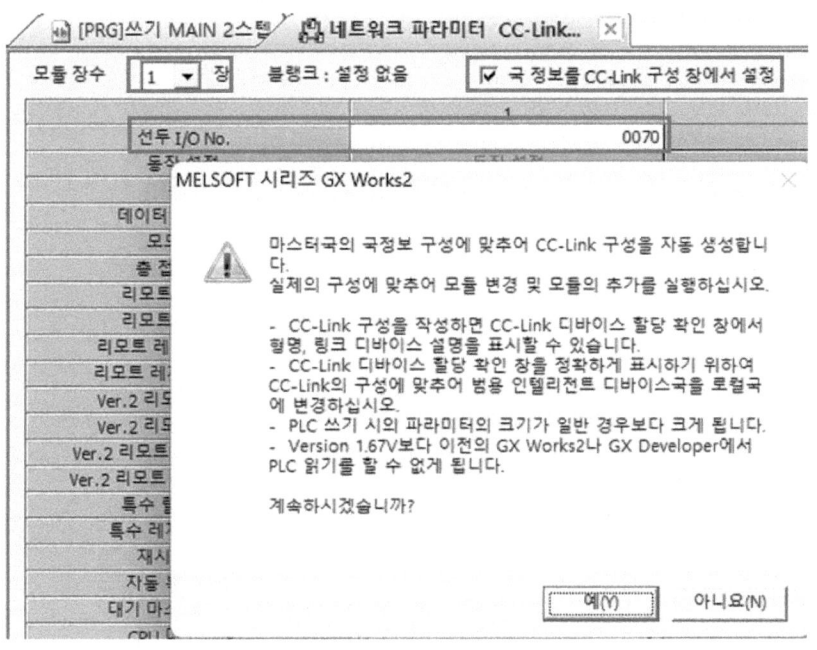

CC-Link 구성 설정 버튼을 클릭한 다음 접속 기기의 자동 검출 버튼을 클릭해서 현재 PLC 에 접속되어 있는 CC-Link 모듈을 자동으로 인식하도록 한다.

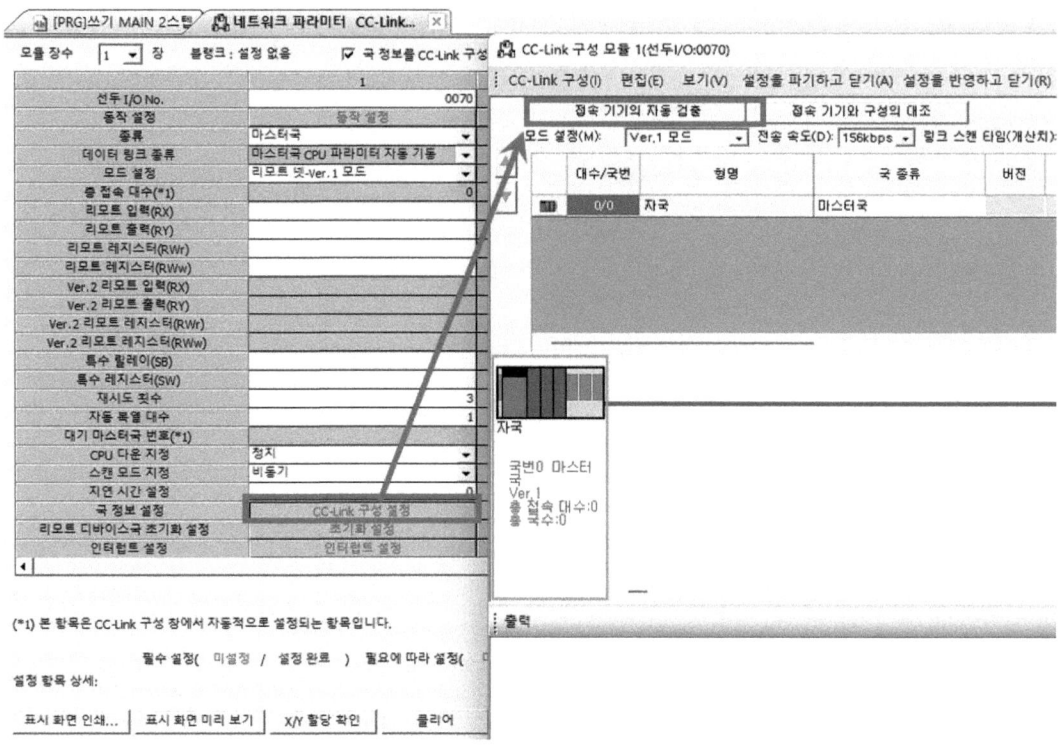

접속되어 있는 CC-Link가 아래와 같이 검출된다.

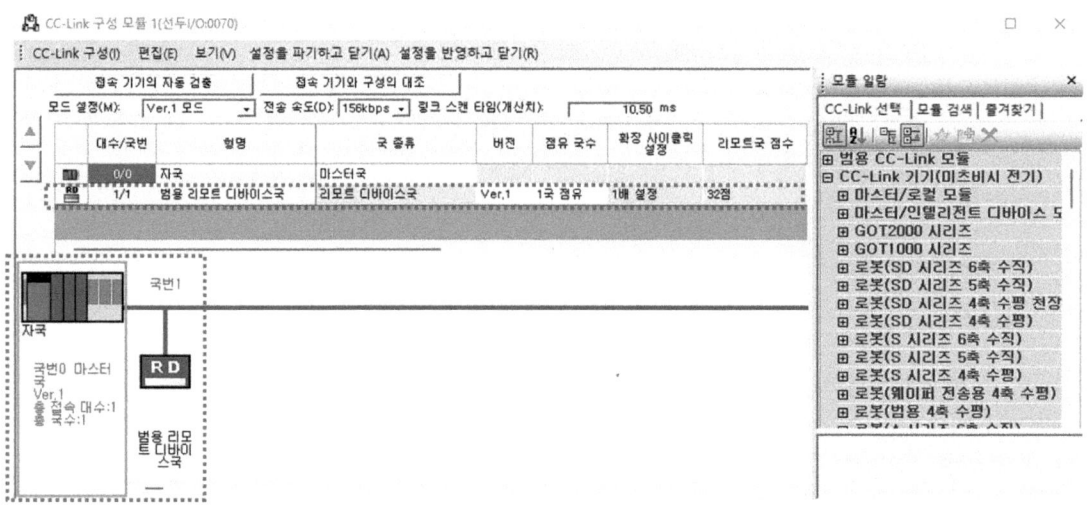

아래와 같이 디바이스들을 설정해 준다. 나머지 값들은 디폴트로 사용한다.

	1
선두 I/O No.	0070
동작 설정	동작 설정
종류	마스터국 ▼
데이터 링크 종류	마스터국 CPU 파라미터 자동 기동 ▼
모드 설정	리모트 넷-Ver.1 모드 ▼
총 접속 대수(*1)	1
리모트 입력(RX)	X1000
리모트 출력(RY)	Y1000
리모트 레지스터(RWr)	W0
리모트 레지스터(RWw)	W100
Ver.2 리모트 입력(RX)	
Ver.2 리모트 출력(RY)	
Ver.2 리모트 레지스터(RWr)	
Ver.2 리모트 레지스터(RWw)	
특수 릴레이(SB)	SB0
특수 레지스터(SW)	SW0
재시도 횟수	3
자동 복열 대수	1
대기 마스터국 번호(*1)	
CPU 다운 지정	정지 ▼
스캔 모드 지정	비동기 ▼
지연 시간 설정	0
국 정보 설정	CC-Link 구성 설정
리모트 디바이스국 초기화 설정	초기화 설정
인터럽트 설정	인터럽트 설정

모듈 장수 1 장 블랭크 : 설정 없음 ☑ 국 정보를 CC-Link 구
[PRG]R 쓰기 MAIN 34스텝 / 네트워크 파라미터 CC-Link... ×

위 네트워크 파라미터에서 설정한 리모트 입출력 디바이스(RXn, RYn)는 PLC CPU의 입출력 디바이스(Xn, Yn)와 값을 송수신하게 되는데, 인버터의 각종 상태를 의미하는 binary 값을 PLC CPU의 Xn에 쓰거나 PLC CPU의 Yn의 값에 의해 인버터의 각종 동작 지령을 의미하는 binary 값을 인버터에 전송해서 지정된 동작을 실행하게 된다.

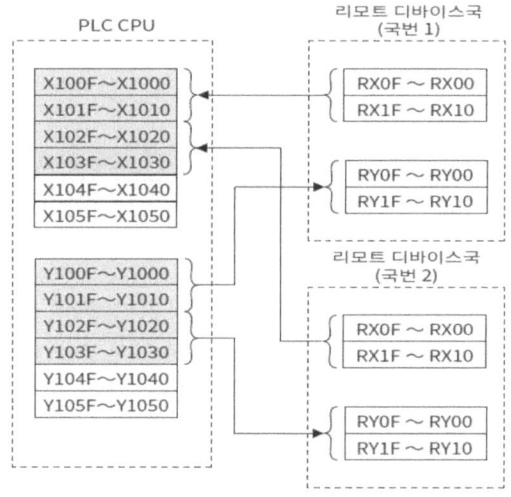

CC-Link와 인버터가 접속되어 있으며 네트워크 파라미터에서 리모트 입출력 디바이스를 RX를 X1000, RY를 Y1000으로 설정한 환경에서 주요 입출력 디바이스 신호는 다음과 같다.

입력		출력		
디바이스	신호 명칭	디바이스	신호 명칭	
X1000	정회전 중 (정회전 중일 때 1, 그 외 0)	Y1000	정회전 지령	(정회전 시동) STF
X1001	역회전 중 (역회전 중일 때 1, 그 외 0)	Y1001	역회전 지령	(역회전 시동) STR
X1002	운전 중 (운전 중일 때 1, 그 외 0) RUN (운전중)	Y1002	고속 운전 지령	(다단속도 고속) RH
X1006	주파수 검출 (주파수 검출 중일 때 1, 그 외 0) FU (주파수검출)	Y1003	중속 운전 지령	(다단속도 중속) RM
		Y1004	저속 운전 지령	(다단속도 저속) RL
		Y1009	출력 정지	(출력 정지) MRS
		Y100B	리셋	(리셋) RES

CC-Link 역시 심플 모션 모듈이나 위치 결정 모듈에서 사용되던 X50, Y50 등과 마찬가지로 선두 XY 어드레스에 따라 번호가 결정되며, 지정된 2진 신호가 읽기 되거나 2진 신호를 쓸 수 있는 입출력 디바이스가 있다.

그중 일부를 소개하면 다음과 같다.

신호 방향 : 마스터/로컬 모듈 ⇒ PLC CPU 모듈	
입력 디바이스	신호 명칭
X70	모듈 이상 (모듈 이상이 발생하면 1, 정상이면 0)
X71	자국 데이터 링크 상태 (자국 데이터 링크가 정상이면 1, 오류 발생 시 0)
X7F	모듈 레디 (레디 상태이면 1, 이상 발생 시 0)

특수 레지스터(SW)를 SW0으로 설정한 경우 워드 디바이스인 SW80 ~ SW83에는 아래와 같이 타국 데이터 링크 상태가 저장된다. 각 비트는 국 번호를 의미한다. 즉 비트 디바이스 SW80.0에는 1번 국의 상태가 정상일 때는 0, 이상이 발생했으면 1이 저장되고, 비트 디바이스 SW82.3에는 36번 국의 상태가 정상일 때는 0, 이상이 발생했으면 1이 저장된다.

	b15	b14	b13	b12	~	b3	b2	b1	b0
SW80	16	15	14	13	~	4	3	2	1
SW81	32	31	30	29	~	20	19	18	17
SW82	48	47	46	45	~	36	35	34	33
SW83	64	63	62	61	~	52	51	50	49

그러므로 아래와 같이 4개의 접점에 의해 현재 상태가 정상인지 판단할 수 있다.

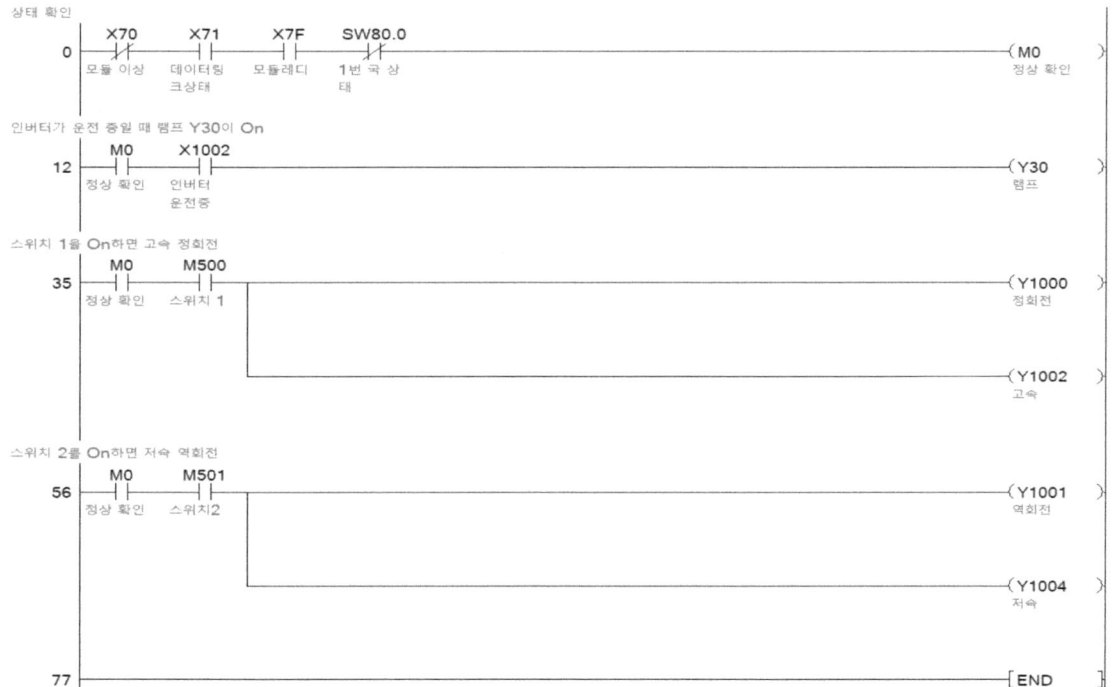

이제 아래와 같은 래더 다이어그램을 작성하고, 파라미터 + 프로그램을 선택해서 PLC 쓰기 한다. 파라미터가 수정되었으므로 PLC CPU를 리셋한 다음 모니터 모드(단축키 F3)로 진입해서 테스트해 본다.

2. DA/AD 모듈(Q64AD2DA)

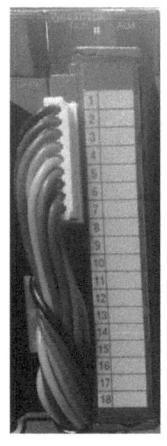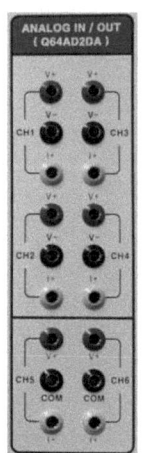

미쓰비시전기의 MELSEC-Q 시리즈에 속하는 Q64AD2DA 모듈은 이름에서 알 수 있듯이 아날로그 출력(DA) 기능과 아날로그 입력(AD) 기능을 하나의 모듈로 통합한 모듈이다. 이 모듈은 센서로부터 들어오는 아날로그 신호를 디지털값으로 변환(A/D)하고, 또한, PLC의 디지털 연산 결과를 아날로그 신호로 변환(D/A)하여 각종 기기를 제어하는 역할을 한다.

주요 사양 및 특징

채널 구성: 아날로그 입력 4채널 + 아날로그 출력 2채널

아날로그 입력 : 0~5 (V)

디지털 출력 : 0 to 4000

최대 해상도 : 1.0mV / 1.25mV

① 서보 모터와 동일한 과정을 거쳐 파라미터 설정을 진행한다. 내비게이션 바에서 프로젝트 - [파라미터] - [PLC 파라미터]를 더블클릭해서 Q 파라미터 설정 창으로 들어간다.

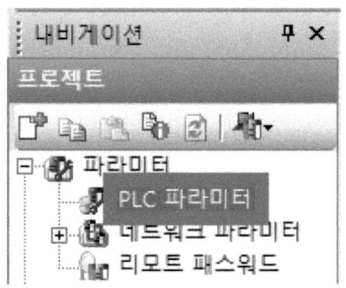

② [I/O 할당 설정] 탭에서 우측 하단의 [PLC 데이터 읽기]를 클릭한다.

시스템의 현재 실장 상태를 읽게 된다. 만약 CPU 에러 등 이상이 있을 때는 정상적으로 읽히지 않는 슬롯이 생겨날 수 있는데, 그럴 경우에는 이상을 해결한 후 다시 시도한다. 입출력 모듈의 종류나 설치 개수가 다르거나 AD 모듈, DA 모듈, CC Link 네트워크 모듈, 카운터 모듈 등 다른 모듈이 장착되어 있을 경우에는 다음 그림과 다르게 표시된다.

No.	슬롯	종류	형명	점수	선두 XY	
0	CPU	CPU				스위치 설정
1	0(0-0)	입력		32점		상세 설정
2	1(0-1)	출력		32점		
3	2(0-2)	인텔리		16점		PLC 타입 선택
4	3(0-3)	인텔리		32점		모듈 추가
5	4(0-4)	인텔리		32점		
6						
7						

I/O 할당(*1)

하단의 [설정 종료] 버튼을 클릭해서 Q 파라미터 설정 창을 닫는다.

표시 화면 인쇄...	표시 화면 미리 보기		X/Y 할당 확인	디폴트	체크	설정 종료	취소

본 교재에서는 2번 슬롯에 Q64AD2DA 모듈이 장착되어 있으며 선두 XY 어드레스는 40인 환경을 기준으로 설명한다.

③ 내비게이션 바에서 [인텔리전트 기능 모듈]을 우클릭한 후 [새 모듈 추가]를 클릭한다.

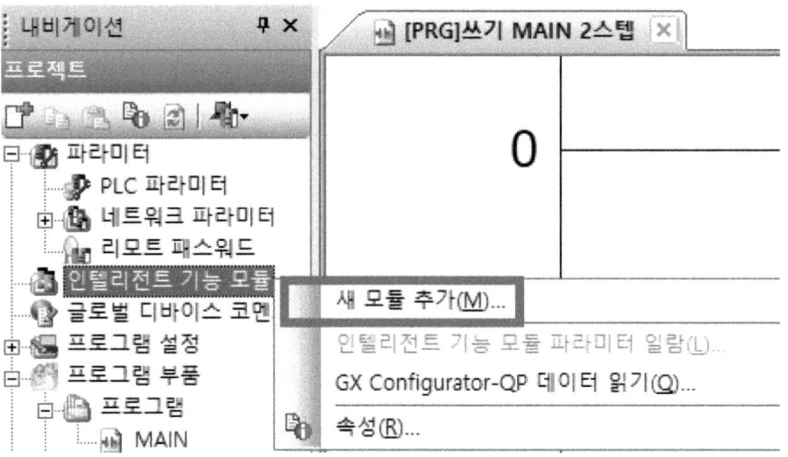

④ 서보 모터와 유사한 방법으로 모듈 종류, 모듈 형명을 선택하고, I/O 할당 확인 버튼을 이용해서 장착 슬롯과 선두 XY 어드레스 지정 값을 설정한다.

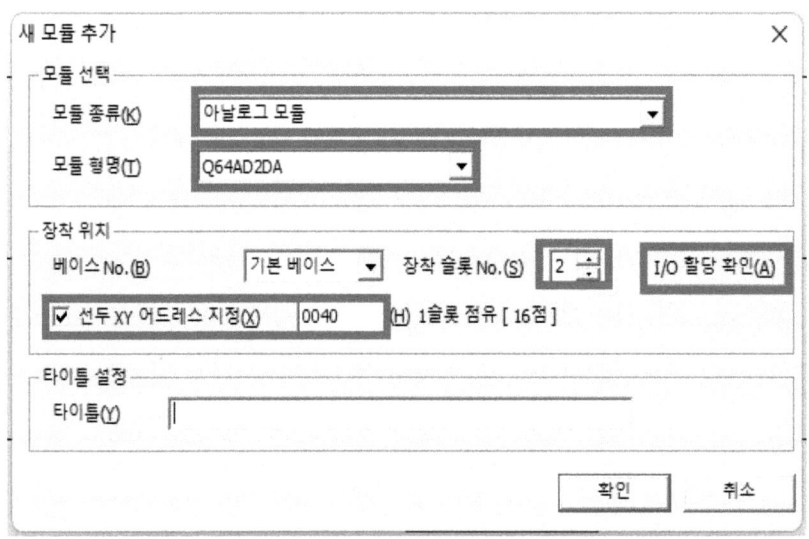

⑤ 설정한 "선두 XY 어드레스"와 "형명"이 내비게이션 바의 [인텔리전트 기능 모듈] 트리에
표시된다. "선두 XY 어드레스"와 "형명" 트리를 열어서 [스위치 설정]을 더블 클릭한다.
스위치 설정 창에서 입력 범위 설정의 CH1을 0~10V로 변경한다.

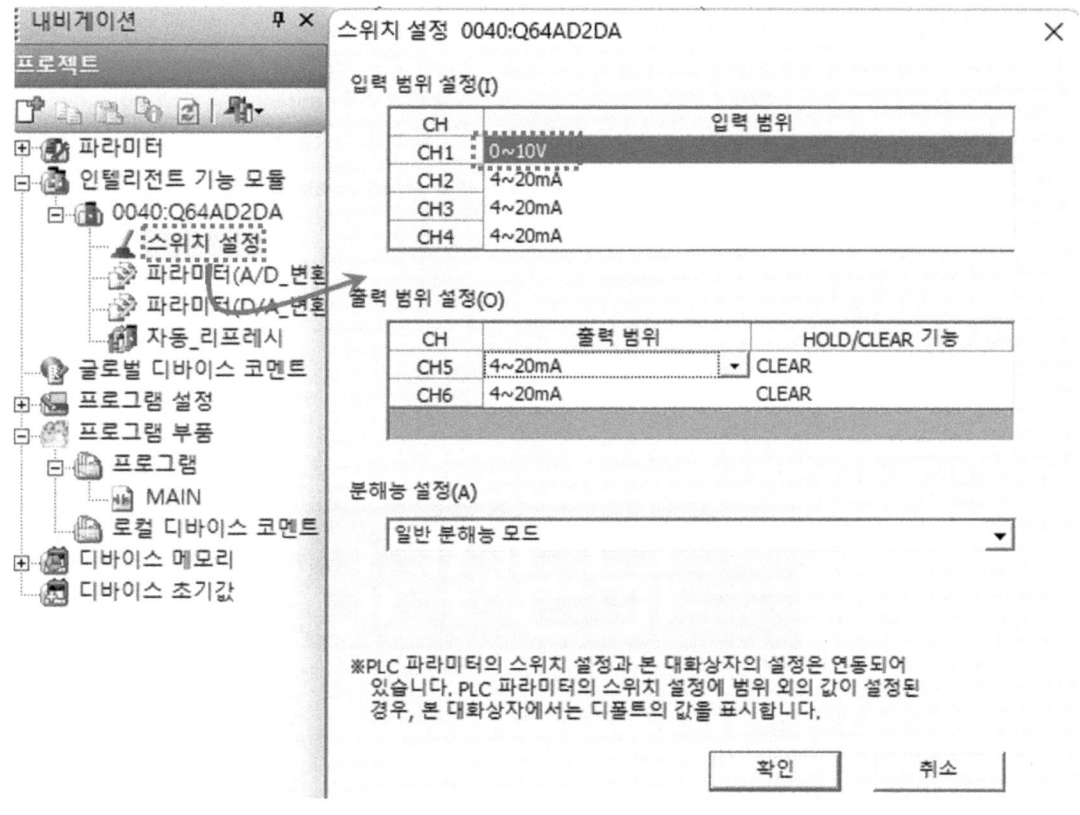

⑥ 파라미터(A/D 변환)을 더블클릭해서 A/D 변환 허가/금지를 "0:허가"로 변경한다.

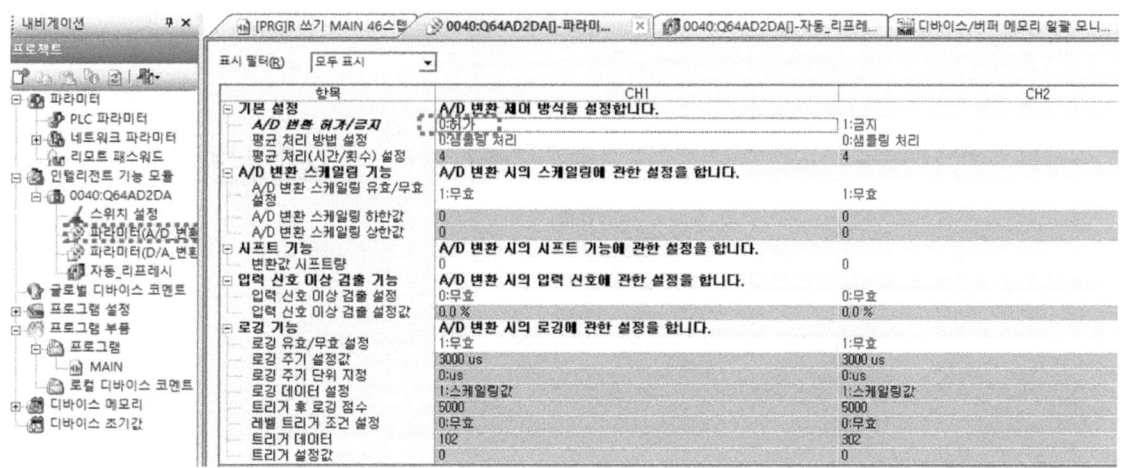

⑦ 자동_리프레시를 더블클릭해서 디지털 출력값, 디지털 출력 최댓값, 디지털 출력 최솟값을 적당한 주소를 갖는 데이터 레지스터로 설정한다.

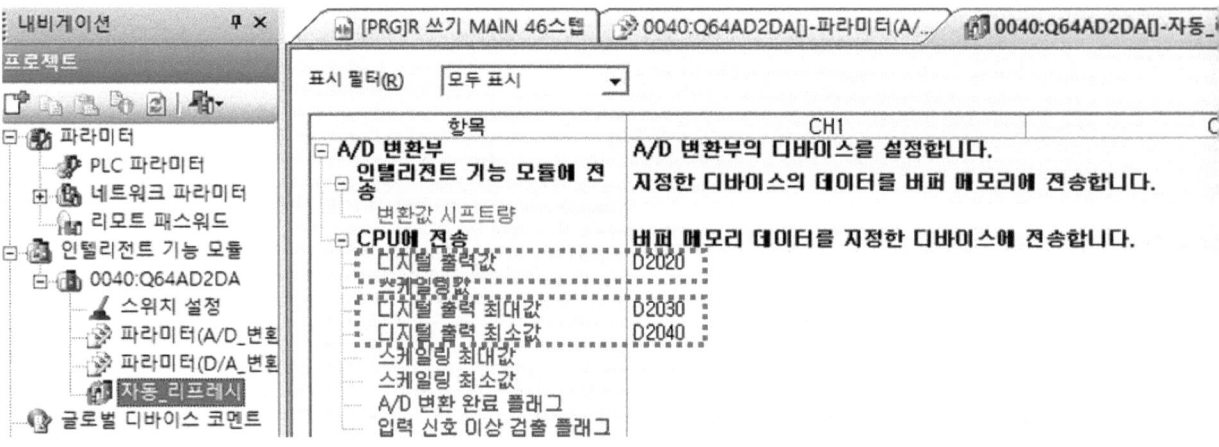

터치 패널에 Numerical Display D2020을 삽입한다.

KTC-50 센서는 리니어 포텐셔미터로 구성된 리니어 변위 센서이다. 아래와 같이 PLC의 24V와 0V 단자에 연결해서 전원을 공급하고 (0~10V OUT)의 (+)극, (-)극, 두 단자를 AD 입력 단자에 연결한 다음 당김자를 당기면 D2020의 값이 변하는 것을 관찰할 수 있을 것이다.

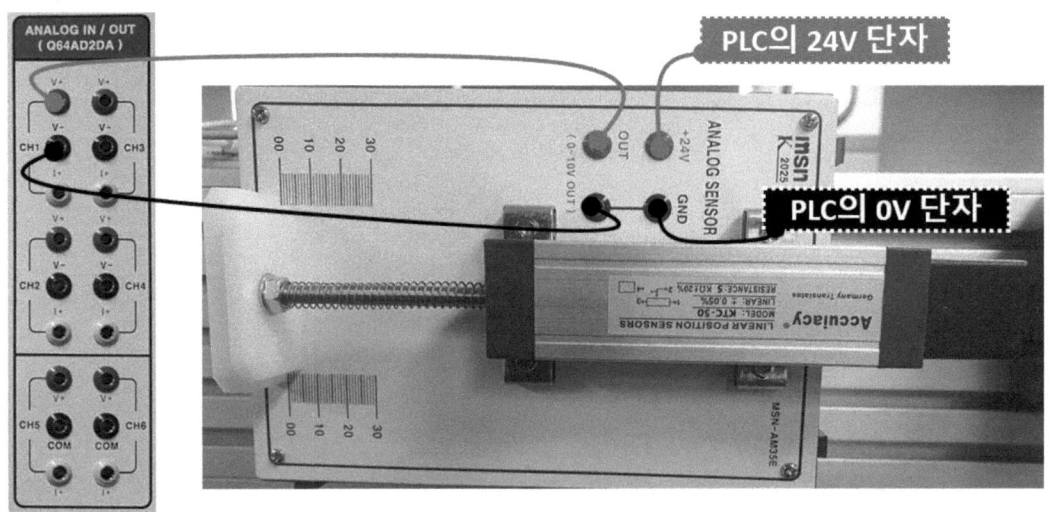

3. 스텝 모터 제어

스테핑 모터(Stepping Motor 또는 Step Motor 또는 Stepper Motor)는 전기 펄스 신호를 받을 때마다 일정한 각도(Step)씩 회전하는 디지털 제어 방식의 모터이다. DC 모터처럼 전원이 ON 되면 계속 회전하는 것이 아니라, 입력되는 펄스의 수만큼 정확하게 움직이기 때문에 위치 제어에 최적화되어 있다.

1) 스테핑 모터의 주요 특징

ⅰ) 정밀한 위치 제어

1회전(360°)을 잘게 나누어 제어한다. 예를 들어, 한 스텝당 1.8°씩 회전하는 2상 모터라면, 100번의 펄스가 입력되면 180° 회전, 200번의 펄스가 입력되면 360° 회전한다.

ⅱ) 오픈 루프(Open Loop) 제어

센서로 위치를 확인(피드백, Feed-back)하지 않아도 입력한 펄스 수만큼 정확히 이동했다고 신뢰할 수 있어 단순하게 시스템을 구성할 수 있다.

ⅲ) 정지 유지력(Holding Torque)

모터가 정지해 있을 때 자력에 의해 그 위치를 유지하려는 힘이 강하다.

ⅳ) 높은 저속 토크

낮은 속도에서 큰 토크를 발생시키지만, 속도가 빨라질수록 토크가 급격히 떨어지는 특성이 있다.

2) 스테핑 모터의 작동 원리

ⅰ) 스테핑 모터 내부에는 회전자(Rotor)와 고정자(Stator)가 있다.

ⅱ) PLC 등의 컨트롤러가 드라이버에 펄스(Pulse)를 전송한다.

ⅲ) 드라이버는 펄스에 맞춰 특정 코일에 전류를 흘려보낸다.

ⅳ) 코일에 자력이 발생하며 회전자에 인력이 작용해 1 Step 이동시킨다.

이 과정을 반복하여 연속적인 회전 운동을 만들어 낸다.

3) 2상 6선식 유니폴라 구조

2상 6선식 스테핑 모터는 2개의 상(Phase) 구조에 각 상의 중간 탭(Center Tap) 2개를 포함해 총 6개의 선을 가진 모터로서 유니폴라(Unipolar) 결선한 형태는 아래 그림과 같다.

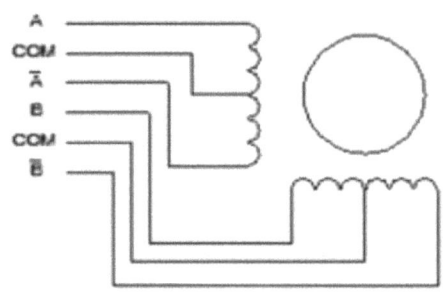

유니폴라 방식으로 결선된 모터의 코일에는 전류가 언제나 한쪽 방향으로만 흐르며, 전류가 흐르는 순서는 A, B, $\overline{A}$, $\overline{B}$이다. $\overline{A}$는 $/A$, $\overline{B}$는 $/B$로 표기해도 된다.

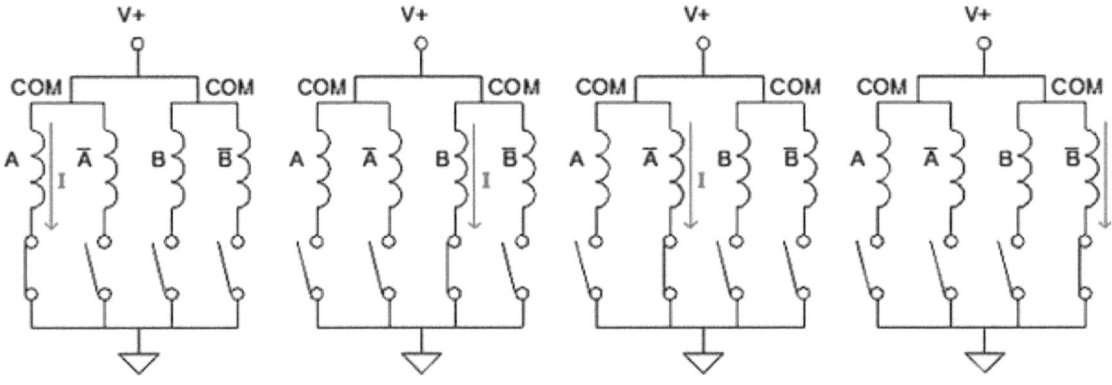

4) 스테핑 모터 제어 1

앞에서 스테핑 모터는 드라이버에 의해 펄스가 전송된다고 했는데, 드라이버를 사용하기에 앞서 래더 다이어그램으로 타이머를 이용해 직접 펄스를 발생시켜서 스테핑 모터의 회전 동작을 만들어 보기로 한다.

터치 패널상의 스위치는 모두 Bit Switch(Momentary), 램프는 모두 Bit Lamp로 단순하게 작화한다.

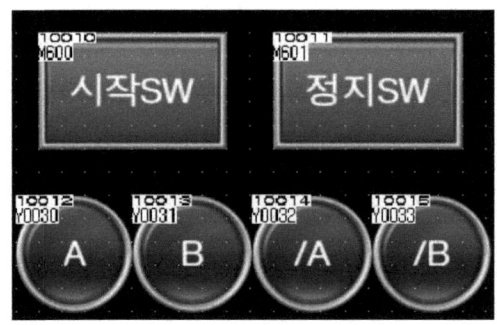

다음과 같이 시작 스위치를 터치하면 1초 간격으로 A, B, /A, /B가 순차적으로 ON 되도록 래더 다이어그램을 작성한다.

```
스위치
        M600
  0     ┤├─────────────────────────────────────────[SET    M6000 ]
        시작SW

        M601
  7     ┤├─────────────────────────────────────────[RST    M6000 ]
        정지SW

타이머 순차동작
        M6000   T4
  9     ┤├──────┤/├──────────────────────────────────────(M0    )

        M0                                              K10
 22     ┤├──────────────────────────────────────────────(T1    )

        T1                                              K10
 27     ┤├──────────────────────────────────────────────(T2    )

        T2                                              K10
 32     ┤├──────────────────────────────────────────────(T3    )

        T3                                              K10
 37     ┤├──────────────────────────────────────────────(T4    )

출력부
        M0      T1
 42     ┤├──────┤/├──────────────────────────────────────(Y30   )
                                                          A

        T1      T2
 50     ┤├──────┤/├──────────────────────────────────────(Y31   )
                                                          B

        T2      T3
 53     ┤├──────┤/├──────────────────────────────────────(Y32   )
                                                          /A

        T3
 56     ┤├───────────────────────────────────────────────(Y33   )
                                                          /B

 58     ─────────────────────────────────────────────────[END ]
```

아래와 같이 결선한 다음 터치 패널의 시작 스위치와 정지 스위치를 각각 터치해 본다.

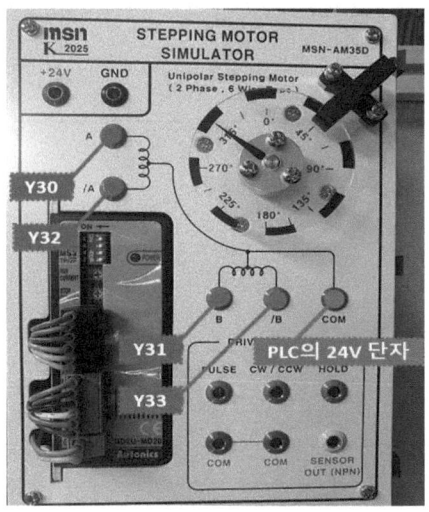

1초로 설정되어 있는 T1, T2, T3, T4의 설정값을 줄이면 스테핑 모터의 회전 속도가 빨라지며, 설정값을 높이면 회전 속도가 느려진다. 또한, ON 되는 순서를 Y33, Y32, Y31, Y30으로 변경하면 회전 방향이 변경된다.

5) 스테핑 모터 제어 2

다음과 같이 결선한다. DRIVER CONTROL에서 PULSE 단자에는 이름 그대로 펄스 신호가 입력되도록 하면 되고, CW/CCW 단자에 ON 신호가 입력되면 CW(ClockWise, 시계 방향), OFF 신호가 입력되면 CCW(Counter-ClockWise, 반시계 방향)로 방향이 변경된다. HOLD 단자는 홀드 오프(Hold Off) 기능으로서 ON 신호가 입력되면 모터의 여자가 풀려 OFF 되며, HOLD 단자에 OFF 신호가 입력되면 정상적인 여자 상태를 유지한다.

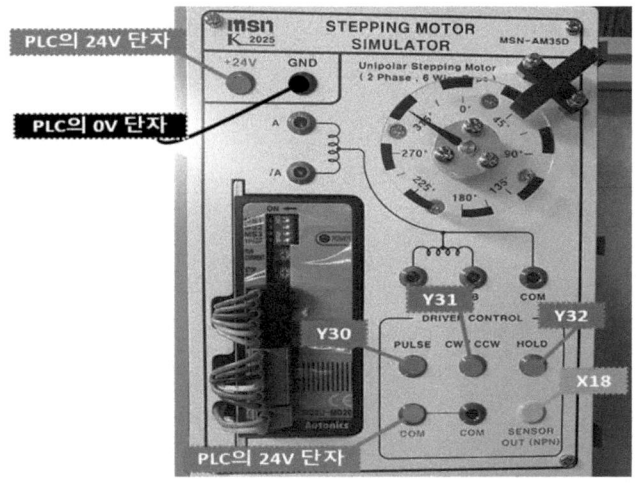

터치 패널상의 스위치는 모두 Bit Switch(Momentary)로 단순하게 작화한다.

드라이버를 이용해서 스테핑 모터를 제어하는 래더 다이어그램을 작성하도록 한다. M600
을 ON 하면 펄스가 발생되어 스테핑 모터가 회전을 시작해서 X18이 8번 ON 되면 회전이
정지된다.

```
 0   M600                                                      ─[SET    M6000 ]
     ┤├
     PULSE

 2   M6000      T3                                                          K5
     ┤├        ─┤/├                                              ─────────(T2    )

                T2                                                          K5
               ─┤├                                              ─────────(T3    )

                                                                ─────────(Y30   )
                                                                          PULSE

16   M601                                                      ─[FF     Y31   ]
     ┤├                                                                  CW/CCW
     CW/CCW

19   M602                                                      ─────────(Y32   )
     ┤├                                                                  HOLD
     HOLD

21   X18                                                       ─[INCP   D0    ]
     ┤├
     SENSOR

25  [=      D0       K8      ]─────────                        ─[RST    M6000 ]

29  ──────────────────────────────────────────────────────── ─[END          ]
```

한 번의 회전이 정지되고 나면 다시 한번 PULSE 스위치를 터치해서 회전 각도를 관찰해 본다.

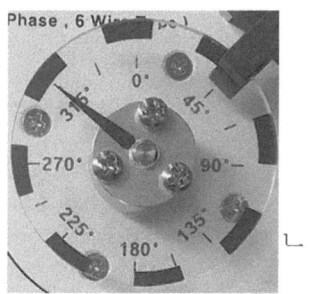

참고문헌

1. MITSUBISHI ELECTRIC 매뉴얼 (https://kr.mitsubishielectric.com/fa/ko/index.do)
2. ㈜엠에스엔코리아 매뉴얼 (http://msnk.co.kr/)
3. ㈜아이지 매뉴얼 (http://www.ieg.kr/)
4. MD2U Series 2상 스테핑 모터 드라이버 매뉴얼, Autonics
5. 디바이스마트, 엔티렉스 컨텐츠 통합 사이트 (http://www.ntrexgo.com/)

멜섹(MELSEC)을 이용한

PLC (GX-Works2, 특수모듈) 제어
실습 서보·HMI·인버터·
CC-Link·DA/AD 모듈

| 2026년 | 3월 | 15일 | 1판 1쇄 | 인 쇄 |
| 2026년 | 3월 | 25일 | 1판 1쇄 | 발 행 |

지은이 : 최영근 · 조성문 · 정용섭 공저

펴낸이 : 박   정   태

펴낸곳 : 광   문   각

10881
파주시 파주출판문화도시 광인사길 161
광문각 B/D 4층
등   록 : 1991. 5. 31 제12-484호
전화(代) : 031) 955-8787
팩   스 : 031) 955-3730
E-mail : kwangmk7@hanmail.net
홈페이지: www.kwangmoonkag.co.kr

• ISBN : 979-11-93965-28-3   93560

값 17,000원